Arbeitsseiten

Hier erarbeitest du die wichtigsten Kenntnisse und Fähigkeiten.

Die Lernziele aus dem Lehrplan werden ausgewiesen.

TERRA-Codes führen dich im Internet zu dem passenden Zusatzmaterial.

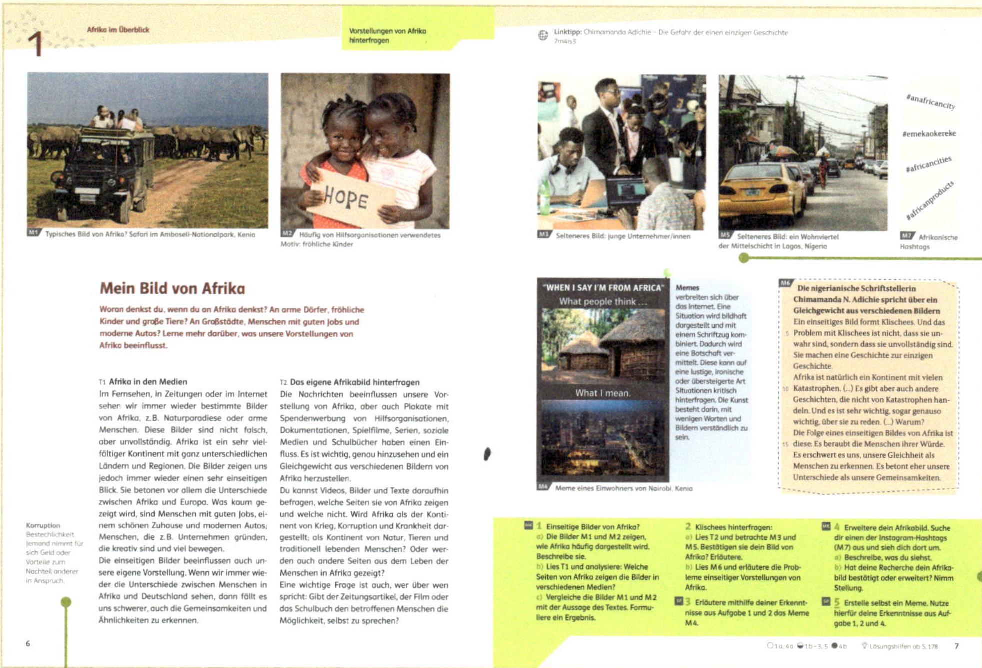

1 Afrika im Überblick

Vorstellungen von Afrika hinterfragen

Linktipp: Chimamanda Adichie – Die Gefahr der einen einzigen Geschichte
7m4is3

M1 Typisches Bild von Afrika? Safari im Amboseli-Nationalpark, Kenia

M2 Häufig von Hilfsorganisationen verwendetes Motiv: fröhliche Kinder

M3 Seltneres Bild: junge Unternehmer/innen

M5 Selteneres Bild: ein Wohnviertel der Mittelschicht in Lagos, Nigeria

#anafricancity
#emekaokereke
#africancities
#africanproducts

M7 Afrikanische Hashtags

Mein Bild von Afrika

Woran denkst du, wenn du an Afrika denkst? An arme Dörfer, fröhliche Kinder und große Tiere? An Großstädte, Menschen mit guten Jobs und moderne Autos? Lerne mehr darüber, was unsere Vorstellungen von Afrika beeinflusst.

T1 Afrika in den Medien

Im Fernsehen, in Zeitungen oder im Internet sehen wir immer wieder bestimmte Bilder von Afrika, z.B. Naturparadiese oder arme Menschen. Diese Bilder sind nicht falsch, aber unvollständig. Afrika ist ein sehr vielfältiger Kontinent mit ganz unterschiedlichen Ländern und Regionen. Die Bilder zeigen uns jedoch immer wieder einen sehr einseitigen Blick. Sie betonen vor allem die Unterschiede zwischen Afrika und Europa. Was kaum gezeigt wird, sind Menschen mit guten Jobs, einem schönen Zuhause und modernen Autos; Menschen, die z.B. Unternehmen gründen, die kreativ sind und viel bewegen.
Die einseitigen Bilder beeinflussen auch unsere eigene Vorstellung. Wenn wir immer wieder die Unterschiede zwischen Menschen in Afrika und Deutschland sehen, dann fällt es uns schwerer, auch die Gemeinsamkeiten und Ähnlichkeiten zu erkennen.

Korruption
Bestechlichkeit. Jemand nimmt für sich Geld oder Vorteile zum Nachteil anderer in Anspruch.

T2 Das eigene Afrikabild hinterfragen

Die Nachrichten beeinflussen unsere Vorstellung von Afrika, aber auch Plakate mit Spendenwerbung von Hilfsorganisationen, Dokumentationen, Spielfilme, Serien, soziale Medien und Schulbücher haben einen Einfluss. Es ist wichtig, genau hinzusehen und ein Gleichgewicht aus verschiedenen Bildern von Afrika herzustellen.
Du kannst Videos, Bilder und Texte daraufhin befragen, welche Seiten sie von Afrika zeigen und welche nicht. Wird Afrika als der Kontinent von Krieg, Korruption und Krankheit dargestellt; als Kontinent von Natur, Tieren und traditionell lebenden Menschen? Oder werden auch andere Seiten aus dem Leben der Menschen in Afrika gezeigt?
Eine wichtige Frage ist auch, wer über wen spricht: Gibt der Zeitungsartikel, der Film oder das Schulbuch den betroffenen Menschen die Möglichkeit, selbst zu sprechen?

"WHEN I SAY I'M FROM AFRICA"
What people think ...
What I mean.

M4 Meme eines Einwohners von Nairobi, Kenia

Memes verbreiten sich über das Internet. Eine Situation wird bildhaft dargestellt und mit einem Schriftzug kombiniert. Dadurch wird eine Botschaft vermittelt. Diese kann auf eine lustige, ironische oder übersteigerte Art Situationen kritisch hinterfragen. Die Kunst besteht darin, mit wenigen Worten und Bildern verständlich zu sein.

M6 **Die nigerianische Schriftstellerin Chimamanda N. Adichie spricht über ein Gleichgewicht aus verschiedenen Bildern**
Ein einseitiges Bild formt Klischees. Und das Problem mit Klischees ist nicht, dass sie unwahr sind, sondern dass sie unvollständig sind. Sie machen eine Geschichte zur einzigen Geschichte.
Afrika ist natürlich ein Kontinent mit vielen Katastrophen. (...) Es gibt aber auch andere Geschichten, die nicht von Katastrophen handeln. Und es ist sehr wichtig, sogar genauso wichtig, über sie zu reden. (...) Warum?
Die Folge eines einseitigen Bildes von Afrika ist diese: Es beraubt die Menschen ihrer Würde. Es erschwert es uns, unsere Gleichheit als Menschen zu erkennen. Es betont eher unsere Unterschiede als unsere Gemeinsamkeiten.

MK 1 Einseitige Bilder von Afrika?
a) Die Bilder M1 und M2 zeigen, wie Afrika häufig dargestellt wird. Beschreibe sie.
b) Lies T1 und analysiere: Welche Seiten von Afrika zeigen die Bilder in verschiedenen Medien?
c) Vergleiche die Bilder M1 und M2 mit der Aussage des Textes. Formuliere ein Ergebnis.

2 Klischees hinterfragen:
a) Lies T2 und betrachte M3 und M5. Bestätigen sie dein Bild von Afrika? Erläutere.
b) Lies M6 und erläutere die Probleme einseitiger Vorstellungen von Afrika.

SP 3 Erläutere mithilfe deiner Erkenntnisse aus Aufgabe 1 und 2 das Meme M4.

MK 4 Erweitere dein Afrikabild. Suche dir einen der Instagram-Hashtags (M7) aus und sieh dich dort um.
a) Beschreibe, was du siehst.
b) Hat deine Recherche dein Afrikabild bestätigt oder erweitert? Nimm Stellung.

SP 5 Erstelle selbst ein Meme. Nutze hierfür deine Erkenntnisse aus Aufgabe 1, 2 und 4.

○ 1a, 4a ◒ 1b–3, 5 ● 4b Lösungshilfen ab S. 178

6 7

Alle Texte und Materialien sind durchnummeriert.

Aufgaben stehen immer auf einer grünen Fläche.

Begriffserklärungen stehen in der Randspalte.

1 Mit diesen Aufgaben erarbeitest du die Lernziele.

5 Unterstrichene Aufgaben vertiefen und erweitern geographische Themen.

MK steht für Medienkompetenz und Medienbildung. In Aufgaben mit diesem Symbol übst du den Umgang mit verschiedenen Medien.

SP kennzeichnet Aufgaben, die das Schreiben und Sprechen fördern. Sie begünstigen die Sprachbildung im Fach.

NE steht für nachhaltige Entwicklung und kennzeichnet Aufgaben, die Zusammenhänge zwischen den Bereichen Wirtschaft, Umwelt und Soziales thematisieren.

A oder **B** Hier wählst du dir eine Aufgabe aus.

Lösungshilfen kannst du im Arbeitsanhang nachlesen.

Diese Icons zeigen dir, welche Form des kooperativen Lernens gefordert wird (Partnerarbeit, Gruppenarbeit, Präsentieren).

Anforderungsbereiche:
- ○ Informationen erfassen und wiedergeben
- ◒ Wissen verarbeiten und anwenden
- ● Urteilen

Hinweise zum Umgang mit Operatoren findest du am Ende des Buches.

SP Sprachtipp Zu vielen Materialien und Aufgaben findest du passende Formulierungshilfen.

T1 Zwischenüberschriften gliedern die Texte.

M1 Quellentexte haben einen roten Hintergrund.

M1 Materialtexte haben einen blauen Hintergrund.

Tipp Hier bekommst du einen nützlichen Hinweis.

→ Dieses Zeichen weist darauf hin, dass ein Thema noch an anderer Stelle im Buch vorkommt.

?! Unter „Kaum zu glauben" findest du spannende Zusatzinformationen.

1. Auflage 1 6 5 4 3 2 | 26 25 24 23 22

Alle Drucke dieser Auflage sind unverändert und können im Unterricht nebeneinander verwendet werden.
Die letzte Zahl bezeichnet das Jahr des Druckes.

Autorinnen und Autoren: Kerstin Hein, Rodewisch; Thomas Labusch, Münster; Ute Müller, Dresden; Christian Porth, Frechen; Eberhard Pyritz, Schloß Holte-Stukenbrock; Dr. Birte Schröder, Berlin; Dr. Sandra Wochele-Marx, Leipzig
Beratung: Dr. Inken Carstensen-Egwuom
Mit Beiträgen von: Dr. Egbert Brodengeier, Astrid Haringer, Jens Joachim, Peter Kraus, Jürgen Leicht, Hans Lammersen, Thomas Lenz, Tobias Litz, Paul Palmen, Herbert Paul, Anne Schminke, Michael Wehmöller

Entstanden in Zusammenarbeit mit dem Projektteam des Verlages.

Gestaltung: Nathanaël Gourdin & Katy Müller GbR, Leipzig
Titelbild: Corbis (cultura), Berlin
Karten: Artalis, Mühlhausen/Felchta (Jacqueline Böttcher)
Satz: detailverliebt. Ulrike Poppe, Leipzig
Reproduktion: Meyle + Müller GmbH + Co.KG, Pforzheim
Druck: Firmengruppe APPL, aprinta druck, Wemding

Printed in Germany
ISBN 978-3-12-105006-2

9 783121 050062

Kerstin Hein, Thomas Labusch, Ute Müller,
Christian Porth, Eberhard Pyritz, Dr. Birte Schröder,
Dr. Sandra Wochele-Marx

TERRA

Geographie 7

Ernst Klett Verlag
Stuttgart · Leipzig · Dortmund

1

Afrika im Überblick 4

2

Klima und Vegetation Afrikas 24

3

Leben und Wirtschaften in Afrika 56

4

Australien und Ozeanien 88

Farblegende:
TERRA METHODE
TERRA ORIENTIERUNG
TERRA TRAINING
TERRA EXTRA

5

In den Polargebieten 108

6

Das Weltmeer und seine Nutzung 118

7

Räume unter die Lupe nehmen 142

8

Arbeitsanhang 154

9

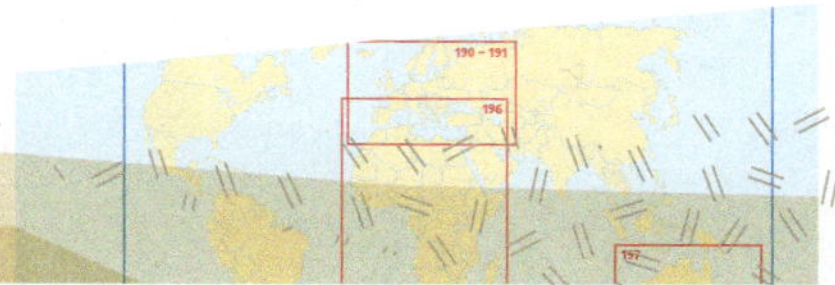

Haack-Kartenteil 188

1

Afrika im Überblick

M1 A: Diamantenschleiferei in Gaborone, Botsuana B: Amboseli-Nationalpark, Kenia
C: Große Moschee von Djenné, Mali, UNESCO-Weltkulturerbe D: Kigali, Hauptstadt von Ruanda

Es gibt nicht das eine Afrika. Das Leben in Afrika ist vielfältig, genauso wie auch Europa vielfältig ist. Im Vergleich zu Europa erscheint Afrika aber riesig: Der Kontinent ist dreimal so groß. In den 54 Staaten leben über eine Milliarde Menschen mit unterschiedlichen Sprachen, Kulturen und Geschichten. Es gibt Armut und Reichtum. Es gibt Dörfer und Städte. Es gibt Probleme, Chancen und das ganz normale Alltagsleben.

C

D

Das kannst du bald:

- eigene Vorstellungen von Afrika hinterfragen
- dich in Afrika orientieren
- Höhenverhältnisse in einer Profilskizze darstellen
- Oberflächenformen und das Gewässernetz in Afrika charakterisieren
- Folgen des Kolonialismus am Beispiel von Namibia erklären
- herausarbeiten, was kulturelle Vielfalt in Afrika ausmacht
- Herausforderungen für eine nachhaltige Entwicklung in Afrika beschreiben

M1 Typisches Bild von Afrika? Safari im Amboseli-Nationalpark, Kenia

M2 Häufig von Hilfsorganisationen verwendetes Motiv: fröhliche Kinder

Mein Bild von Afrika

Woran denkst du, wenn du an Afrika denkst? An arme Dörfer, fröhliche Kinder und große Tiere? An Großstädte, Menschen mit guten Jobs und moderne Autos? Lerne mehr darüber, was unsere Vorstellungen von Afrika beeinflusst.

T1 Afrika in den Medien

Im Fernsehen, in Zeitungen oder im Internet sehen wir immer wieder bestimmte Bilder von Afrika, z.B. Naturparadiese oder arme Menschen. Diese Bilder sind nicht falsch, aber unvollständig. Afrika ist ein sehr vielfältiger Kontinent mit ganz unterschiedlichen Ländern und Regionen. Die Bilder zeigen uns jedoch immer wieder einen sehr einseitigen Blick. Sie betonen vor allem die Unterschiede zwischen Afrika und Europa. Was kaum gezeigt wird, sind Menschen mit guten Jobs, einem schönen Zuhause und modernen Autos; Menschen, die z.B. Unternehmen gründen, die kreativ sind und viel bewegen.

Die einseitigen Bilder beeinflussen auch unsere eigene Vorstellung. Wenn wir immer wieder die Unterschiede zwischen Menschen in Afrika und Deutschland sehen, dann fällt es uns schwerer, auch die Gemeinsamkeiten und Ähnlichkeiten zu erkennen.

Korruption
Bestechlichkeit. Jemand nimmt für sich Geld oder Vorteile zum Nachteil anderer in Anspruch.

T2 Das eigene Afrikabild hinterfragen

Die Nachrichten beeinflussen unsere Vorstellung von Afrika, aber auch Plakate mit Spendenwerbung von Hilfsorganisationen, Dokumentationen, Spielfilme, Serien, soziale Medien und Schulbücher haben einen Einfluss. Es ist wichtig, genau hinzusehen und ein Gleichgewicht aus verschiedenen Bildern von Afrika herzustellen.

Du kannst Videos, Bilder und Texte daraufhin befragen, welche Seiten sie von Afrika zeigen und welche nicht. Wird Afrika als der Kontinent von Krieg, Korruption und Krankheit dargestellt; als Kontinent von Natur, Tieren und traditionell lebenden Menschen? Oder werden auch andere Seiten aus dem Leben der Menschen in Afrika gezeigt?

Eine wichtige Frage ist auch, wer über wen spricht: Gibt der Zeitungsartikel, der Film oder das Schulbuch den betroffenen Menschen die Möglichkeit, selbst zu sprechen?

Linktipp: Chimamanda Adichie – Die Gefahr der einen einzigen Geschichte
7m4is3

M3 Selteneres Bild: junge Unternehmer/innen

M5 Selteneres Bild: ein Wohnviertel der Mittelschicht in Lagos, Nigeria

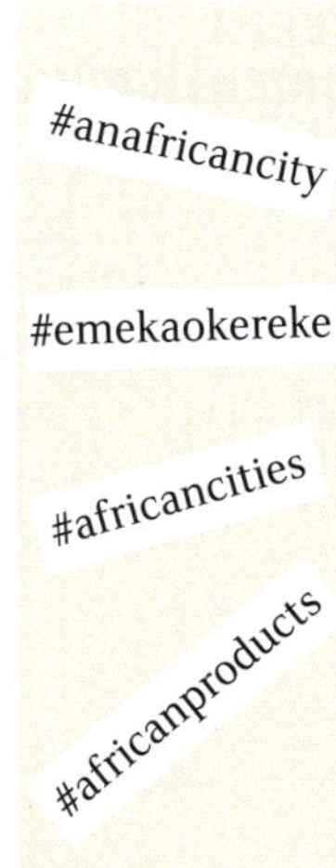

M7 Afrikanische Hashtags

Memes verbreiten sich über das Internet. Eine Situation wird bildhaft dargestellt und mit einem Schriftzug kombiniert. Dadurch wird eine Botschaft vermittelt. Diese kann auf eine lustige, ironische oder übersteigerte Art Situationen kritisch hinterfragen. Die Kunst besteht darin, mit wenigen Worten und Bildern verständlich zu sein.

M4 Meme eines Einwohners von Nairobi, Kenia

M6 **Die nigerianische Schriftstellerin Chimamanda N. Adichie spricht über ein Gleichgewicht aus verschiedenen Bildern**

Ein einseitiges Bild formt Klischees. Und das Problem mit Klischees ist nicht, dass sie unwahr sind, sondern dass sie unvollständig sind. Sie machen eine Geschichte zur einzigen Geschichte.

Afrika ist natürlich ein Kontinent mit vielen Katastrophen. (...) Es gibt aber auch andere Geschichten, die nicht von Katastrophen handeln. Und es ist sehr wichtig, sogar genauso wichtig, über sie zu reden. (...) Warum?

Die Folge eines einseitigen Bildes von Afrika ist diese: Es beraubt die Menschen ihrer Würde. Es erschwert es uns, unsere Gleichheit als Menschen zu erkennen. Es betont eher unsere Unterschiede als unsere Gemeinsamkeiten.

MK **1** Einseitige Bilder von Afrika?
a) Die Bilder M1 und M2 zeigen, wie Afrika häufig dargestellt wird. Beschreibe sie.
b) Werte T1 aus (Stichworte): Welche Seiten von Afrika zeigen die Bilder in verschiedenen Medien?
c) Vergleiche die Bilder M1 und M2 mit der Aussage des Textes. Formuliere ein Ergebnis.

2 Klischees hinterfragen:
a) Lies T2 und betrachte M3 und M5. Bestätigen sie dein Bild von Afrika? Erläutere.
b) Lies M6 und erläutere die Probleme einseitiger Vorstellungen von Afrika.

SP **3** Erläutere mithilfe deiner Erkenntnisse aus Aufgabe 1 und 2 das Meme M4.

MK **4** Erweitere dein Afrikabild. Suche dir einen der Instagram-Hashtags (M7) aus und sieh dich dort um.
a) Beschreibe, was du siehst.
b) Hat deine Recherche dein Afrikabild bestätigt oder erweitert? Nimm Stellung.

SP **5** Erstelle selbst ein Meme. Nutze hierfür deine Erkenntnisse aus Aufgabe 1, 2 und 4.

TERRA
ORIENTIERUNG

M1 Regenwald in Kamerun

M3 In der Sahara

M2 Küste von Südafrika

M4 Grasland in Kenia

Afrika

Afrika ist der zweitgrößte Kontinent. Dort befinden sich die größte Trockenwüste und der längste Fluss der Erde. Was weißt du über Afrika?

Wüste
Vegetationszone, in der aufgrund großer Trockenheit (Trockenwüste) oder geringer Temperaturen (Kälte- oder Eiswüste) von Natur aus nur spärliches Pflanzenwachstum möglich ist. Die meisten Trockenwüsten liegen in den Subtropen, z. B. die Sahara im Norden von Afrika oder auch die Atacama-Wüste in Südamerika (Chile).

T1 Ein vielfältiger Kontinent

Afrika ist mit mehr als 30 Millionen km^2 fast dreimal so groß wie Europa. In den 54 Staaten Afrikas leben 1,3 Milliarden Menschen. 550 Millionen von ihnen leben in Städten, das sind fast die Hälfte aller Afrikaner. Zum Vergleich: In Europa gibt es 50 Staaten, in denen etwa 750 Millionen Menschen leben. Und auch in Europa leben etwa 550 Millionen Menschen in Städten, das sind drei Viertel aller Europäer. Die Städte in Afrika wachsen schnell und es wird geschätzt, dass im Jahr 2050 60 Prozent der Afrikaner in Städten wohnen.

MK **1** Landschaften in Afrika:
a) Beschreibe die Lage der Bilder M1 – M4. Nutze den Atlas.
b) Begründe die Auswahl der Fotos mithilfe des Atlas.

2 Arbeite mit Karte M5 und dem Kartenanhang (S. 196) oder dem Atlas. Benenne:
a) die Gebirge A und B sowie den Berg **1**,
b) die Ozeane und Meere A – D,
c) die Flüsse und Seen a – g,
d) die Inseln **a**, **b** und das Kap **2**.

3 Afrika besteht aus 54 Staaten. Benenne mithilfe der Karte jeweils drei Staaten mit ihren Hauptstädten,
a) die am Mittelmeer liegen,
b) die am Äquator liegen,
c) die im Süden Afrikas liegen,
d) durch die der Nil fließt.

○ 1 a, 2, 3 ◒ 1 b
Lösungshilfen ab S. 178

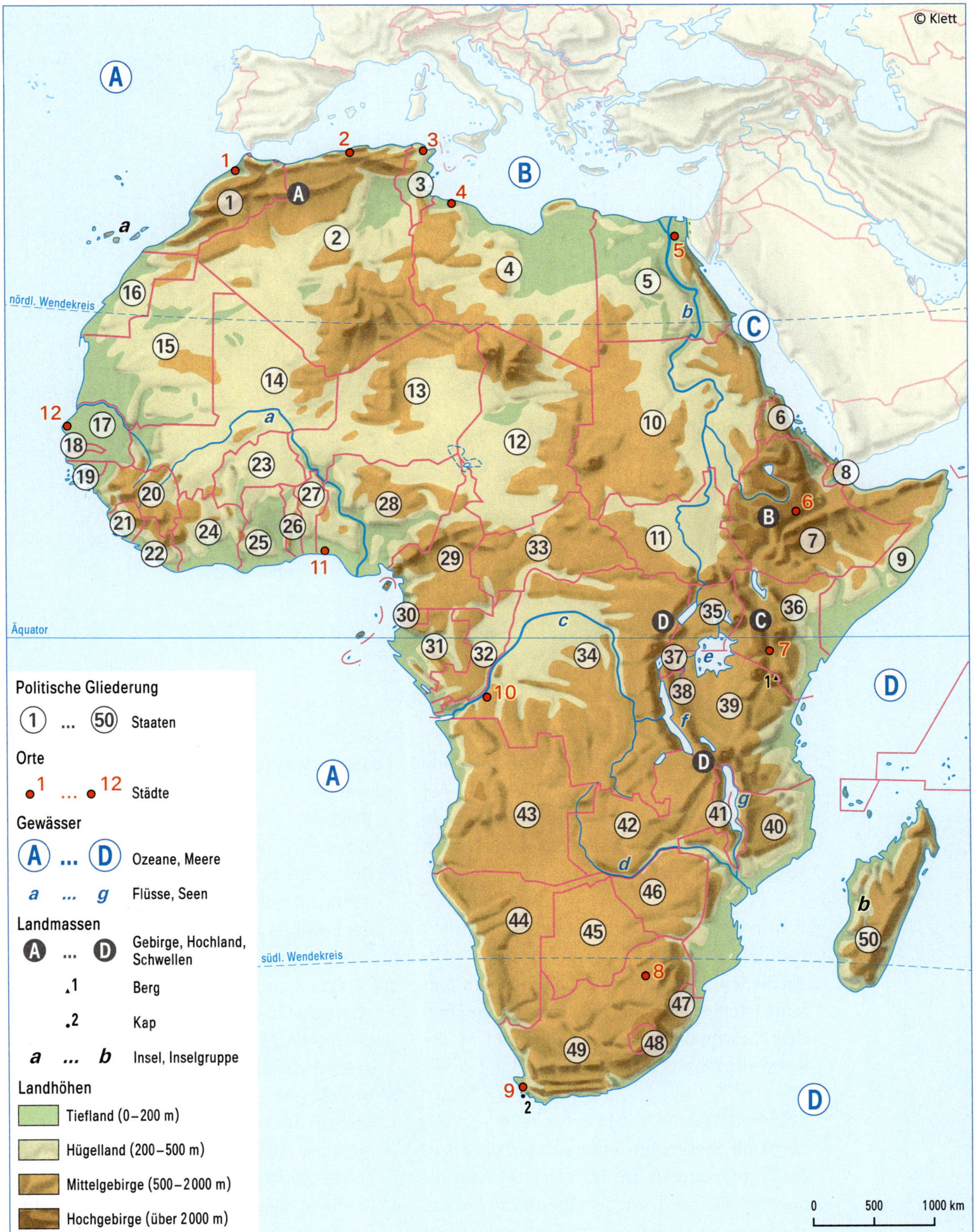

M5 Lernkarte Afrika

TERRA **METHODE**

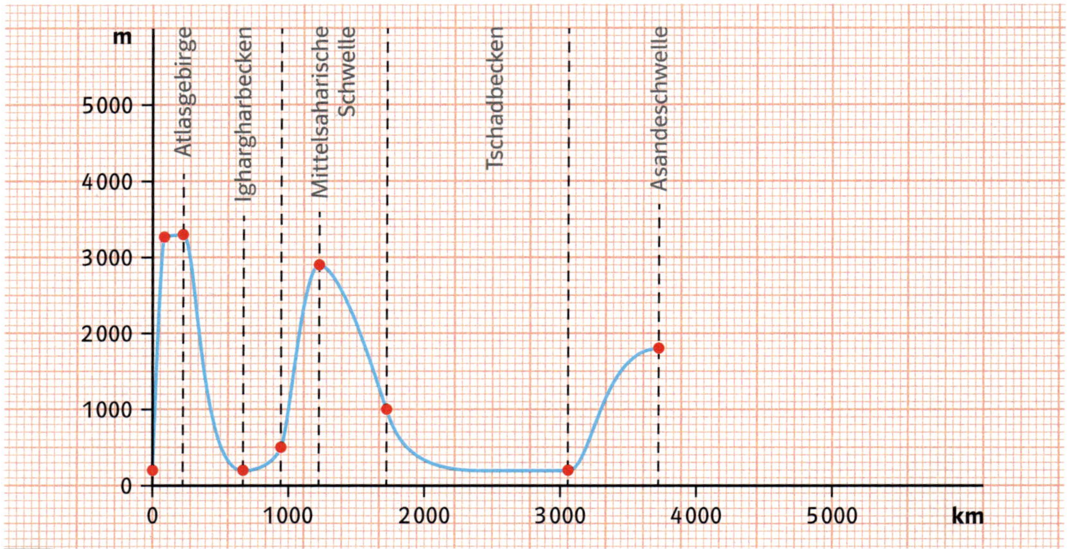

M1 Ausschnitt aus einer Profilskizze von Afrika

Eine Profilskizze von Afrika zeichnen

Wenn du einen Menschen von der Seite betrachtest, dann siehst du sein Profil. Auch die Oberfläche der Erde kann im Profil dargestellt werden. Ein solches Geländeprofil kann dir Höhenverhältnisse verdeutlichen, z. B. zwischen Algier und Johannesburg.

→ Afrikas Oberfläche Seite 12/13

1. Schritt: Karte besorgen

Kopiere oder drucke eine physische Karte von Afrika aus (z. B. aus dem TERRA-Code). Auf dieser Karte sollen also Höhenunterschiede sichtbar sein. Du wirst in der Karte gleich zeichnen und schreiben.

2. Schritt: Start- und Zielpunkt für das Profil festlegen

Suche den Startpunkt und Zielpunkt laut Aufgabenstellung. Zeichne eine Strecke zwischen dem Startpunkt und dem Zielpunkt in die Karte ein. Dies ist deine Profillinie.

3. Schritt: Strecke in Abschnitte teilen

Suche die Stellen, an denen sich auf der Karte die Farben ändern. Ein Farbwechsel zeigt dir an, dass sich die Form der Oberfläche ändert. Markiere die Stellen auf der Karte mit einem Stift.

4. Schritt: Koordinatensystem anlegen

Lege ein Koordinatensystem auf Millimeterpapier an.
- Beschrifte die x-Achse, indem du die Maßstabsleiste der Karte dort abträgst.
- Beschrifte die y-Achse, im Nullpunkt beginnend, mit Höhenangaben entsprechend der Legende.

5. Schritt: Profilpunkte eintragen

- Übertrage die Abstände von der Profillinie auf die x-Achse und ziehe eine senkrechte gestrichelte Linie durch diese Werte.
- Lies für jeden Abschnitt die entsprechende Höhe in der Legende ab.
- Markiere die jeweiligen Höhenwerte auf den gestrichelten Linien.
- Verbinde die entstandenen Schnittpunkte. Beschrifte deine Profillinie.

Material: Karte Afrikas
7m4is3

Erklärfilm: Eine Profilskizze zeichnen
7m4is3

M2 Oberflächenformen in Afrika

1 Beschreibt die Oberfläche Afrikas zwischen Algier und Johannesburg (Karte M2).

2 Profilskizze:
a) Übertrage M1 in deinen Hefter und vervollständige die Profilskizze bis Johannesburg (Punkt C). Wende die Schritte an.
b) Wie viele Kilometer sind es zwischen A und C?

SP **3** Beende den Satz: „Die Oberfläche Afrikas ist gekennzeichnet durch …“ (M1, M2).

4 Zeichne eine weitere Profilskizze zum Abschnitt zwischen Lagos und Kairo.

M1 Atlasgebirge

M2 Mittelsaharische Schwelle (Tibesti-Gebirge)

M3 Kongobecken

Die Oberfläche und das Gewässernetz

Wusstest du, dass der Kongo der tiefste Fluss der Welt ist? Oder dass es in Afrika auch schneebedeckte Berge gibt? Lerne mehr über Oberflächenformen, Flüsse und Seen auf dem afrikanischen Kontinent.

T1 Afrikas Oberfläche

Tiefländer liegen nicht viel höher als das Meer. In Afrika gibt es Tiefländer nur an den Küsten. Im Norden des Kontinents befindet sich das Atlasgebirge mit seinen schneebedeckten Gipfeln. Wenn wir weiter von Norden nach Süden schauen, wechseln sich langgestreckte Erhebungen und weite Ebenen ab. Das sind die **Schwellen** und **Becken.** Schwellen sind Hochflächen. Becken sind die tieferliegenden Gebiete zwischen den Schwellen. Der Wechsel von Schwellen und Becken ist ein besonderes Merkmal von Afrikas Oberfläche.

Die Schwellen bilden für die Flüsse Wasserscheiden. Das bedeutet, auf der einen Seite der Schwelle fließen die Flüsse nach Norden zum Meer hin. Auf der anderen Seite der Schwelle fließen sie nach Süden in das Becken. Wind und Wasser tragen von den Schwellen Material ab. Dieses Material sammelt sich in den Becken. Dadurch sind die Flüsse in den Becken stark verzweigt. Oft enden sie in Seen, die keinen Abfluss haben.

Manche Flüsse führen nur in einigen Monaten im Jahr Wasser, in anderen Monaten sind sie trocken. Man spricht daher davon, dass sie nur **periodisch** Wasser führen.

T2 Rekordverdächtige Flüsse

Die Flüsse in Afrika sind – wie überall – eine wichtige Lebensgrundlage für die Menschen. Sie dienen als Verkehrswege, Fisch- und Trinkwasserlieferanten. An Flussufern bildeten sich die ersten Siedlungen.

Die afrikanischen Flüsse stellen einige Rekorde auf: Der Nil ist der längste Fluss der Welt. Der tiefste Fluss der Welt ist der Kongo. Er ist an manchen Stellen 200 m tief. Außerdem führt der Kongo große Mengen Wasser.

M4 Katarakte des Nils

M6 Die Victoriafälle am Sambesi – in der Region heißen sie „Mosi-Oa-Tunya“: donnernder Rauch

T3 Flüsse gestalten die Landschaft

Die gewaltigen Wassermassen der Flüsse vertiefen ihr Flussbett täglich ein wenig mehr. Dort, wo der Untergrund fester ist und nicht so leicht abgetragen werden kann, entstehen **Stromschnellen.** Sie werden in größeren Flüssen Katarakte genannt. Wenn dort die Abtragung des Untergrunds durch das fließende Wasser weiter voranschreitet, entstehen Wasserfälle. An solchen Stellen können Schiffe nicht fahren. Daher trugen früher Träger die Ladung eines Schiffes um die Wasserfälle herum. Das war eine mühsame Arbeit und dauerte lange. Heute führen vielerorts Eisenbahnlinien um Wasserfälle herum oder es wurden Brücken gebaut.

M5

1 Arbeite mit der Karte auf S. 11: Nenne je zwei Beispiele für Becken und Schwellen.

2 Nenne Merkmale von Becken und Schwellen (T1).

3 Der Nil:
a) Ermittle die Länge des Nils mithilfe der Karte auf S. 11.
b) Vergleiche sie mit der Länge der Elbe (1 094 km).

4 Werte die Karikatur M 5 aus. Lies T3 und erläutere, warum die beiden dargestellten Personen ihr Boot tragen.

MK **5** Arbeite mit dem Atlas: Können Schiffe von Bamako in Mali bis nach Niamey in Niger fahren?

MK **6** Untersuche mithilfe des Atlas, ob der Niger von Niamey bis Baro schiffbar ist.

M1

M2 Ehemalige Farm bei Windhuk, heute ein Hotel, gehört seit 1909 deutschstämmigen Namibiern

M3 Proteste für eine gerechtere Landverteilung in Namibia (2016)

Europäische Herrschaft und ihre Folgen

Europäische Länder haben in der jüngeren Geschichte die Herrschaft über große Teile Afrikas für sich beansprucht. Afrikaner wurden unterdrückt. Das hat bis heute Folgen für Afrika. Erfahre mehr am Beispiel Namibia.

Völkermord an den Herero und Nama
Im UN-Whitaker-Bericht von 1985 wird der Völkermord an den Herero und Nama als einer der ersten Fälle von Völkermord im 20. Jahrhundert bezeichnet. Seit 2004 haben sich verschiedene Mitglieder der deutschen Regierung individuell entschuldigt, aber eine offizielle Entschuldigung fehlt bis heute.

T1 Europäer besetzen Afrika

Um das Jahr 1500 begann die Zeit des **Kolonialismus**. Europäische Länder beanspruchten die Herrschaft über andere Teile der Erde, z. B. in Afrika. Das heißt, sie wollten die Gebiete besitzen. Die eingenommenen Gebiete waren die **Kolonien.** Länder, die Kolonien besaßen, werden **Kolonialmacht** genannt.

Die Kolonialmächte zerstörten bestehende Königreiche und funktionierende Gesellschaften. Ende des 19. Jahrhunderts hatte der Kolonialismus ein großes Ausmaß erreicht und umfasste fast die gesamte Fläche Afrikas (M 5). Die Zeit des Kolonialismus dauerte bis etwa 1960. Manche Länder, z. B. Namibia, wurden noch später unabhängig.

T2 Deutscher Kolonialismus in Afrika

Das Deutsche Reich war von 1884 bis 1918 Kolonialmacht. Zu den deutschen Kolonien in Afrika gehörten Togoland, Kamerun, Deutsch-Südwestafrika (das heutige Namibia) und Deutsch-Ostafrika. Die afrikanischen Einwohner wurden während des Kolonialismus unterdrückt und dazu gezwungen, die Gesetze der Kolonialmacht anzunehmen. Sie mussten hohe Steuern zahlen und oft Zwangsarbeit leisten. Vielen wurde Land geraubt.

Die Afrikaner wehrten sich oft gegen diese Unterdrückung. Doch die deutsche Kolonialmacht ging mit Gewalt gegen sie vor. In Deutsch-Südwestafrika schlugen die Kolonialtruppen den Aufstand der Herero und Nama gewaltsam nieder. Zwischen 1904 und 1907 wurden schätzungsweise 80 Prozent der Herero und 50 Prozent der Nama getötet. Der General von Trotha hatte angeordnet, alle Herero und Nama zu töten. Dies wird als **Völkermord** bezeichnet. Menschen, die zunächst überlebt hatten, wurden als Zwangsarbeiter in Internierungslagern eingesperrt, um z. B. Eisenbahnen zu bauen.

Linktipp: Musikvideo Matondo – Spuren der Kolonialzeit
7m4is3

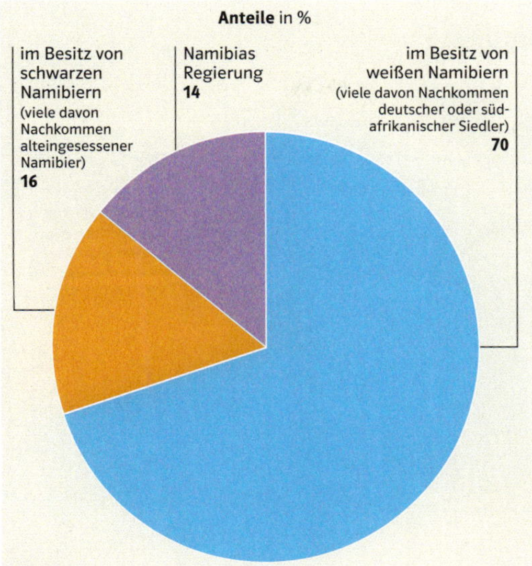

M4 Anteile des Grundbesitzes in der Landwirtschaft in Namibia (2016)

M5 Kolonialgebiete und unabhängige Staaten im Jahr 1914

T3 **Folgen der Kolonialzeit in Namibia**

Damals hat die deutsche Kolonialmacht den Herero und Nama Land geraubt und es an deutsche Siedler gegeben. Bis heute ist die Landverteilung ungerecht, denn viele Farmen gehören den Nachkommen der Deutschen. Viele Nachkommen der Herero und Nama besitzen dagegen kein Land mehr. Wegen der ungleichen Landverteilung gehört Namibia zu den Ländern mit der weltweit größten sozialen Ungleichheit. Deswegen gibt es immer wieder Proteste (M 3).

Der Völkermord hat auch dazu geführt, dass es in Namibia nicht mehr viele Herero und Nama gibt. Einige flüchteten auch. Ihre Nachkommen leben in Südafrika und Botsuana.

Namibia war außerdem eine Kolonie, in der Diamanten gefunden wurden. Noch heute ist die Wirtschaft des Landes stark auf den Export von Minenprodukten wie Diamanten ausgerichtet.

Eine weitere Folge der Kolonialzeit sind die willkürlich gezogenen Grenzen. Die deutsche Kolonialmacht hat sie für Namibia einfach festgelegt, ohne die Interessen der afrikanischen Bevölkerung zu berücksichtigen. Diese Grenzen gelten bis heute.

Sprachen in Afrika
Als Folge der Kolonialzeit ist häufig Englisch oder Französisch die Amtssprache. Sie wird z. B. in der Schule und in den Parlamenten gesprochen. Die meisten Afrikaner haben aber andere Muttersprachen. Nicht alle verstehen die Amtssprache.

SP **1** Das Thema:
a) Betrachte die Fotos, lies die Überschrift und den Vorspann. Vermute, was Kolonialismus ist.
b) Lies T1 und definiere den Begriff „Kolonialismus“.

2 Arbeite mit M 5 und dem Atlas: Suche die ehemaligen deutschen Kolonien. Beschreibe deren Lage. Welche Staaten befinden sich heute dort?

3 Nenne drei Folgen, die der Kolonialismus in Namibia bis heute hat (T3).

SP **4** Nur ca. fünf Prozent der namibischen Bevölkerung sind weiß, 95 Prozent sind schwarz. Analysiere vor diesem Hintergrund das Kreisdiagramm M 4.

5 Völkermord und Landraub sind bis heute zu spüren. Begründe, warum (T3, M 4).

6 Die meistgesprochene Sprache in Mali ist Bamanankan. Im Parlament und in den meisten Schulen wird aber Französisch gesprochen. Erläutere (M 5, Randspalte).

MK **7** In „Spuren der Kolonialzeit“ kritisiert der deutsche Rapper Matondo den Umgang mit der Kolonialzeit in Deutschland. Recherchiere im Internet zu zwei Kolonialverbrechern, die Matondo nennt. Was schlägt er vor?

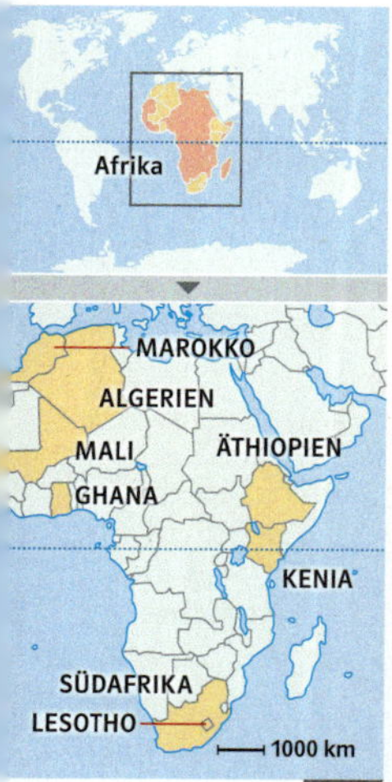

M1

M2 Die Filmfigur W'Kabi im Film „Black Panther" trägt Basotho-Decken.

M3 Dreisprachige Straßenschilder in Algerien (Arabisch, Tifinagh, Französisch)

Kulturelle Vielfalt

Der Film „Black Panther" war 2018 weltweit ein großer Kinoerfolg. Die Kostüme sind angeregt von der kulturellen Vielfalt in Afrika. Sie zeigen, was Jugendliche hier wie dort jeden Tag tun: Traditionen kreativ verändern. Willst du wissen, wie?

Wichtig zu wissen
Mit dem natürlichen Aussehen von Menschen, also der Hautfarbe, Größe oder Figur, hat Kultur nichts zu tun.

T1 Was ist eigentlich Kultur?

Das Wort **Kultur** wird oft dafür verwendet, die gemeinsamen Lebensgewohnheiten einer Gruppe von Menschen zu beschreiben. Dazu gehören Sprache, Kleidungsstil, Musikstil und Essgewohnheiten, aber genauso auch Vorstellungen darüber, was schön ist und welche Bedeutung etwas hat.

T2 Kulturelle Vielfalt in Afrika

In Afrika gibt es über 1 000 Sprachen, unterschiedliche Kleidungs- und Musikstile sowie Essgewohnheiten. In vielen Ländern werden mehrere Sprachen gesprochen. Für Jugendliche in Mali ist es z.B. nicht ungewöhnlich, an nur einem Tag verschiedene Sprachen zu sprechen: mit den Eltern Songhai, in der Schule Französisch und mit den Freunden Bamanankan. In Sprachen wie Arabisch, Yoruba oder Suaheli verständigen sich die Menschen über Ländergrenzen hinweg.

Kultur beeinflusst immer auch das, was wir denken, fühlen und uns wünschen. In Ghana tragen z.B. viele Brautpaare Kente-Stoffe (M 5). Im Vergleich dazu sieht die Hochzeitskleidung vieler Algerier oder Äthiopier ganz anders aus. Menschen zeigen mit Kultur, zu welcher Gruppe sie gehören. Wir sind aber nicht nur Mitglied einer Gruppe, sondern mehrerer Gruppen. Ein Südafrikaner z.B. kann gleichzeitig zur Bevölkerungsgruppe der Zulu gehören und Rapper sein.

Kultur ist veränderlich, sie wird schließlich von Menschen gemacht. Menschen erhalten immer wieder neue Einflüsse und bauen sie in die eigenen Gewohnheiten ein.

Linktipp: Jugendmagazin Zkhiphani
7m4is3

M4 Beim Musikfestival „Africa Nouveau“ in Nairobi, Kenia (2018)

M6 Vielfältiges Essen aus Westafrika, Marokko und Äthiopien

M5 **Die Bedeutung von Kleidung**

Kleidung kann nicht nur zeigen, zu welcher Gruppe Menschen gehören. Sie kann auch selbst Bedeutung haben. Zwei Beispiele aus dem Film „Black Panther“ sind der Kente-Schal und die Basotho-Decke. Kente ist ein Stoff der Akan aus Ghana. Er wird aus Seide und Baumwolle gewebt. Basotho-Decken sind aus Wollstoff. Sie werden traditionell von den Sotho im Königreich Lesotho getragen. Kente-Stoffe und Basotho-Decken gibt es in verschiedenen Mustern. Viele Muster haben einen Namen und eine traditionelle Bedeutung. Das Kente-Muster „Kyeretwie“ steht z. B. für Tapferkeit und großen Erfolg. Das Muster „Abusua ye dom“ bedeutet, dass Familie, Zusammenhalt und Zusammenarbeit wertvoll sind.
Basotho-Decken mit dem Namen „Lekholo“ werden jungen Männern überreicht. Sie zeigen an, dass sie nun erwachsen sind. „Serope“-Decken werden jungen Frauen überreicht, wenn sie ihr erstes Kind geboren haben.

Wenn die Kente- oder Basotho-Muster getragen werden, können andere Menschen die Bedeutung verstehen. Afrikanische Designer haben Basotho-Decken modisch gestylt und international berühmt gemacht. Junge Frauen und Männer tragen Kente-Stoffe auch im Alltag zu Sneakern. Sie zeigen damit Zugehörigkeit und Stolz auf langjährige Traditionen. Gleichzeitig machen sie etwas Neues daraus und setzen eigene Trends. Sie zeigen damit auch, dass sie jung und weltweit vernetzt sind und dass sie sich die guten Stoffe leisten können.

Model in Kente-Kleid

1 Atlasarbeit: Suche Marokko, Algerien, Mali, Ghana, Äthiopien, Kenia, Lesotho und Südafrika auf einer Karte. Beschreibe, wo die Länder in Afrika liegen.

2 Beschreibe, was Kultur ist (T1, M2–M6).

3 Die kulturelle Vielfalt in Afrika ist groß. Erläutere dies am Beispiel von Sprachen (T2, M3).

4 Wir sind nicht nur Mitglied einer Kulturgruppe. Begründe dies anhand eines Beispiels aus T2.

5 Arbeite mit M5:
a) Erkläre, was das Kente-Muster „Abusua ye dom“ bedeutet.
b) Suche dir ein Basotho-Muster aus und erkläre, was es über den Träger aussagt.
c) Kultur verändert sich. Erkläre, warum modische Kente- und Basotho-Kleidung Beispiele dafür sind (T2, M5).

MK **6** Wähle aus: Recherchiere online
A aktuelle Trends im Jugendmagazin „Zkhiphani“ (TERRA-Code) oder
B beliebte Gerichte aus afrikanischen Ländern deiner Wahl (M6).
Erstelle eine Collage und präsentiere sie.

Beispielhaft Herausforderungen für eine nachhaltige Entwicklung in Afrika beschreiben

M1

M2 **Bauern demonstrieren in Accra (Ghana) gegen ein Handelsabkommen (EPA) mit der EU (2016).** Sie fürchten die billige Konkurrenz bei Agrarprodukten.

M3 **Projekt für nachhaltige Landwirtschaft in Thyolo (Malawi)**

Den Hunger beenden

Jeder Mensch hat ein Recht auf Nahrung. Trotzdem gibt es Hunger. In Afrika hungern oft Kleinbauern, obwohl sie Nahrungsmittel herstellen. Die Gründe sind vielfältig und Lösungen erfordern gemeinsames Handeln.

Hunger
Über die Medien erfährst du von Hungersnöten in Kriegen oder nach Naturkatastrophen. Diese Form nennt man **akuten Hunger.** Er tritt für eine kurze Zeit auf. Die andere Form heißt **chronischer Hunger.** Dabei nimmt der Körper dauerhaft weniger Nahrung auf, als er braucht. In der Folge entstehen schwere Gesundheitsschäden.

→
Anbau für den Export
Seite 63

T1 Hunger in Afrika und der Welt

Die Welternährungsorganisation (FAO) schätzt, dass im Jahr 2019 in Afrika 250 Millionen Menschen an Hunger litten. Das entspricht jedem fünften Afrikaner. In Ostafrika war sogar jeder vierte Mensch betroffen. Weltweit hungerten etwa 690 Millionen. Seit ein paar Jahren steigt die Zahl, besonders stark in Afrika. Die meisten unterernährten Menschen leben auf dem Land. Sie sind Kleinbauern und stellen selbst Nahrung her. Trotzdem hungern sie. Ein wichtiger Grund dafür ist, dass Produkte häufig nur für den Export angebaut werden. Dadurch fehlen Nahrungsmittel für die Selbstversorgung. Außerdem wird für Kleinbauern der Zugang zu Land, Wasser, Saatgut, Krediten und Maschinen schwieriger. Es gibt immer mehr landlose Bauern, die für wenig Geld als Tagelöhner arbeiten. Sie können sich keine ausgewogene Ernährung leisten. Afrikanische Bauernorganisationen protestieren dagegen.

T2 Den Hunger beenden, aber wie?

Die Sonderberichterstatterin der Vereinten Nationen (UN) für das Recht auf Nahrung hat gefordert, dass nicht mehr die industrielle Landwirtschaft für den Weltmarkt, sondern eine nachhaltige, kleinbäuerliche Landwirtschaft gestärkt werden soll. Mehrere Millionen afrikanische Bauern beteiligen sich an Projekten mit diesem Ziel. Ein Beispiel ist das „Malawi Farmer-to-Farmer Agroecology Project“ (MAFFA). Dabei geben Bauern untereinander Wissen zu nachhaltigen Anbaumethoden weiter. Sie bauen z. B. Pflanzen an, die widerständig gegen Trockenheit sind. Das verringert das Risiko für Ernteausfälle. Andere Pflanzen enthalten wichtige Vitamine für eine ausgewogene Ernährung. Die Bauern geben auch Wissen darüber weiter, wie sie Pflanzen so zusammen anbauen können, dass Schädlinge vertrieben werden. Dann benötigen die Pflanzen keine giftigen und teuren Pestizide.

M4 **Die 17 Ziele für nachhaltige Entwicklung** (englisch: Sustainable Development Goals, SDGs)

T3 Globale Ziele für nachhaltige Entwicklung

Die UN haben sich zum Ziel gesetzt, bis 2030 den Hunger weltweit zu beenden. Alle Menschen sollen sich besser und ausreichend ernähren können. Das ist das zweite von insgesamt 17 **Zielen für nachhaltige Entwicklung**, welche die UN 2015 beschlossen haben. Diese Ziele stehen in der Agenda 2030, dem „Zukunftsvertrag" für die Welt. Bei der nachhaltigen Entwicklung geht es darum, die Ressourcen der Erde zu nutzen, ohne die Lebensgrundlagen zukünftiger Generationen zu gefährden. Um den Hunger zu beenden, soll eine nachhaltige Landwirtschaft gefördert werden, bei der mit Rücksicht auf die Natur genügend Nahrungsmittel für die Menschen vor Ort produziert werden und Kleinbauern von ihrem Einkommen leben können.

Im Jahr 2000 haben die UN schon einmal Entwicklungsziele beschlossen. Aber diese „Millenniumsziele" richteten sich fast nur an Entwicklungsländer. Die Ziele für nachhaltige Entwicklung richten sich stattdessen an alle Länder. Denn damit sich die Welt nachhaltig entwickelt, müssen alle gemeinsam handeln. So hängt z.B. die Ernährung in Afrika auch mit der Landwirtschaftspolitik der Europäischen Union zusammen: Weil die EU Subventionen (finanzielle Zuschüsse) für eigene Landwirte zahlt, werden z.B. Tomaten oder Zwiebeln aus der EU in Afrika zu so geringen Preisen verkauft, dass afrikanische Kleinbauern nicht mithalten können. Auch wenn große internationale Firmen Land in Afrika kaufen, fehlt dieses Land den Kleinbauern. Hunger kann deshalb nur gemeinsam beendet werden.

Vereinte Nationen (englisch: United Nations/UN) Organisation von 193 Staaten. Hauptziele der Zusammenarbeit sind die Wahrung des Weltfriedens und der Schutz der Menschenrechte.

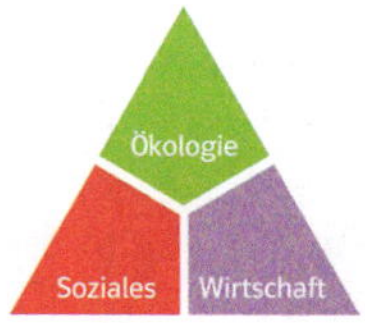

Nachhaltigkeit = einen Ausgleich zwischen diesen drei Bereichen schaffen

1 Hunger in Afrika
a) Betrachte M2 und M3, lies den Vorspann und T1. Benenne, wer in Afrika an Hunger leidet.
b) Erkläre, warum diese Gruppe besonders betroffen ist.
c) Begründe mithilfe der Begriffserklärung (Randspalte), welche Form von Hunger in T1 beschrieben wird.

NE **2** Lies T3 und betrachte M4:
a) Beschreibe, was die globalen Ziele für nachhaltige Entwicklung sind.
b) Beschreibe Ziel 2.

NE **3** Das Projekt „Malawi Farmer-to-Farmer Agroecology" (MAFFA) trägt dazu bei, Ziel 2 zu erreichen. Begründe (T2).

4 Die Ziele für nachhaltige Entwicklung richten sich an alle Länder. Begründe, warum Hunger nur gemeinsam beendet werden kann (M4, T3).

MK **5** Wähle drei globale Ziele für nachhaltige Entwicklung aus (nicht Ziel 2). Recherchiere zu diesen Zielen im Internet. Beschreibe, was mit ihnen erreicht werden soll.

TERRA TRAINING

Wichtige Begriffe
Becken
Kolonialismus
Kolonialmacht
Kolonien
Kultur
periodische Wasserführung
Schwellen
Stromschnellen
Völkermord
Ziele für nachhaltige Entwicklung

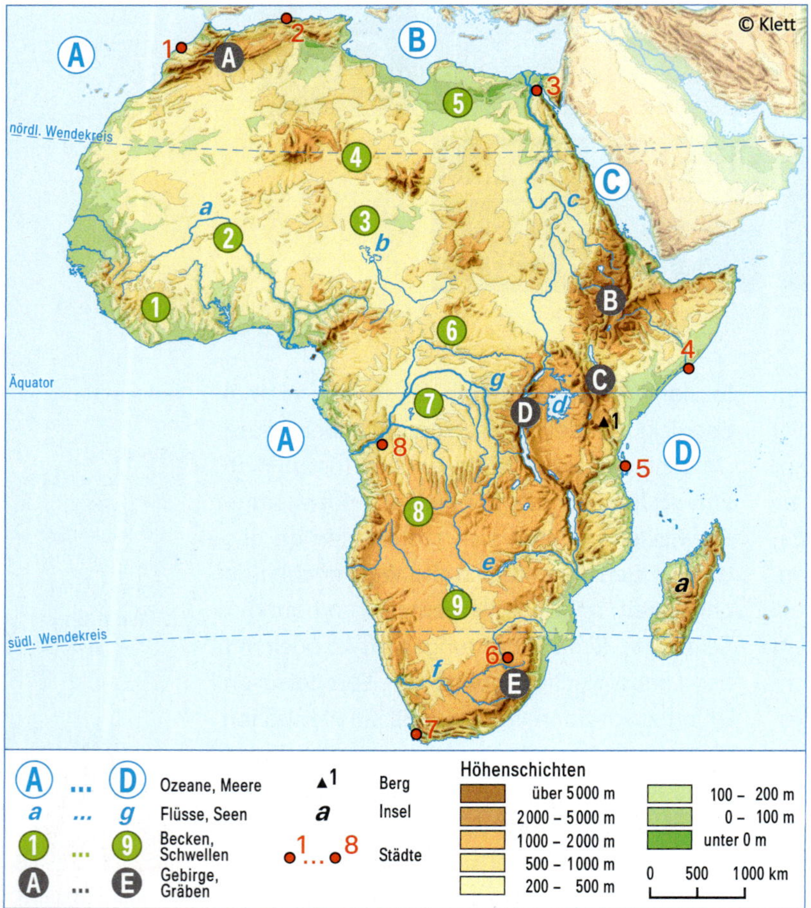

M1 Karte der Oberflächenformen in Afrika

Sich orientieren

1 Fehlerteufel

In die folgenden Aufzählungen haben sich Fehler eingeschlichen. Finde sie und berichtige in deinem Hefter. Arbeite mit dem Atlas.

a) Diese drei Staaten liegen am Mittelmeer: Algerien, Ägypten, Äthiopien.
b) Die Hauptstädte von Algerien, Ägypten und Äthiopien sind Algier, Kairo und Daressalam.
c) Ghana, Tschad und Namibia liegen im Süden Afrikas.
d) Der Nil fließt durch Mali, Niger und Nigeria.

2 Höhenverhältnisse

Arbeite mit Karte M1 und dem Atlas. Benenne

a) die Becken und Schwellen **1** bis **9**,
b) die Gebirge und Gräben **A** bis **E**,
c) den Berg **1**.

3 Gewässer und Städte

Arbeite mit M1 und dem Atlas. Benenne

a) die Ozeane und Meere **A** bis **D**,
b) die Flüsse und Seen **a** bis **g**,
c) die Städte **1** bis **8**.

Kennen und verstehen

4 Finde die Begriffe.

a) Diese tieferliegenden Gebiete sind weite Ebenen.
b) Diese langgestreckten Erhebungen bilden Wasserscheiden für die Flüsse.
c) So werden Flüsse genannt, die nur in einigen Monaten Wasser führen.
d) So werden in größeren Flüssen die Stromschnellen genannt.
e) So wird die Zeit genannt, in der europäische Länder die Herrschaft über andere Teile der Erde für sich beanspruchten.
f) So werden die Länder genannt, die Kolonien besaßen.
g) Diese Abkürzung steht für die globalen Ziele für nachhaltige Entwicklung.

5 Richtig oder falsch?

Verbessere die falschen Aussagen und schreibe alle richtig auf.

a) Landwirtschaftliche Flächen sind in Namibia ungleich verteilt. Das hat mit der Kolonialzeit aber nichts zu tun.
b) Die Grenzen von Namibia sind eine Folge der Kolonialzeit.
c) Der Völkermord an den Herero und Nama hat bis heute Folgen.

d) Kultur ist etwas, was sich nie verändert.
e) Sprachen sind ein Beispiel für die kulturelle Vielfalt in Afrika.
f) Ziel 2 der Ziele für nachhaltige Entwicklung besagt, dass kein Mensch mehr hungern muss.

6 Ordne richtig zu.
Übertrage die Tabelle M2 in deinen Hefter.
a) Welche ehemalige Kolonie, welcher heutige Staat und welche ehemalige Kolonialmacht gehören zusammen? Setze die Zuordnung fort. Nutze Karte M5 auf Seite 15.
b) Beschrifte die Spalten.

…	…	…
Mali	Deutsch-Südwestafrika	Frankreich
Namibia	Libyen	Deutschland
Libyen	Französisch-Westafrika	Portugal
Ghana	Angola	Italien
Angola	Togo	Großbritannien
Togo	Goldküste	Frankreich
Madagaskar	Rhodesien	Deutschland
Sambia und Simbabwe	Madagaskar	Großbritannien

M2

Methoden anwenden

7 Afrikas Oberfläche beschreiben
a) Beschreibe, wozu eine Profilskizze nützlich sein kann.
b) Fasse in wenigen Sätzen die Besonderheiten von Afrikas Oberfläche zusammen (M1).

Beurteilen und bewerten

8 Alltag in Afrika
a) Beschreibe, was du auf dem Foto M3 siehst.
b) Handelt es sich um ein häufiges oder ein selteneres Bild von Afrika? Erläutere.
c) Beurteile die folgende Aussage: „Es ist wichtig, ein Gleichgewicht aus verschiedenen Bildern von Afrika herzustellen."

9 Koloniales Erbe
Lies M4 und nimm Stellung zu der Frage, ob Flüsse, Buchten und Seen in Afrika wieder ihre vorkolonialen Namen erhalten sollten.

M3 Junge Frauen in Südafrika

M4 **Namen aus der Kolonialzeit**
Viele Gebirge, Flüsse und Seen haben Namen, die ihnen in der Kolonialzeit von den damaligen Kolonialmächten gegeben wurden. Beispiele sind der Albertsee, die Lüderitzbucht oder auch die Victoriafälle. 1855 sah der britische Forschungsreisende David Livingstone als erster Weißer die Victoriafälle. Zu Ehren der britischen Königin Victoria nannte er sie entsprechend. Dass viele Namen aus der Kolonialzeit heute noch gelten, während die früheren Namen der Flüsse, Buchten oder Seen international kaum bekannt sind, wird heute oft kritisch gesehen. So gibt es z. B. den Wunsch, die Victoriafälle nur noch „Mosi-Oa-Tunya" zu nennen. Denn Livingstone war nicht der Erste, der den „donnernden Rauch" gesehen hat. Die Liste des Welterbes erkennt beide Namen offiziell an.

Ein Hilfsprojekt für benachteiligte Jugendliche in Südafrika kennenlernen

TERRA **EXTRA**

M1

M2 Fußballspiel in Soweto, einem Stadtteil von Johannesburg

Der Traum vom Fußball

Für Thokozane und seine Freunde aus Kliptown gibt es nichts Schöneres, als Fußball zu spielen. Sie träumen davon, zu einem großen Verein nach Europa zu kommen. Heute könnten sie entdeckt werden.

Township
Wohnsiedlungen der armen Bevölkerung in Südafrika. Sie wurden im 20. Jahrhundert aufgrund der Politik der „Rassentrennung" für die schwarze Bevölkerung eingerichtet, bestehen aber bis heute. Teilweise haben sie die Ausmaße von mittleren und großen Städten. Allein in Soweto, der größten Township Südafrikas, leben über 1,2 Millionen Menschen.

Endlich Schulschluss! Thokozane zieht seine Schuluniform aus und holt seine Trainingsklamotten. Er hat es eilig, denn er darf heute zum Fußballturnier der U14 ins Stadion von Soweto, der Township im Südwesten der südafrikanischen Stadt Johannesburg. Zum heutigen Turnier hat sich Sibusiso Masina angekündigt. Er gehört zur Erstligamannschaft von Johannesburg, den Moroka Swallows, und spielt auch in der Bafana Bafana, so wird die Nationalmannschaft Südafrikas genannt. Jeder in Südafrika kennt Sibusiso Masina.

Heute soll das große Turnier stattfinden, an dem viele Jugendliche aus den Fußballvereinen Johannesburgs teilnehmen. Der Turniersieger darf bei den Regionalmeisterschaften spielen. Aber eigentlich hoffen alle darauf, in die Regionalauswahl aufgenommen zu werden und dass sie dort ein Scout eines bedeutenden europäischen oder asiatischen Vereins entdeckt. Sie träumen vom großen Geld in der Bundesliga oder Premier League.

Gemeinsam mit seinen besten Freunden Rahmane und Jamal macht sich Thokozane auf den Weg ins Stadion, das zur Fußball-WM 2010 gebaut worden war. Die Jungen kommen aus Kliptown, einem kleinen Teil der Township Soweto in Johannesburg. In Kliptown leben 44 000 Menschen, viele davon in Armut. Drei Viertel aller Erwachsenen haben keine Arbeit. Im Rahmen des Hilfsprojektes Kliptown Youth Program (KYP) für die Kinder und Jugendlichen in Kliptown werden die Jungs von einem Team ehrenamtlicher Erwachsener unterstützt. Dazu gehören einige ehemalige Schülerinnen und Schüler aus Kliptown.

Auch Jakob und Anna-Lea aus Deutschland sind dabei. Sie absolvieren nach ihrem Abitur ein Freiwilligenjahr in Südafrika und möchten mithelfen, dass die Kinder aus Kliptown bessere Chancen haben, einen guten Schulabschluss zu erreichen. Mehrmals pro Woche gibt es sportliche Angebote für die Kinder der Siedlung. Jakob und Anna-Lea wissen: Über den Sport lernen die Kids Teamgeist, Disziplin und Respekt – Werte, die ihnen auch im Alltag nützen.

Zu den Aufgaben der beiden Freiwilligen gehört auch, dass sie den Kindern und Jugendlichen vor und nach der Schule in den Räumlichkeiten der Organisation eine warme Mahlzeit ausgeben und ihnen nachmittags bei den Schulaufgaben helfen. Zur Erledigung der Aufgaben und zur Recherche können Thokozane und die anderen auch die Computer in der Einrichtung nutzen. Da die Schulen in Kliptown oft nicht gut ausgestattet sind und es in vielen Häusern der Siedlung keinen Strom oder Computer gibt, ist das KYP ein echtes Highlight im Alltag der Kinder und Jugendlichen und gibt ihnen die Chance auf eine bessere Zukunft.

Punkt vier Uhr, endlich geht es los! Viele Freunde aus Kliptown haben sich um das Feld versammelt. Auf den Vuvuzelas, die so aussehen wie die Hörner von Antilopen, veranstalten die Anhänger aller Mannschaften einen Höllenlärm. Thokozane und die anderen Jungs aus seiner Mannschaft haben sich schon warm gemacht. Das Thermometer ist längst über die 40-Grad-Marke geklettert. In diesem Backofen zu spielen, wird wirklich anstrengend. Zwischendurch muss es immer wieder Trinkpausen geben. Aus den Stadionlautsprechern dröhnt Kwaitomusik – die Kids lieben den südafrikanischen Hip-Hop und rappen im Takt. Dann beginnt das Turnier ganz offiziell. Sibusiso Masina spricht über Fairness und Teamgeist, doch alle sind so aufgeregt, dass keiner richtig zuhören kann. Nun formieren sich die Schüler zu Mannschaften.

M3 Fan mit einer Vuvuzela

Anpfiff! Es geht chaotisch zu, aber jeder hat Spaß. „Auuuu!" Jemand ist Thokozane auf den Fuß getreten. Wie die meisten hat er keine guten Fußballschuhe. Die kosten etwa sieben Euro, das können sich die Familien in Kliptown nicht leisten. Doch Thokozane beißt die Zähne zusammen, läuft weiter, tritt gegen das runde Leder und … „Toooor!".

→ **Kliptown Youth Program** Seite 81

Vor dem Lesen

SP **1** Thokozane wird gleich für seinen Traum vom großen Verein Fußball spielen. Formuliere kurz seine Hoffnungen und Ängste.

Während des Lesens

2 Prüfe, ob du im Text Belege für Thokozanes Hoffnungen und Ängste findest.

3 Unterteile den Text in Sinnabschnitte. Formuliere zu jedem Abschnitt eine Überschrift.

Nach dem Lesen

SP **4** Schreibe Thokozanes Geschichte weiter: Wird er es schaffen, zu einem Fußballverein nach Europa zu kommen?

5 Bewerte die Arbeit der Organisation KYP. Hättest auch du Lust, nach deinem Schulabschluss ins Ausland zu gehen und Freiwilligenarbeit zu verrichten?

MK **6** Informiere dich im Internet über das Projekt „Sport für Entwicklung" des Bundesministeriums für wirtschaftliche Zusammenarbeit und Entwicklung. Stelle einige konkrete Erfolge in Afrika vor.

2

Klima und Vegetation Afrikas

M1 A: Wüste in Ägypten B: Tropischer Regenwald im Kongo
C: Savannenlandschaft in Kenia mit dem Kilimandscharo im Hintergrund

Wenn du an Afrika denkst, fallen dir vielleicht die faszinierende Tier- und Pflanzenwelt sowie die beeindruckenden Landschaften ein. Hier gibt es Wüsten, Savannen, Regenwälder und wunderschöne Strände.

Diese Landschaften werden stark vom Klima, besonders den Winden, beeinflusst. Auf dem Gipfel des Kilimandscharo, dem höchsten Berg Afrikas, liegt Schnee. Aber die Umgebung ist eben und warm. Wie kann das sein?

Das kannst du bald:

- die regional unterschiedliche Erwärmung der Erde und die daraus resultierenden Unterschiede in Klima und Vegetation erklären
- die scheinbare Wanderung der Sonne beschreiben
- erklären, weshalb es Wüsten und Regenwälder gibt
- Regenzeit und Trockenzeit unterscheiden
- die Tropenzone in weitere Klimazonen unterteilen
- ein Lapbook erstellen

Die Bewegungen der Erde und deren Folgen kennen

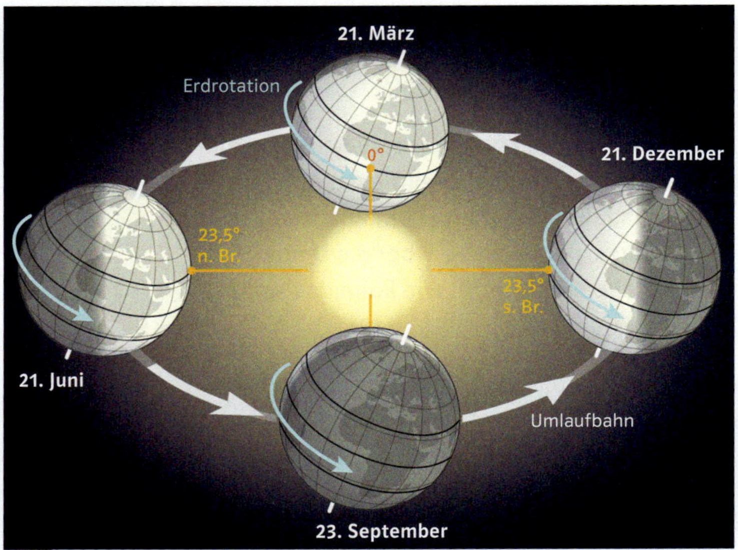

M1 Die Bahn der Erde um die Sonne

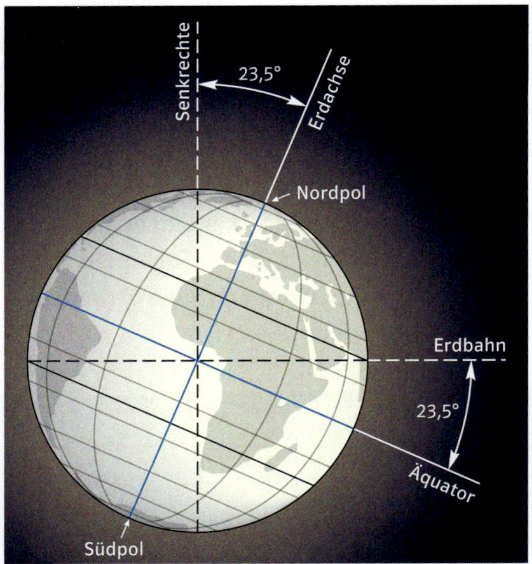

M3 Die Neigung der Erdachse

Die unterschiedliche Erwärmung der Erde

Die Länge von Tag und Nacht unterscheidet sich je nach Jahreszeit. Doch das gilt nicht in gleicher Weise für die gesamte Erde. Ebenso haben nicht alle Regionen vier Jahreszeiten. In manchen Regionen gibt es Trockenzeiten und Regenzeiten, in anderen ist das Wetter fast jeden Tag gleich.

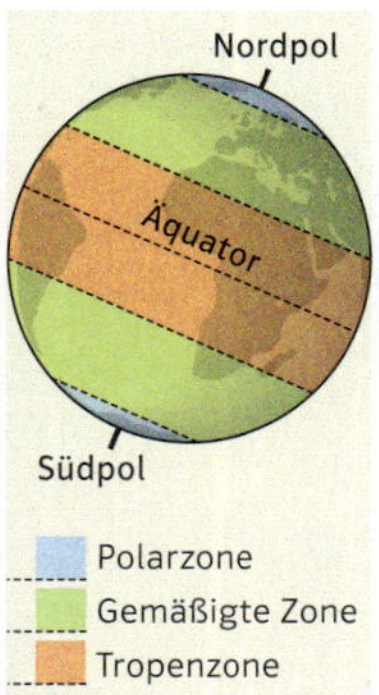

M2 Beleuchtungszonen der Erde

T1 Die Bewegungen der Erde

Du weißt bereits, dass die Drehung der Erde um ihre eigene Achse zum Wechsel zwischen Tag und Nacht führt. Denn bei dieser Rotation wird immer nur eine Hälfte der Erde von der Sonne angestrahlt, auf der unbeleuchteten Seite ist Nacht.

Außerdem dreht sich die Erde innerhalb von 365 Tagen und sechs Stunden einmal um die Sonne. Diese Bewegung wird Revolution genannt.

T2 Die Schrägstellung der Erdachse

Die Erdachse ist um 23,5° zu ihrer Umlaufbahn geneigt (Grafik M3). Diese Schrägstellung bleibt während der Revolution immer gleich, sodass einmal der Nordpol stärker zur Sonne geneigt ist und einmal der Südpol (M1).

Dadurch werden die Nordhalbkugel und die Südhalbkugel im Verlauf des Jahres unterschiedlich beleuchtet. Es entstehen die **Beleuchtungszonen** der Erde (M2).

Wir leben auf der Nordhalbkugel. Diese ist im Sommer zur Sonne hingeneigt, somit ist es bei uns warm. Im Winter dagegen ist die Nordhalbkugel von der Sonne abgeneigt. Dann ist es bei uns deutlich kälter als im Sommer.

MK **1** Werte M1 wie folgt aus:
a) Beschreibe die unterschiedliche Beleuchtung der Erde im Verlauf eines Jahres (T1, T2).
b) Nenne jeweils den Beginn der vier Jahreszeiten und erkläre ihre Entstehung (nutze auch den Erklärfilm im TERRA-Code).

Erklärfilm: Sonnenstand und Jahreszeiten
su45iq

T3 **Die Beleuchtungszonen der Erde**
Auf der Nord- und Südhalbkugel unterscheiden wir jeweils drei Beleuchtungszonen:

Die **Polarzone** umfasst die Region zwischen dem Pol und dem Polarkreis. Hier finden Polartag und Polarnacht statt. Es gibt also Tage, an denen die Sonne 24 Stunden nicht untergeht oder nicht aufgeht (M4). An den Polarkreisen ist das jeweils an genau einem Tag der Fall. An den Polen dauern Polartag und Polarnacht ein halbes Jahr.

Die **Gemäßigte Zone** liegt zwischen dem Polarkreis und dem Wendekreis. Die Sonnenstände wechseln im Verlauf eines Jahres (M5). Deshalb gibt es hier vier in etwa gleich lange Jahreszeiten. Die Tageslängen variieren zwischen den Jahreszeiten: Im Sommer sind die Tage lang, im Winter sind sie kurz. Am 21.06. ist bei uns der längste Tag des Jahres und am 21.12. die längste Nacht.

Die **Tropenzone** liegt nördlich und südlich des Äquators. Sie reicht bis zu den Wendekreisen. Bei den Wendekreisen steht die Sonne jeweils einmal im Jahr senkrecht über der Erdoberfläche, das heißt im Zenit (M6). Diesen Senkrechtstand gibt es nur in den Tropen. Weil die Sonnenstrahlen in der Tropenzone ganzjährig steil auf die Erdoberfläche treffen, unterscheiden sich die Temperaturen im Verlauf des Jahres kaum. Tag und Nacht sind das ganze Jahr über fast gleich lang.

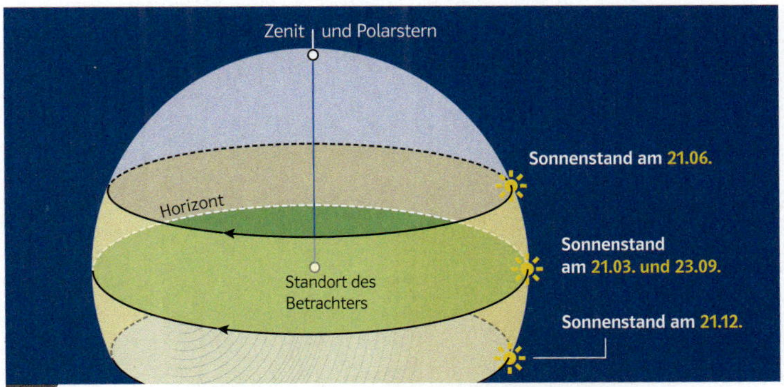

M4 Polarzone: Sonnenstand zum Polartag und zur Polarnacht

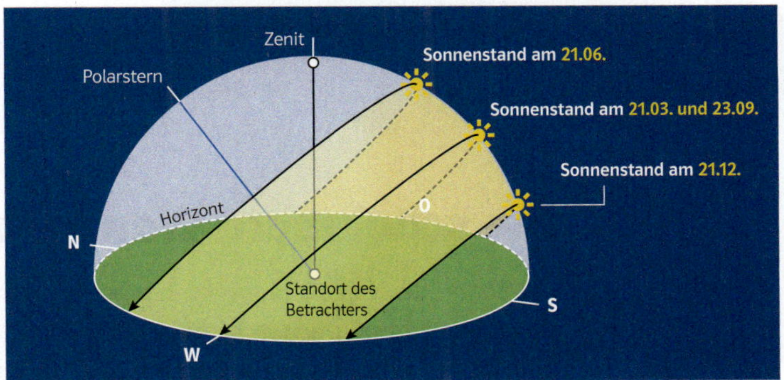

M5 Gemäßigte Zone: Sonnenstand im Jahresverlauf

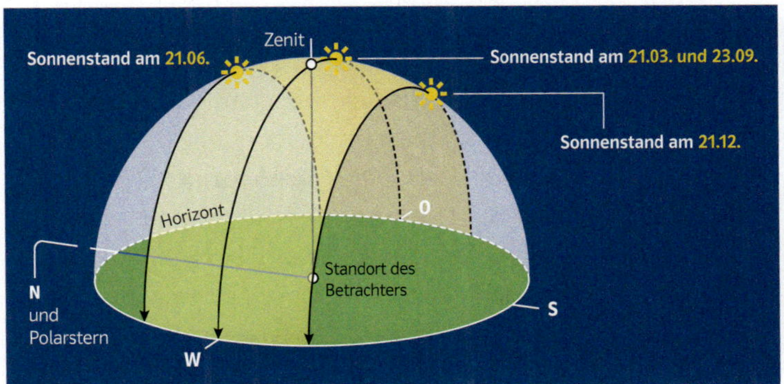

M6 Tropenzone: Sonnenstand im Jahresverlauf

2 Beleuchtungszonen:
a) Erkläre die Entstehung der unterschiedlichen Beleuchtungszonen (T2, M1 – M3).
b) Übertrage die Tabelle in deinen Hefter und fülle sie aus (T3, M2).

Beleuchtungszone	Lage	Merkmale
…	…	…

3 Bildet Dreiergruppen. Sonnenstand und Tageslänge:
a) Vergleicht den Stand der Sonne in M4 – M6.
b) Jeder wählt eine Beleuchtungszone aus. Erklärt euch gegenseitig mithilfe von M4 – M6 und T3 die unterschiedlichen Tageslängen je nach Beleuchtungszone.

4 Stelle Vermutungen an, was passieren würde, wenn:
a) die Erdachse nicht geneigt wäre,
b) sich die Erde nicht um sich selber drehen würde,
c) sich die Erde nicht um die Sonne drehen würde.

Die Auswirkungen der scheinbaren Wanderung der Sonne kennen

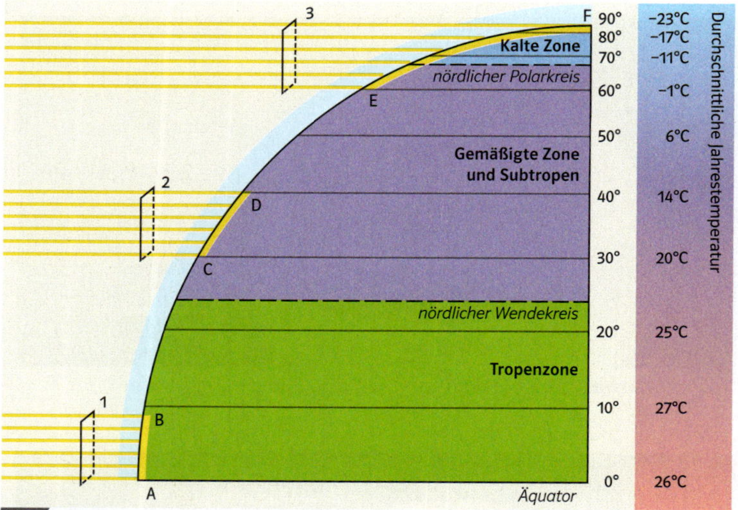

M1 Unterschiedliche Einfallswinkel der Sonnenstrahlen auf der Erde

M3 Sonne im Zenit

Die scheinbare Wanderung der Sonne

Die Sonne bewegt sich innerhalb eines Jahres scheinbar zwischen dem südlichen und nördlichen Wendekreis hin und her. Welche Auswirkungen hat das auf unser Klima in Deutschland? Und wie ist es in den Tropen?

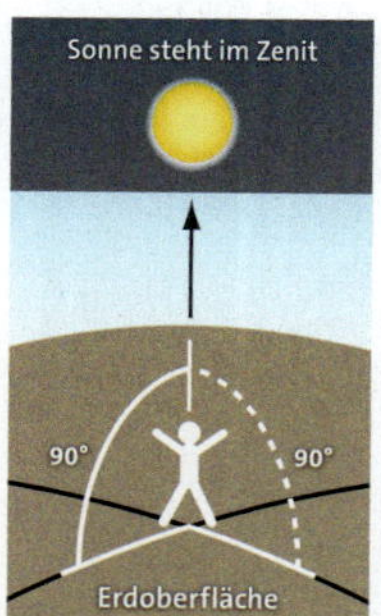

M2 Zenit: senkrechter Stand der Sonne

T1 Der Einfallswinkel der Sonnenstrahlen

Stell dir vor, du legst ein Blatt Papier in die Sonne. Es wird ein bisschen warm. Wenn du aber eine Lupe nimmst und die Sonnenstrahlen auf eine kleine Fläche bündelst, dann wird das Blatt so heiß, dass sich Feuer entfachen kann. Du siehst: Wenn sich eine Energiemenge auf eine kleinere Fläche konzentriert, wird es wärmer, als wenn sich die gleiche Energiemenge auf eine große Fläche verteilt.
So ist es auch bei der Erde. Aufgrund der Kugelgestalt erwärmt sich nicht jede Region gleich (M1). Die Sonnenstrahlen erreichen die Tropen fast senkrecht, daher ist es hier besonders warm. Die Energie des Sonnenstrahlenbündels muss wenig Fläche erwärmen. Je weiter man sich vom Äquator entfernt, desto kleiner wird der Einfallswinkel. Das heißt, die gleiche Energiemenge muss mehr Fläche erwärmen. Das wirkt sich auf die Temperaturen aus: Mit zunehmendem Abstand zum Äquator wird es kälter.

T2 Von Wendekreis zu Wendekreis

Die Sonne steht zweimal im Jahr über dem Äquator im Zenit (M2) und jeweils einmal über den beiden Wendekreisen. Beim Zenitstand der Sonne gibt es keinen schrägen Schattenwurf (M3).
Am 21. Juni erreicht die Sonne den nördlichen Wendekreis (23,5°N) und bei uns beginnt mit der Sommersonnenwende der Sommer. Danach wandert die Sonne scheinbar Richtung Süden, bis sie am 21. Dezember den südlichen Wendekreis (23,5°S) erreicht. Mit der Wintersonnenwende beginnt bei uns der Winter.
Auf ihrer scheinbaren Wanderung überquert die Sonne zweimal den Äquator, und zwar am 21. März (Frühlingsanfang bei uns) und am 23. September (Herbstanfang). An diesen beiden Tagen sind Tag und Nacht gleich lang, man nennt sie daher Tag- und Nachtgleichen.
Tatsächlich wandert die Sonne nicht. Verantwortlich ist die Umlaufbahn der Erde um die Sonne (Seite 26/27).

Üben interaktiv: Die Beleuchtung der Erde
su45iq

Die Sonne steht im Zenit („senkrecht“)	Nordhalbkugel	Südhalbkugel
am 21. Juni über dem nördlichen Wendekreis (23,5 °N)	Sommerbeginn	...
am 23. September ...	...	...
am 21. Dezember ...	...	...
am 21. März ...	...	...

M4

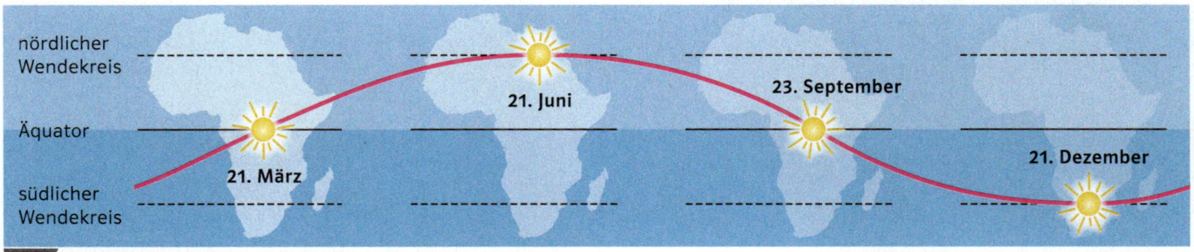

M5 Zenitstand der Sonne im Jahresverlauf

SP Sprachtipp

Schaubild erklären
→ Aufgabe 4

Am ... steht die Sonne über ... im Zenit. Dann beginnt auf der Nordhalbkugel ...

Die Sonne wandert scheinbar weiter bis ...

T3 Konstante Temperaturen in den Tropen

Weil der Einfallswinkel der Sonnenstrahlen in der Tropenzone immer groß ist, bleiben die Temperaturen ganzjährig konstant warm (M6: Lagos). Es gibt daher keine thermischen Jahreszeiten wie bei uns. Die Temperaturen schwanken zwischen Tag und Nacht stärker als im Jahresverlauf. Man spricht deshalb auch von einem **Tageszeitenklima.**

Erst bei größerer Entfernung vom Äquator nehmen die Jahresschwankungen der Temperatur zu. Und erst wenn diese Jahresschwankungen größer sind als die täglichen Temperaturschwankungen, spricht man vom **Jahreszeitenklima** (M6: Berlin).

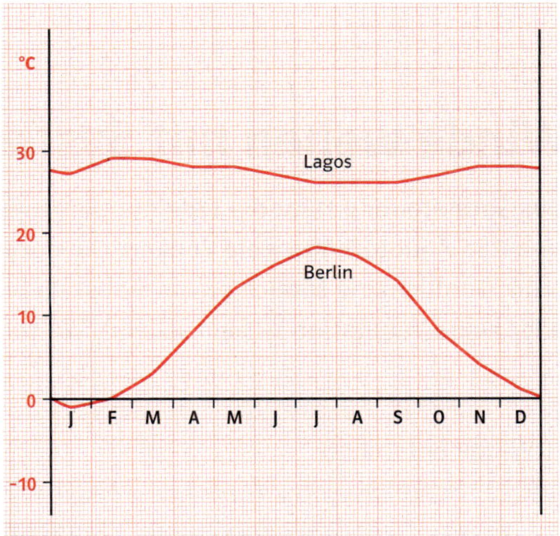

M6 Temperaturverläufe im Vergleich

thermisch
stammt vom griechischen Wort „thermós“ (= warm, heiß) und bedeutet, dass sich die Aussage auf die Temperatur bezieht

→ **Tageszeitenklima**
Seite 46/47

1 Erkläre, warum die Temperaturen vom Äquator zum Pol abnehmen (M1, T1).

2 Schattenwurf (M3):
a) Begründe den Schattenwurf der Palme (T2).
b) In welcher Beleuchtungszone ist dieses Bild aufgenommen worden?

3 Werte das Diagramm M6 aus:
a) Vergleiche die Temperaturkurven.
b) Ordne die Städte den Beleuchtungszonen der Erde zu.
c) Erkläre den Begriff Tageszeitenklima (T3).

SP **4** Erkläre einem Mitschüler/einer Mitschülerin die Verlagerung der Zenitstände der Sonne (M5, T2).

5 Übertrage die Tabelle M4 in deinen Hefter und fülle sie aus.

Verstehen, wie Winde entstehen, und die Luftbewegung in den Tropen beschreiben

M1 Wolkengürtel über Afrika

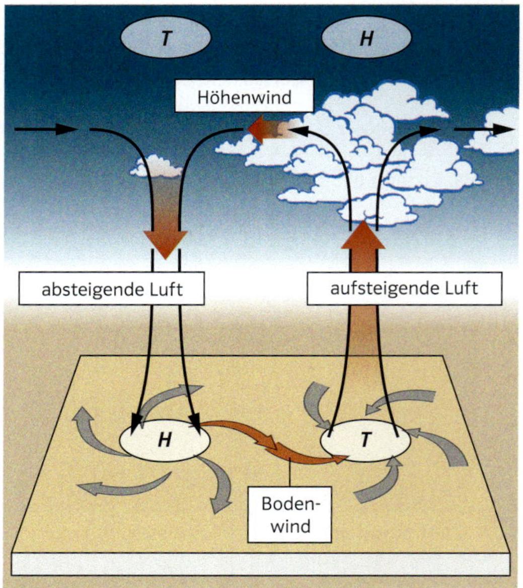

M2 Entstehung von Hoch- und Tiefdruckgebieten

Winde wehen mit System

Das Satellitenbild zeigt die Erde mit dem afrikanischen Kontinent. Du siehst in Äquatornähe viele Wolken. Die darunterliegende Landschaft ist grün. Nördlich und südlich davon siehst du braune Flächen, in der wenig oder keine Vegetation zu sein scheint. Welche Erklärung gibt es dafür?

kondensieren
Wasserdampf wird zu Wasser.

T1 Winde entstehen

Um zu verstehen, was Wind ist, starten wir mit einem Gedankenexperiment: Wenn du das Ventil deines Fahrradschlauches löst, dann strömt Luft heraus. Das liegt daran, dass außerhalb des Schlauches ein geringerer Luftdruck herrscht als innerhalb.

So ist es auch in der Atmosphäre: Hoher und tiefer Luftdruck wollen sich ausgleichen. Dadurch entstehen Luftströmungen, die man als Wind bezeichnet. Je größer der Luftdruckunterschied zwischen verschiedenen Gebieten ist, desto stärker weht der Wind (M 2). Er weht immer von einem Gebiet mit hohem Druck **(Hochdruckgebiet)** zu einem Gebiet mit tieferem Druck **(Tiefdruckgebiet)**.

T2 Regen am Äquator

Im Bereich des Äquators wird die Erdoberfläche durch den großen Einfallswinkel der Sonnenstrahlen am stärksten erwärmt (M 3: 1). Warme Luft kann besonders viel Feuchtigkeit aufnehmen. Die warme, feuchte Luft steigt am Äquator auf und kühlt mit zunehmender Höhe ab (2). Daher kondensiert der Wasserdampf in der feuchten Luft und es bilden sich Wolken, aus denen ergiebige Niederschläge fallen (3).

Durch das Aufsteigen der Luft nimmt am Boden der Luftdruck ab und es entsteht ein Tiefdruckgebiet (4).

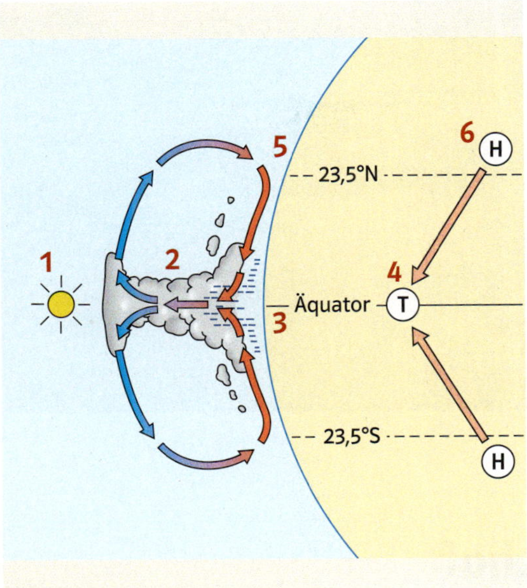

M3 Luftbewegung in den Tropen

M4

Entstehung eines Tiefdruckgebietes

Material: ca. zwölf Teelichter oder Kerzen mit feuerfester Unterlage, Streichhölzer

Durchführung: Stelle die Kerzenflammen im windstillen Klassenzimmer kreisförmig auf und beobachte die Flammen. Vorsicht mit brennenden Kerzen! Führe diesen Versuch nur im Beisein eines Erwachsenen durch.

Auswertung: Wenn alle Flammen nach innen zeigen, dann deuten sie ein thermisches Tief an.

T3 Trockenheit an den Wendekreisen

In großer Höhe strömt die Luft vom Äquator aus nach Norden und Süden. In der Nähe der Wendekreise sinkt sie ab (5). Dabei erwärmt sich die Luft und kann wieder Feuchtigkeit aufnehmen. Deshalb lösen sich die Wolken auf und es entstehen Gebiete ohne Niederschlag. Wenn Luft aus der Höhe zu Boden sinkt, besteht dort ein höherer Luftdruck als in der Umgebung. Dadurch entstehen an den Wendekreisen Hochdruckgebiete (6).

T4 Die Passate

Da sich hoher und tiefer Luftdruck ausgleichen wollen, wehen Bodenwinde von den Hochdruckgebieten an den Wendekreisen zum Tiefdruckgebiet am Äquator. Diese Winde heißen **Passate.** Eigentlich müssten es Nord- bzw. Südwinde sein. Da sich aber die Erde dreht, werden die Passate abgelenkt und wehen daher aus Nordosten und Südosten. Sie heißen somit Nordostpassat und Südostpassat. In Äquatornähe strömen sie von beiden Halbkugeln zusammen – der Kreislauf ist geschlossen, man spricht daher auch vom **Passatkreislauf**.

T5 Wo die Passate zusammenkommen

Die Zone, wo Nordostpassat und Südostpassat zusammenkommen und die erwärmte Luft wieder aufsteigt, heißt **Innertropische Konvergenzzone** (ITC).

→ ITC Seite 32/33

Konvergenz das Zusammentreffen

1 Erkläre, wie Wind entsteht (T1, M2).

SP **2** Lies T2 und T3. Betrachte anschließend nur die Abbildung M3 und beschreibe die Luftbewegung in den Tropen mit eigenen Worten. Beginne so: „Die Sonne erwärmt die Luft am Boden. …“

3 Erkläre die Entstehung und die Richtung der Passate (T2–T4).

MK **4** Recherchiere, wie der Passat zu seinem Namen kam.

5 Führe das Experiment M4 durch. Beschreibe deine Beobachtung.

M1 Der Fluss Okavango zur Trockenzeit (A) und zur Regenzeit (B)

Luftmassen auf Wanderschaft

Die gleiche Landschaft: einmal gelblich-braun und trocken, dann im satten Grün. Nach monatelanger Trockenzeit fällt endlich Regen. Wie entstehen diese unterschiedlichen Jahreszeiten?

← **Entstehung des Zenitalregens** Seite 30/31, T2 und T3

T1 Wo die Sonne im Zenit steht

Wo die Sonne im Zenit steht, wird das Gebiet besonders stark erwärmt. Am Boden bildet sich ein starkes Tiefdruckgebiet (ITC), da die warme, sehr feuchte Luft aufsteigt. In der Höhe bilden sich dicke Wolken, aus denen starke Regenfälle niedergehen. Man spricht daher auch von einem **Zenitalregen**.

Im Bereich der Wendekreise sinkt dagegen trockene Luft zu Boden. Diese Passatluft bringt keine Niederschläge. Deshalb liegen bei den Wendekreisen große Trockengebiete. Außerhalb der Tropen herrscht meist kühlere und feuchtere Luft vor.

T2 Luftmassen über Afrika

Durch die scheinbare Wanderung der Sonne zwischen den Wendekreisen verlagert sich ihr Zenitstand und somit bewegen sich auch die Luftmassen mit dem Zenitalregen.

In Afrika gibt es drei Hauptluftmassen, die die Temperatur- und Niederschlagsverteilung auf dem Kontinent beeinflussen:

1. **Äquatorialluft** ist feuchtwarm und niederschlagsreich. Sie entsteht am Äquator.
2. **Passatluft** entsteht im Bereich der Wendekreise. Weht die Luft über den Kontinent, ist sie trocken und sehr warm. Weht sie über das Meer, nimmt sie Feuchtigkeit auf.
3. **Gemäßigte Luft** entsteht über den gemäßigten Breiten. Sie kommt meist vom Meer her und ist kühler als die Passatluft und Äquatorialluft. Sie bringt Niederschläge.

T3 In Afrika bestimmen Niederschläge die Jahreszeiten

Nicht die Temperaturen, sondern die Höhe und Verteilung der Niederschläge bestimmen die Jahreszeiten in den Tropen. Das Pflanzenwachstum wird nicht durch den Mangel an Wärme (wie bei uns), sondern durch fehlende Feuchtigkeit unterbrochen. Wenn genug Niederschlag fällt, damit Pflanzen wachsen können, spricht man von einer **Regenzeit.** Bei zu wenig Niederschlag herrscht **Trockenzeit.** Der größte Teil Afrikas wird durch den Wechsel von Regen- und Trockenzeiten geprägt.

Nur im Gebiet um den Äquator gibt es fast das ganze Jahr mehr Niederschlag, als durch die hohen Temperaturen verdunstet.

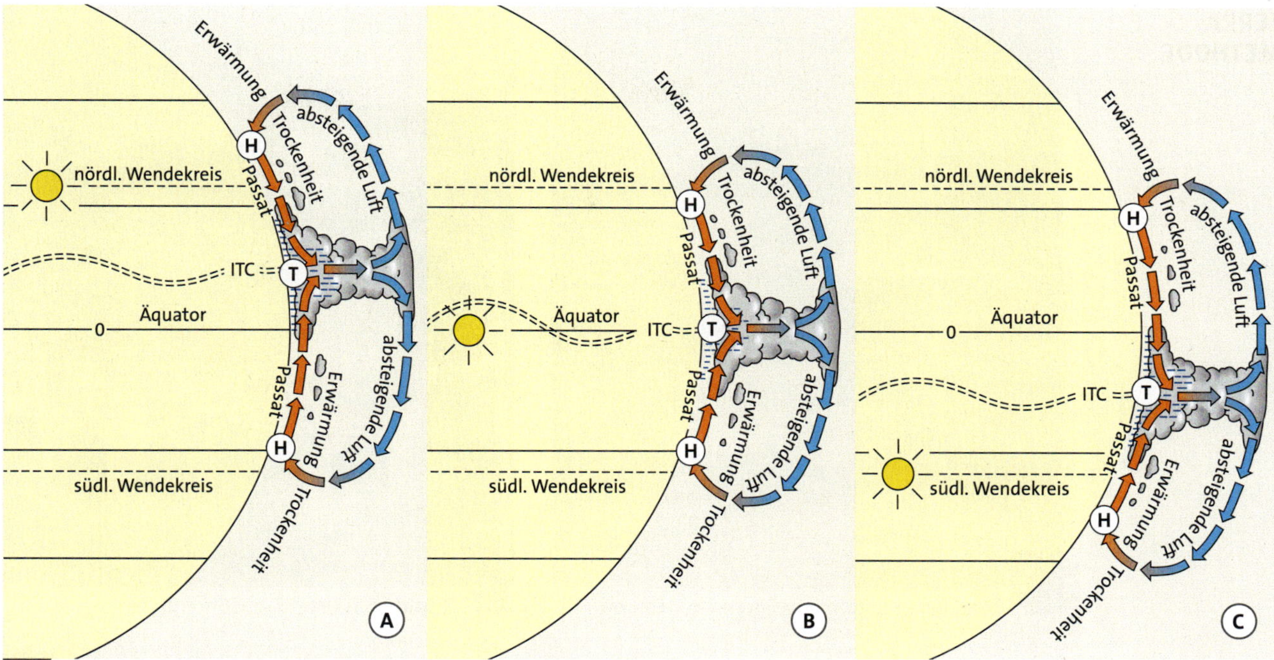

M2 Luftbewegung in den Tropen: A – Juni, B – September, C – Dezember

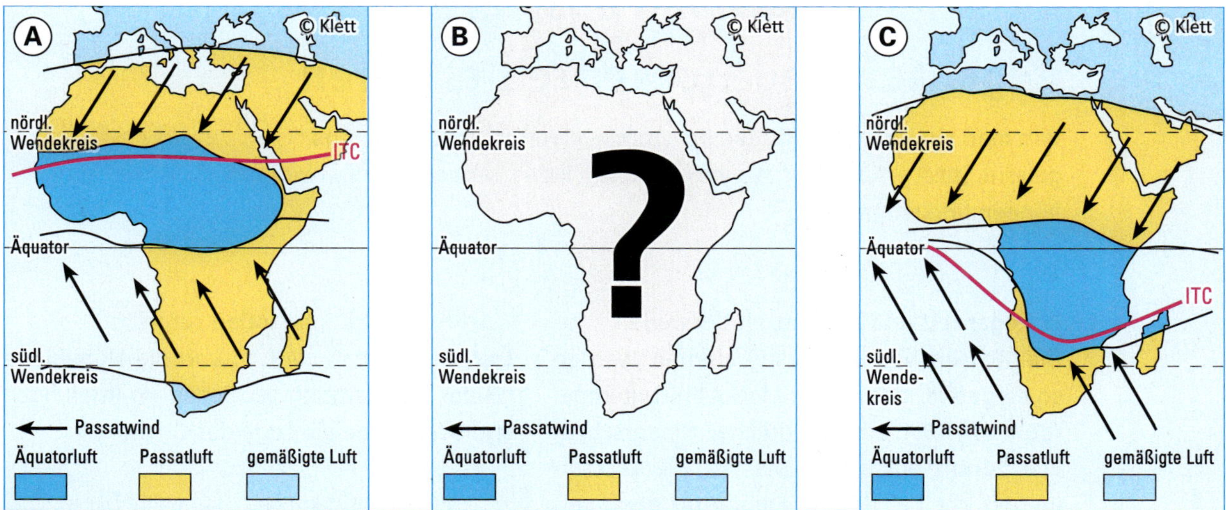

M3 Luftmassen und Winde über Afrika: A – Juni, B – September, C – Dezember

1 Beschreibe anhand der Fotos in M1 den Unterschied zwischen Trockenzeit und Regenzeit.

2 Erkläre den Begriff Zenitalregen (T1).

3 Nenne die Luftmassen über Afrika, ihren Entstehungsort und ihre Merkmale (T2). Erstelle dafür eine Tabelle.

4 Luftmassen in Bewegung:
a) Beschreibe die Verlagerung der Luftmassen über Afrika (M2, M3).
b) Skizziere Karte M3 B in deinen Hefter und ergänze grob die Luftmassen und Windrichtungen (M3, M2).
SP c) Ergänze folgenden Satz: „Die Verlagerung der Luftmassen ist Ursache für den Wechsel von … und … auf dem afrikanischen Kontinent." (T3). Belege diese Aussage mithilfe von M3 A und C.

MK **5** Arbeite mit dem Atlas: Finde heraus, wo das Okavangodelta liegt. In welchen Monaten können die Fotos in M1 aufgenommen worden sein?

TERRA
METHODE

M1 Grasland in Ostafrika während der Trockenzeit

M2 Grasland in Ostafrika während der Regenzeit

Ein Klimadiagramm auswerten: Regenzeit und Trockenzeit erklären

Wie man ein einfaches Klimadiagramm auswertet, hast du bereits gelernt. Jetzt erfährst du, wie man ablesen kann, wann Pflanzen wachsen können und wann nicht.

Vegetationszeit
Zeit, in der ein Pflanzenwachstum möglich ist. Dies ist der Fall bei ausreichend Niederschlägen und einem Temperatur-Tagesmittel über 5 °C.

T1 **Regenzeit und Trockenzeit darstellen**

Die Achsen von Klimadiagrammen werden so eingeteilt, dass einer Monatsmitteltemperatur von 10 °C ein monatlicher Niederschlag von 20 mm entspricht. Dies ist die Wassermenge, die bei dieser Temperatur etwa verdunstet. Überragt die Niederschlagssäule die Temperaturkurve, wird dieser Zeitraum als feucht **(humid)** bezeichnet. Während dieser Regenzeit gibt es genügend Niederschlag für natürliches Pflanzenwachstum.

Bleibt die Niederschlagssäule unter der Temperaturkurve, wird dieser Zeitraum als trocken **(arid)** bezeichnet. Während dieser Trockenzeit ist für das natürliche Pflanzenwachstum zu wenig Feuchtigkeit vorhanden.

1. Schritt: Die Klimastation verorten

Lies den Namen (M 3: 1) und die Höhenlage (2) der Klimastation ab. Schau im Atlas nach und beschreibe die Lage des Ortes.

El Obeid liegt im Land Sudan in Ostafrika, ... m über dem Meeresspiegel.

2. Schritt: Die Jahreswerte bestimmen

Lies die mittlere Jahrestemperatur (3) und den Jahresniederschlag (4) ab. Benenne den kältesten und den wärmsten Monat.

Erklärfilm: Wie erstelle ich ein Klimadiagramm?
su45iq

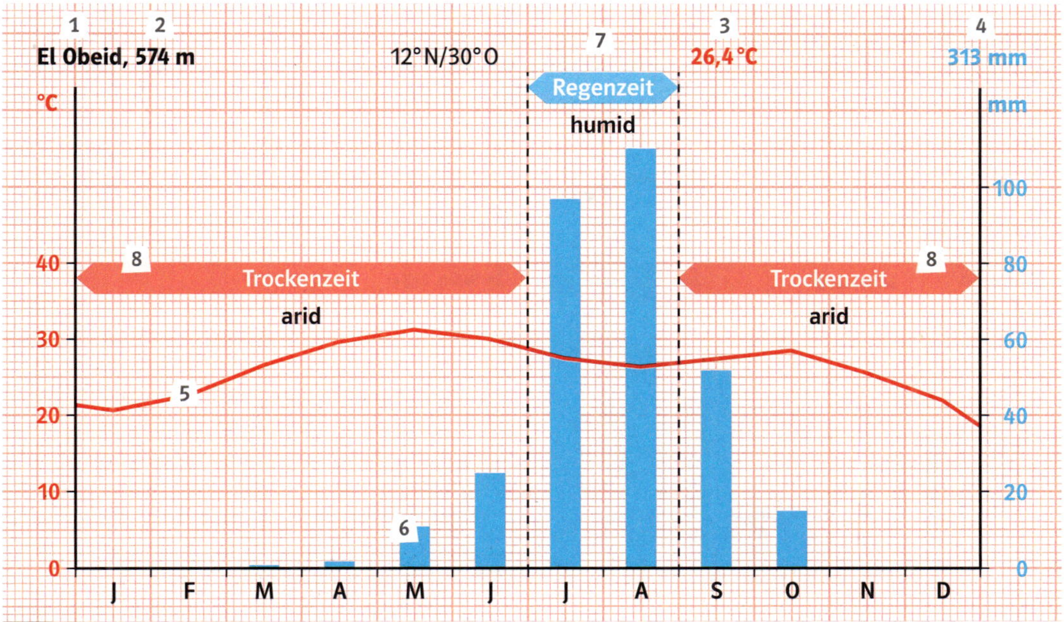

M3 Klimadiagramm von El Obeid

→ **Methoden im Überblick**
Ein Klimadiagramm auswerten
Seite 167

Die mittlere Jahrestemperatur beträgt in El Obeid 26,4 °C. Der Jahresniederschlag liegt bei ...
Der wärmste Monat ist der ... mit ... °C.
Der kälteste Monat ...

3. Schritt: Den Kurvenverlauf beschreiben

Beschreibe jetzt den Verlauf der Temperatur (5) und des Niederschlags (6).

Die Temperaturkurve im Klimadiagramm der Stadt El Obeid verläuft nie unter dem Gefrierpunkt. Die Temperaturen steigen von Dezember bis ... an und sinken dann in den Monaten ... und ... leicht ab. Bis ... nehmen die Temperaturen wieder leicht zu und sinken dann bis ... wieder. Von November bis ... fällt so gut wie kein Niederschlag. Jm April fängt es an zu regnen. Die höchsten Niederschläge mit bis zu ... mm fallen in den Monaten ... und ... Danach regnet es bis zum ... jeden Monat weniger.

4. Schritt: Den Niederschlagstyp erkennen

Stelle fest, wie viele Monate die Regenzeit (7) und die Trockenzeit (8) jeweils dauern. Bestimme dann ggf. den dominierenden Niederschlagstyp. Erläutere die Auswirkungen des Klimas auf das Pflanzenwachstum.

Die Regenzeit dauert in El Obeid von Anfang Juli bis Ende ... Daran schließt sich die Trockenzeit von ... Monaten Dauer an. El Obeid hat ein vorwiegend ... Klima. Jn den Monaten September bis ... regnet es weniger, als Wasser verdunstet. Für ein natürliches Pflanzenwachstum ist es dann zu trocken. Jn dieser Zeit muss künstlich bewässert werden.

SP Sprachtipp

Den Niederschlagstyp bestimmen
→ 4. Schritt

Ein Zeitraum ist humid (feucht), wenn die Niederschlagssäulen über die ...kurve hinausragen.

Ein Zeitraum ist arid (trocken), wenn die ...säulen unter der Temperaturkurve bleiben.

SP **1** Trockenzeit und Regenzeit, arid und humid:
a) Beschreibe die Fotos M1 und M2.
b) Definiere die vier Begriffe.

2 Ergänze die Texte zur Auswertung des Klimadiagramms von El Obeid.

3 Werte das Klimadiagramm von Bamako (S. 36, M2) aus. Wende die Schritte 1 – 4 an.

4 Woran erkennst du, ob ein Ort auf der Nord- oder auf der Südhalbkugel liegt? Begründe.

○1 ◒2 – 4

Lösungshilfen ab S. 178

TERRA
ORIENTIERUNG

Die Klimazonen Afrikas

Die Klimazonen Europas hast du schon kennengelernt. Auch die Tropenzone ist dir ein Begriff. Die Tropenzone, welche den größten Teil Afrikas einnimmt, lässt sich jedoch noch in weitere Klimazonen unterteilen.

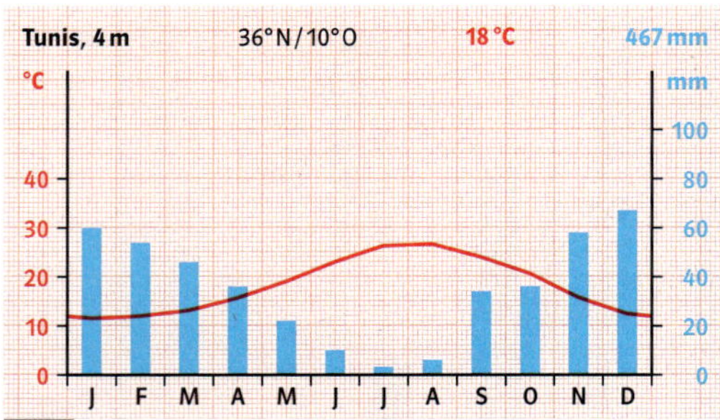

M1

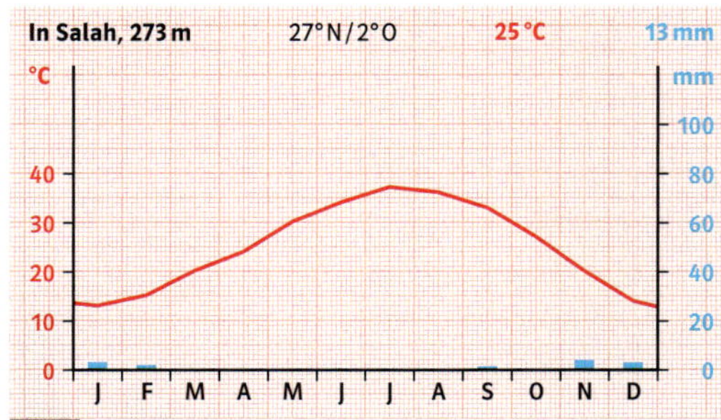

M3

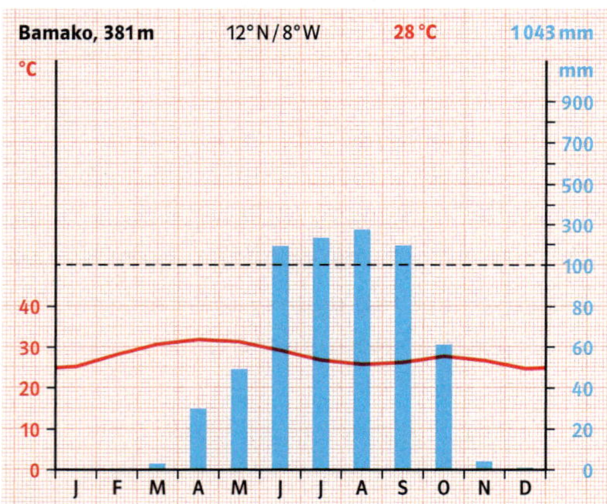

M2

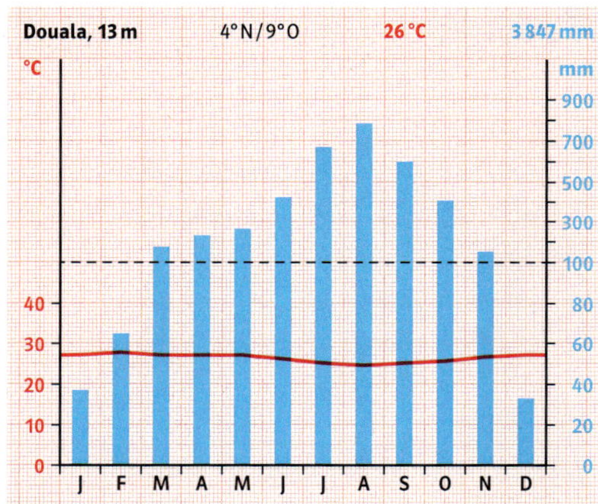

M4

←
Luftmassen auf Wanderschaft
Seite 32/33

←
Tageszeitenklima
Seite 29

T1 Die vier Klimazonen Afrikas

Die Verlagerung der Zenitstände der Sonne zwischen den Wendekreisen ist für die Ausprägung der Klimazonen Afrikas verantwortlich. Es werden vier Klimazonen unterschieden:

- die **Subtropische Klimazone** mit ihren trockenen Sommern und feuchten Wintern;
- die **Passatklimazone** mit
  a) trockenem Passatklima: ganzjährig kaum oder gar keine Niederschläge,
  b) feuchtem Passatklima: Niederschläge im Sommer, Trockenheit im Winter;
- die **Zone des tropischen Wechselklimas** mit abwechselnden Regen- und Trockenzeiten. In dieser Zone wechseln die Luftmassen je nach Stand der Sonne.
- die **Äquatoriale Klimazone** mit wenig schwankenden Temperaturen und ganzjährig hohen Niederschlägen. Hier herrscht das Tageszeitenklima.

T2 Das Klima bestimmt die Vegetation

Das Klima hat großen Einfluss auf die Zusammensetzung der Vegetation. In Afrika stimmen die Klimazonen fast passgenau mit den Vegetationszonen überein. Überzeuge dich selbst davon und blättere auf Seite 38/39.

Arbeitsblätter A und B: Afrikas Klima- und Vegetationszonen
su45iq

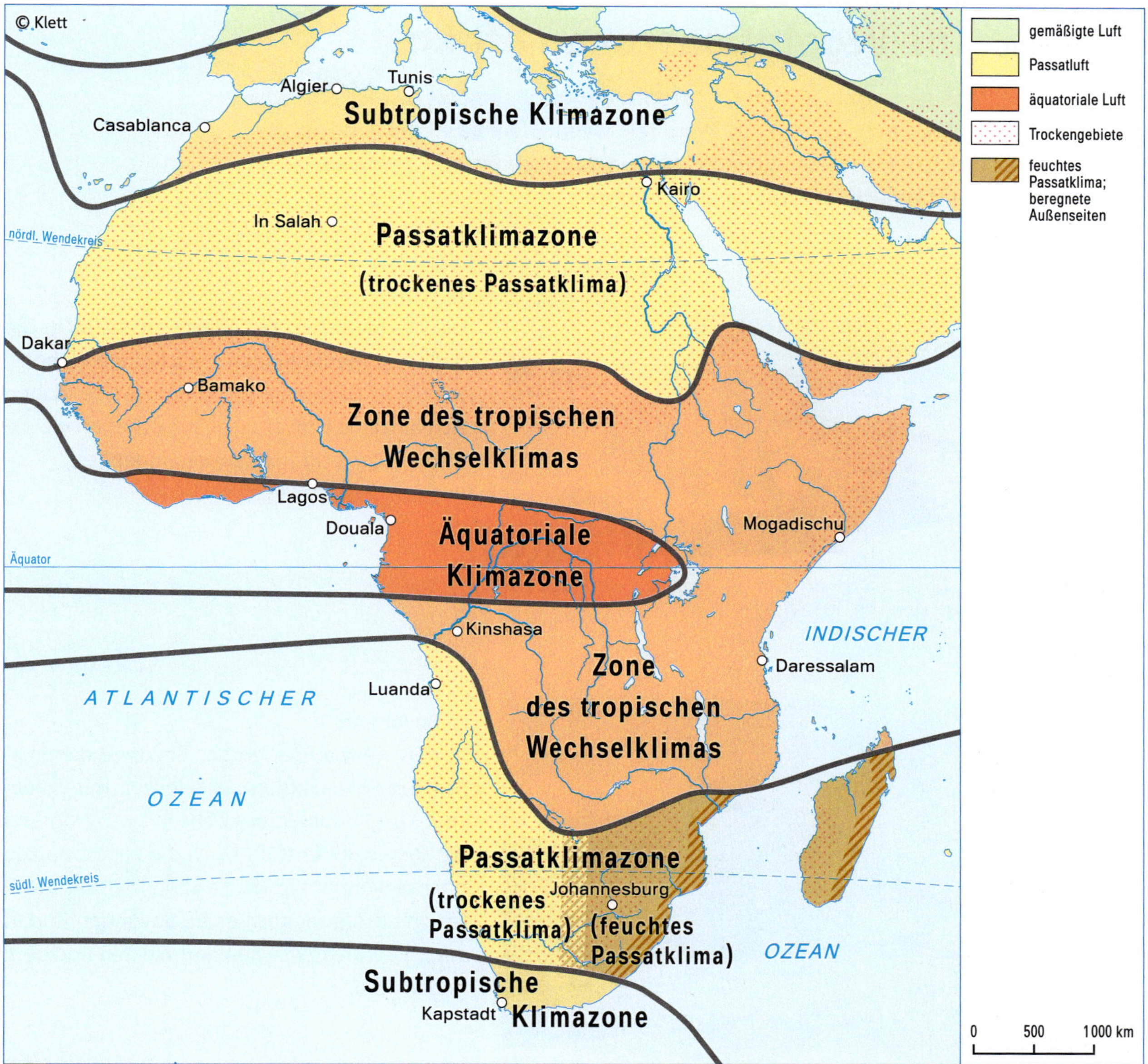

M5 **Karte der Klimazonen Afrikas** (nach Ernst Neef)

MK **1** Erstelle eine thematische Karte. Wähle Aufgabe A oder B:
A Nutze das Arbeitsblatt A aus dem TERRA-Code: Schreibe die Klimazonen aus Karte M5 in die linke Spalte der Legende.
B Nutze das Arbeitsblatt B aus dem TERRA-Code: Schreibe mithilfe von Karte M5 die Ziffern 1–4 in deine Karte und ergänze die linke Spalte der Legende.

2 Arbeite mit M5 und dem Atlas:
a) Erstelle eine Tabelle: Ordne jeder Klimazone drei Staaten zu.
b) Nenne Staaten, die an mehreren Klimazonen Anteil haben.

3 Wertet die Klimadiagramme M1–M4 aus. Nutzt die Schritte auf S. 34/35.

4 Beurteile die folgenden Aussagen:
a) „Im Sommer möchte ich nicht als Tourist in Douala sein." (M4)
b) „In In Salah regnet es nie." (M3)

TERRA ORIENTIERUNG

Die Vegetationszonen Afrikas

In den verschiedenen Klimazonen der Tropen findest du eine abwechslungsreiche Vegetation. Diese reicht vom Meer aus Sand und Fels der Wüsten bis zur üppigen Vegetation des Regenwaldes. Entdecke die erstaunliche Vielfalt der Pflanzenwelt.

M1 Sahara in Tunesien

T1 Wüste

Die Vegetation in der Wüste ist spärlich. Die äußeren Bedingungen erscheinen lebensfeindlich. Doch auf vielfältige Weise haben sich einzelne Gräser oder Sträucher an die extreme Hitze und Trockenheit angepasst.

M2 Savanne in Kenia mit Kilimandscharo

T2 Savannen

In den weiten Ebenen der Savanne dominieren Graslandschaften, die locker mit Sträuchern und Bäumen bewachsen sind. Während der Regenzeit entfaltet sich die Vegetation. Je nach Savannentyp (Seite 42/43) ist die Vegetation unterschiedlich dicht. Savannen finden wir im Bereich zwischen den Wüsten und dem Regenwald.

M3 Tropischer Regenwald auf Madagaskar

T3 Tropischer Regenwald

Einheitlich dichtes Grün soweit das Auge reicht: Durch die ganzjährig hohen Temperaturen und Niederschläge gibt es im Regenwald Pflanzen und Tiere in erstaunlicher Vielfalt. Alle Pflanzen müssen sich spezialisieren, um nicht im Dickicht unterzugehen. Manche Bäume werden bis zu 60 m hoch (Seite 46/47).

Arbeitsblätter A und B: Afrikas Klima- und Vegetationszonen
su45iq

M4 Karte der Vegetationszonen Afrikas

1 Vegetationszonen:
a) Beschreibe die Vegetation auf den Fotos M1–M3. Achte dabei auf die Dichte und Höhe der Vegetation.
SP b) Erstelle einen Merksatz zum Zusammenhang zwischen der Entfernung zum Äquator und der Vegetation: „Je weiter das Gebiet vom Äquator entfernt ist, desto …"
c) Benenne die Savannentypen mithilfe von Karte M4. Stelle eine Vermutung auf, weshalb es verschiedene Savannentypen gibt.

MK **2** Ergänze deine thematische Karte von S. 37 (TERRA-Code). Wähle Aufgabe A oder B:
A Übertrage die Vegetationszonen aus Karte M4 in dein Arbeitsblatt A. Verwende Buntstifte: dunkelgrün = Tropischer Regenwald, orange = Savanne, gelb = Wüste. Ergänze die rechte Spalte der Legende.
B Übertrage die Vegetationszonen aus Karte M4 mithilfe von Farbstiften in dein Arbeitsblatt B. Verwende für die Savannen nur eine Farbe. Ergänze die rechte Spalte der Legende.

3 Vergleiche nun die Klima- und Vegetationszonen in Afrika mithilfe deiner Karte auf dem Arbeitsblatt. Was stellst du fest?

M1 Felswüste

M3 Kieswüste

Die Gesichter der Wüste Sahara

Die Sahara – eine Wüste unendlicher Weite aus Sand? Sie besteht aber keinesfalls vollständig aus Sand und Sanddünen. Lasst uns erkunden, wie es dort wirklich aussieht.

Kaum zu glauben
Die Sahara ist die größte Trockenwüste der Erde. Sie ist etwa 25-mal größer als Deutschland.

T1 Verschiedene Wüstenformen

Etwa 70 Prozent der Sahara sind **Felswüste**, auf Arabisch Hamada genannt. Sie besteht aus grobem Gestein und scharfkantigen Felstrümmern. Weil über der Wüste die Wolkendecke fehlt, sind die Temperaturunterschiede zwischen Tag und Nacht groß. Tagsüber dehnt sich das Gestein aus und nachts zieht es sich wieder zusammen. Diese Spannung führt zur Sprengung des Gesteins (M5), es wird ständig weiter zerkleinert. Der Wind weht das entstandene Feinmaterial aus.

Etwa zehn Prozent der Sahara sind von **Kieswüsten** bedeckt, auch Serir genannt. Dort findet man runde Steine, die aus einer Zeit stammen, als das Klima noch regenreich war. Die Steine wurden im Wasser mitgeführt und abgerundet.

Nur etwa 20 Prozent der Wüste Sahara sind somit **Sandwüste**, Erg genannt. Dünenfelder bestehen aus Sand, der vom Wind angeweht und dann abgelagert wurde.

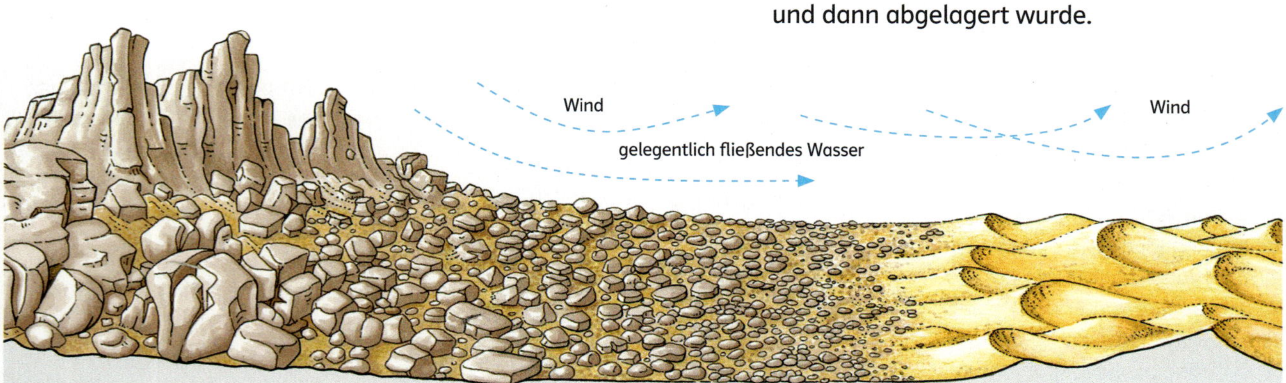

M2 Die Entstehung der Wüstenformen

Audio: Unterwegs in der Wüste
su45iq

M4 Sandwüste

M6 Gesteinssprengung

M5
Merkmale der Wüste

In der Wüste regnet es nur sehr wenig, oft jahrelang überhaupt nicht. Das Thermometer zeigt mittags über 50 °C, nachts sinkt die Temperatur unter den Gefrierpunkt.
Trotz der extremen Bedingungen haben sich Pflanzen geschickt angepasst. Manche können ihre Wurzeln so tief in den Boden wachsen lassen, dass sie das Grundwasser erreichen. Andere Pflanzen stellen ihre Blätter steil, um sich gegen die intensive Sonnenstrahlung zu schützen. Wieder andere haben sich ein Stachelkleid zugelegt.

Wenn Starkregen auftritt, kann der ausgetrocknete Boden die gewaltigen Wassermassen nicht aufnehmen. Trockentäler, die sogenannten Wadis, werden dann zu reißenden Strömen. Auch Staubstürme mit bis zu 3000 m Höhe und einigen Kilometern Durchmesser ziehen heran.
Die hohen Temperaturen und Temperaturschwankungen, Starkregen und Staubstürme sind eine Gefahr für die Menschen.

MK **1** Arbeite mit dem Atlas:
a) Liste die Staaten auf, die Anteil an der Sahara haben.
b) Finde weitere Wüsten an den Wendekreisen auf unterschiedlichen Kontinenten.

2 Wüstenformen:
a) Beschreibe das Aussehen der Wüstenformen (M 1, M 3, M 4).
b) Liste die Unterschiede der Wüstenformen auf (T 1, M 2). Lege dazu eine Tabelle an:

deutscher Name	arabischer Name	Anteil in %	Aussehen
…	…	…	…

c) Erkläre die Entstehung der Wüstenformen (T 1, M 2, M 6).

3 Merkmale der Wüsten (M 5):
a) Erkläre, wie sich Pflanzen an die extremen Bedingungen angepasst haben.
b) Nenne Gründe, weshalb man nicht allein in der Wüste unterwegs sein sollte.

4 Wendekreiswüsten werden auch Passatwüsten genannt. Begründe (S. 30/31).

MK **5** Beschreibe Schwierigkeiten, die eine Tour im Geländewagen mit sich bringen kann (TERRA-Code).

M1 **Die Savannen (b, c und d): zwischen Wüsten und Regenwald.** Anzahl humider Monate

Savanne ist nicht gleich Savanne

Das Leben in den Graslandschaften ist sehr vielfältig. Savannen sind nicht durchgehend trocken, aber auch nicht feucht genug für große Wälder. Riesige Wildtierherden und majestätische Raubtiere streifen durch die endlosen Weiten.

M2 **Affenbrotbaum**
Alter: bis zu 1000 Jahre; Durchmesser: bis zu 10 m; Speichervermögen des Stammes: bis 100 000 l Wasser für ca. 10 Monate

T1 Die drei Savannentypen

Savannen sind geprägt von Regen- und Trockenzeiten. Sie fallen je nach Entfernung zum Äquator sehr unterschiedlich aus. Wenn nach der Trockenzeit Niederschlag fällt, werden die Graslandschaften wieder grün. Je nach Dauer der Regenzeit und Menge des Niederschlags unterscheidet man drei Savannentypen:

In den **Feuchtsavannen** fällt reichlich Niederschlag. Das Gras wächst übermannshoch, es gibt immergrüne Pflanzen und hohe Bäume. Landwirte bauen Mais, Hirse, Bohnen, Süßkartoffeln, Bananen und Erdnüsse an. Bis zu zwei Ernten im Jahr sind möglich.

In der **Trockensavanne** sind die Bäume kleiner und werfen ihr Laub in der Trockenzeit ab. Das Gras wächst nur noch brusthoch. Landwirte pflanzen Hirse, Mais, Bohnen und Maniok an. Sie können nur einmal im Jahr ernten.

In der **Dornsavanne** können Bäume wie der Affenbrotbaum (M 2) große Mengen Wasser im Stamm speichern. Das Gras wächst hier nur noch kniehoch. Ackerbau beschränkt sich auf Hirse, die mit wenig Niederschlag auskommt. Landwirte halten auf den kargen Grasflächen Viehherden (z. B. Rinder, Schafe und Ziegen). Es besteht die Gefahr von Dürren. Diese extreme Trockenheit wird durch Wassermangel über einen längeren Zeitraum bedingt.

Eine genaue Abgrenzung der einzelnen Savannentypen ist oftmals schwierig, denn die Übergänge sind fließend.

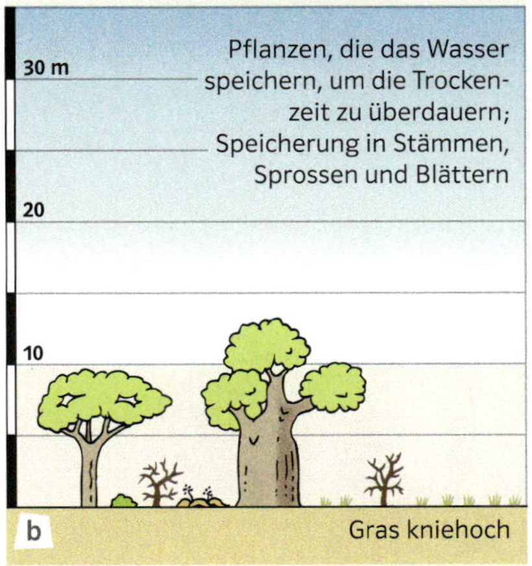

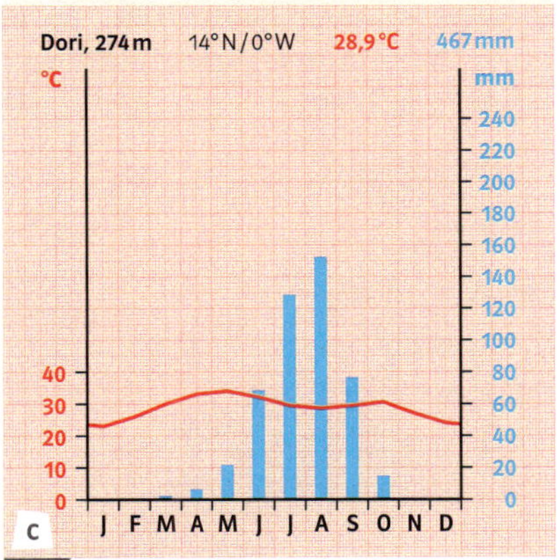

M3 **Dornsavanne**
2–4½ Monate feucht
Niederschlag 200–500 mm

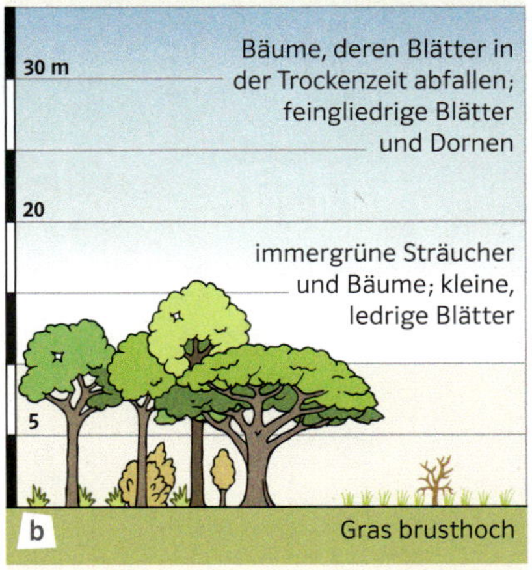

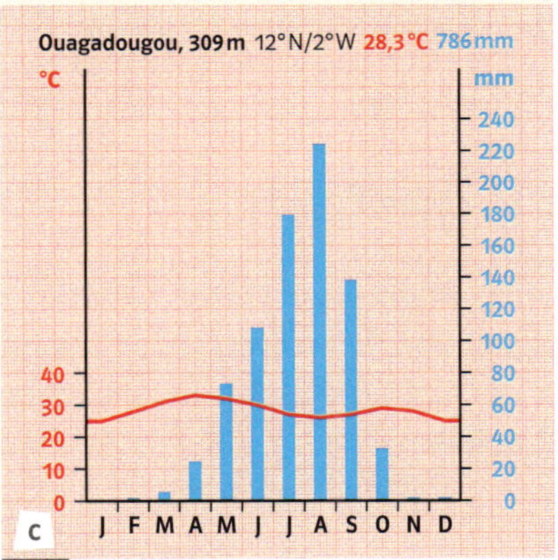

M4 **Trockensavanne**
4½–7 Monate feucht
Niederschlag 500–1 000 mm

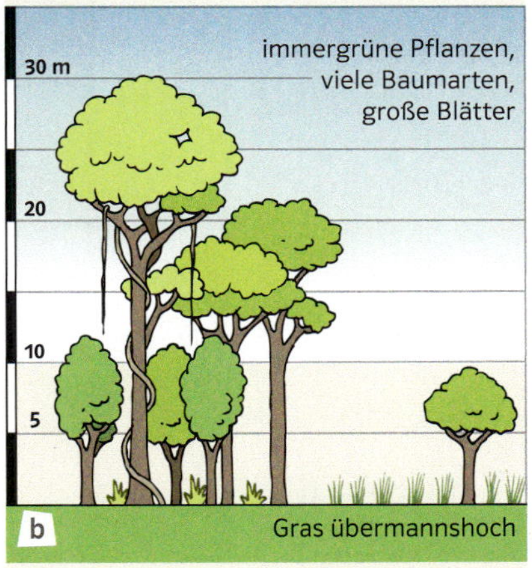

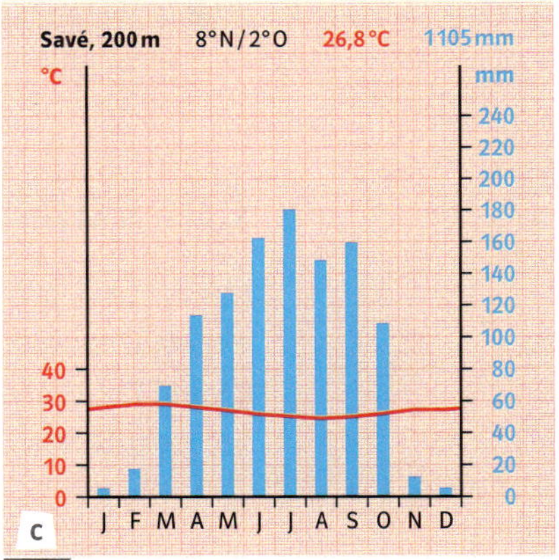

M5 **Feuchtsavanne**
7–9½ Monate feucht
Niederschlag 1 000–2 000 mm

1 Bildet Dreiergruppen.
a) Erklärt den Begriff „Savanne" (M1, T1, S. 38 T2).
b) Ordnet den Abschnitten b, c und d in M1 den jeweiligen Savannentyp zu (T1).

2 Jedes Mitglied der Gruppe erarbeitet die Merkmale eines Savannentyps. Bildet dazu Expertengruppen.
a) Beschreibt die Merkmale der Feuchtsavanne (T1, M5), Trockensavanne (T1, M4) oder Dornsavanne (T1, M3). Erstellt eine Tabelle:

Savannentyp	Anzahl feuchter Monate	Regenmenge	Vegetation	Nutzung
…	…	…	…	…

b) Berichtet euch in der Dreiergruppe über die Merkmale der Feuchtsavanne, Trockensavanne und Dornsavanne. Ergänzt jeweils die Tabelle.

MK **3** Recherchiere, wie sich Tiere an die Savanne angepasst haben (siehe auch S. 52/53).

TERRA
METHODE

M1 Ein Lapbook zum Leben in den Savannen der Tropen

Ein Lapbook gestalten

Mit einem Lapbook hast du die Möglichkeit, dein erworbenes Wissen zu einem Thema zu festigen und deine Ergebnisse anschaulich zu präsentieren. Du kannst bei der Gestaltung viele eigene Ideen einbringen. Sei kreativ. Viel Spaß dabei!

Tipp Ideen, Vorlagen und Materialien findest du im Internet. Hier gibt es auch jede Menge Beispiele für fertige Lapbooks. Gib einfach den Begriff „Lapbook“ in eine Suchmaschine ein.

T1 Was sind Lapbooks?

Lapbooks sind Faltbücher bzw. Mappen (meist aus buntem Karton), die sich mehrfach aufklappen lassen und die wiederum mit kleineren Elementen wie z.B. Leporellos (Faltbüchlein), Pop-up-Karten, Einschubtaschen, Drehscheiben, Klappkarten, Umschlägen mit Kärtchen, Fächern usw. gestaltet werden. Lapbooks werden in Deutschland auch als Minibücher oder Klappbücher bezeichnet.

T2 Benötigte Materialien

Für ein Lapbook benötigst du:
- wenn möglich einen farbigen DIN-A2-Fotokarton (ansonsten ein DIN-A3-Blatt);
- farbiges DIN-A4-Papier;
- verschiedene Stifte, z.B. Füller, Buntstifte, Faser- oder Wachsmalstifte;
- Schere;
- Klebestift;
- Musterklammern zum Befestigen von beweglichen Elementen;
- Faltvorlagen.

T3 So wird's gemacht

1. Schritt: Thema klären

Grenze das Thema ein: Worum geht es genau? Was soll dargestellt werden?

Das Thema ist das Leben in den Savannen der Tropen. Die Vegetationszone Savanne unterteilt sich in die Dorn-, Trocken- und Feuchtsavanne. Es sollen die natürlichen Bedingungen und das Leben in den Savannen dargestellt werden.

2. Schritt: Informationen beschaffen

Lies die entsprechenden Seiten im Schulbuch durch und nutze weitere Informationsquellen, z.B. das Internet oder Lexika. Notiere Stichwörter und Quellen, die du für die Bearbeitung deines Themas benötigst.

Informationen zu den Savannen befinden sich auf den Seiten 38 und 42/43. Herausforderungen im Sahel werden auf Seite 62 bis 65 dargestellt.

3. Schritt: Lapbook vorbereiten

Falte die beiden kurzen Außenseiten des Fotokartons wie Fensterläden zur Mitte.

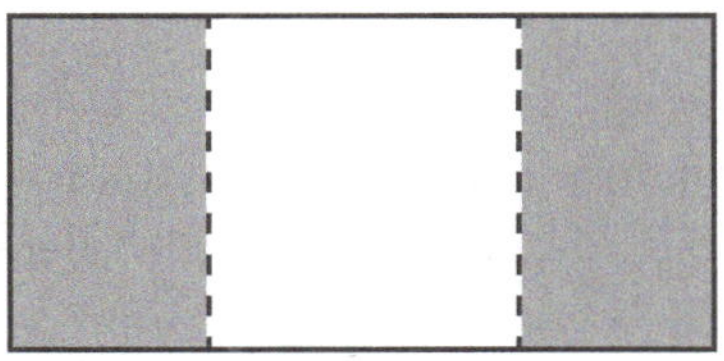

4. Schritt: Lapbook planen

Das ist der wichtigste Schritt. Plane das Lapbook, indem du auf einem Notizzettel die Anordnung, Formen und Elemente aufzeichnest. Überlege, wo welche Informationen stehen.

In die Mitte des Lapbooks wird eine Karte zu den drei Savannentypen aufgeklebt. Darunter folgen Fotos zum Leben und Wirtschaften. Auf den Außenseiten ...

M2 Kriterien für ein gutes Lapbook

- Die Inhalte müssen fachlich korrekt, sinnvoll und übersichtlich wiedergegeben werden.
- Die verwendeten Formen müssen zum dargestellten Inhalt passen, z. B.: Aussagen sollten in Sprechblasen abgebildet werden.
- Das Lapbook „lebt“ von der Vielfalt. Du solltest kreativ sein und mindestens fünf verschiedene Elemente benutzen.
- Das Lapbook muss ordentlich, sauber und ohne Rechtschreibfehler gestaltet sein.
- Das Lapbook soll anschaulich sein. Neben Texten und Aufklappelementen sollten auch Bilder, Diagramme (wenn möglich) und Karten (wenn nötig) enthalten sein.

5. Schritt: Lapbook gestalten

Gestalte die Innenseite deines Lapbooks mit unterschiedlichen Vorlagen zu deinem Thema (z.B. Fächer, Drehscheiben, Pop-up-Karten) und klebe sie ein. Verschönere dein Lapbook zusätzlich mit Farben, ausgedruckten Bildern, Karten, Diagrammen usw.

Klappe zum Schluss das Lapbook zu und gestalte die Außenseite thematisch passend. Wähle einen geeigneten Titel.

Die Klimadiagramme werden mit einem Pfeil den Savannentypen zugeordnet. Die Tiere kommen in einen Umschlag ...

6. Schritt: Lapbook präsentieren

Stelle dein Ergebnis in der Klasse vor.

1 Lapbook zu den Tropen:

a) Gestaltet gemeinsam ein Lapbook. Wählt ein Thema:

A Leben in den Savannen (S. 42/43) oder

B Der Tropische Regenwald. Stellt den Aufbau, die Nutzung sowie die Flora und Fauna des Tropischen Regenwaldes dar (S. 46/47).

b) Präsentiert eure Lapbooks in der Klasse.

c) Bewertet die Lapbooks der anderen nach den Kriterien für ein gutes Lapbook (M2).

◐1a, 1b ●1c

Lösungshilfen ab S.178

M1 Regenwolken über dem Tropischen Regenwald

M2 Gorillas

M3 Bromelie

Vielfalt im Tropischen Regenwald

Wasser tropft von den Blättern, im Dorf prasselt es auf die Dächer, in Massen strömt es durch die Flusslandschaften. Hier kann sich reichlich Leben entfalten. Die einzigartige Vielfalt an Pflanzen und Tieren macht den Regenwald zur Schatzkammer unseres Planeten.

← Tageszeitenklima Seite 29

T1 Im Tropischen Regenwald

Es ist heiß und feucht. Gegen Mittag gibt es heftige Regengüsse. Die Hitze lässt die Feuchtigkeit verdunsten. Auf diese Weise läuft fast jeder Tag in der äquatorialen Klimazone ab. Man spricht daher auch von Tageszeitenklima. Dieses Klima ermöglicht eine große **Artenvielfalt.** Bis zu 250 verschiedene Baumarten wachsen auf 1000 m^2. Die Bäume bilden die Lebensgrundlage für viele andere Pflanzen, z.B. sternförmige Orchideen, bunte Passionsblumen, Bromelien und Farne. Im immergrünen Tropischen Regenwald gibt es das ganze Jahr über üppiges Wachstum. Die Bäume können Blätter abwerfen und an einer anderen Stelle Blüten entwickeln oder Früchte tragen.

Auch eine Vielzahl verschiedener Tierarten lebt im Tropischen Regenwald, z.B. bunt schillernde Vögel, Frösche in leuchtenden Farben oder gefährliche Raubkatzen.

T2 Der Stockwerkaufbau des Regenwaldes

Die Vegetation des Regenwaldes ist wie ein Hochhaus aus verschiedenen Stockwerken aufgebaut. Man spricht daher vom **Stockwerkbau.** Im „Erdgeschoss“, der Kraut- und Strauchschicht, wachsen z.B. Farne, Moose und vereinzelt Sträucher, aber natürlich auch junge Bäume. Sobald der Sturm einen großen Baum umgeworfen hat, nutzen junge Bäume die entstandene Lücke, um selbst dem Licht entgegenzuwachsen.

Erklärfilm: Stockwerkbau und Nährstoffkreislauf
su45iq

Linktipp: Regenwälder der Erde
su45iq

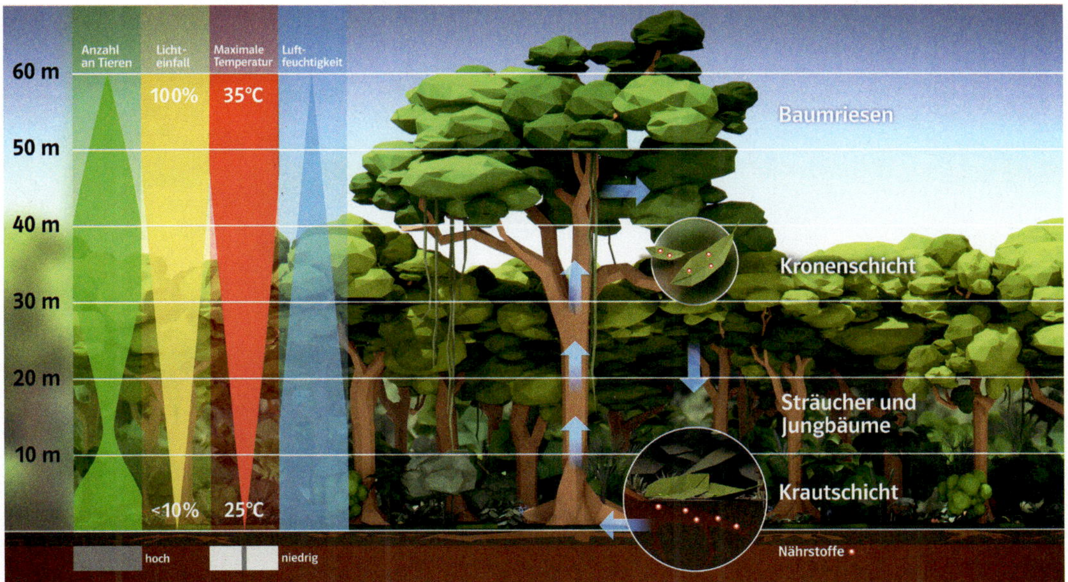

M4 Stockwerkbau und Nährstoffkreislauf im Tropischen Regenwald

SP Sprachtipp

Schaubild erklären
→ Aufgabe 2, 3

Die meisten Tiere leben in der …

Wegen der dichten Kronenschicht kommt in der … nur wenig Licht an. Deshalb wachsen junge Bäume nur langsam.

Die Bodenfruchtbarkeit ist gering, aber der Wald wächst aufgrund des … so üppig.

Die meisten Nährstoffe sind in den … gespeichert.

Wenn … zu Boden fallen, …

Das „Obergeschoss" wird auch Kronenschicht genannt. Die Bäume stehen dicht zusammen und bilden ein geschlossenes Blätterdach.
Nur die Baumriesen des „Dachgeschosses" überragen die Kronenschicht. Sie können eine Höhe von 60 m erreichen. Ihre Brettwurzeln geben starken Halt. Sie sehen aus wie Holzwände, die sternförmig in den Boden führen.

T3 Der Nährstoffkreislauf

Die Böden enthalten nur wenige Nährstoffe und verfügen deshalb über eine geringe Bodenfruchtbarkeit. Fast alle Nährstoffe sind in den Pflanzen gespeichert. Wenn abgestorbene Pflanzenteile zu Boden fallen, werden sie von Pilzen und Kleinlebewesen zersetzt. Wegen der Wärme und Feuchtigkeit geschieht das sehr schnell. Die Nährstoffe lagern sich in der obersten Bodenschicht, dem Humus, ab. Außerdem ist der Boden bis zu 8 m tief steinlos. Auch dadurch fehlen ihm wichtige Mineralien. Starke Regenfälle spülen die restlichen Nährstoffe in die Tiefe des Bodens. Millionen von Pilzfäden führen sie zu den flachen Baumwurzeln. So entsteht ein ständiger **Nährstoffkreislauf.** Jedes Lebewesen ist ein wichtiger Teil dieser besonderen Lebensgemeinschaft.

T4 Ein empfindliches System

Die Lebewesen bilden zusammen mit Wasser, Boden, Temperatur und Licht ein komplexes **Ökosystem.** Seit Jahrtausenden hält sich dieses System im Gleichgewicht. Auch Menschen, die die Regeln kennen und beachten, sind Teil dieses Ökosystems. Es reagiert jedoch empfindlich auf Einflüsse von außen. Die Zerstörung des Pilzgeflechts führt z. B. zu einer Unterbrechung des Nährstoffkreislaufs.

1 Atlasarbeit: Finde Landschaften mit Tropischem Regenwald.
a) Ordne sie nach Kontinenten.
b) Nenne die Staaten mit Tropischem Regenwald in Afrika.

2 Typisch Regenwald:
a) Nenne die Merkmale des Tropischen Regenwaldes (T1, T2, M1).
b) Beschreibe den Stockwerkbau. Mache auch Angaben zur Höhe der Pflanzen (T2, M4).

MK **3** Nährstoffkreislauf (T3, M4):
a) Erläutere ihn. Nutze auch den Erklärfilm im TERRA-Code.
b) Erkläre: „Der Tropische Regenwald lebt auf dem Boden, nicht aus ihm."

NE **4** Erläutere, warum der Tropische Regenwald ein besonders empfindliches Ökosystem ist (T3, T4).

5 Würdest du gerne einen Tag im Regenwald erleben? Begründe. Beachte auch den Linktipp.

Erklären, wie sich Temperatur und Vegetation mit zunehmender Höhe ändern

M1

M2 Am Kilimandscharo

Schnee in den Tropen

Der schneebedeckte Bergriese Kilimandscharo ist nicht nur der höchste Berg Afrikas, sondern auch der höchste freistehende Berg der Welt. Wer ihn besteigt, erlebt in wenigen Tagen mehrere Klimazonen.

Kaum zu glauben
Etwa 50 000 Touristen besteigen den Kilimandscharo pro Jahr. Einige Bergführer waren schon 400 Mal auf dem Berg. Ohne ihre Hilfe könnten die meisten Touristen das nicht schaffen. Bergführer müssen Erste Hilfe leisten und im Notfall Sauerstoff verabreichen können. In der Nebensaison sind viele als Landwirte tätig.

T1 Aufstieg zum Gipfel des Kilimandscharo

Es ist kein leichtes Vorhaben. Wer den Berg bezwingen will, muss fit sein. Ein Bergsteiger berichtet: „Unser Aufstieg bis zum Uhuru-Peak auf 5 895 m Höhe dauert vier Tage.

Tag 1: Nach der Fahrt durch Felder mit Mais und Bohnen sowie Weideflächen am Fuße des Berges startet die Besteigung in Marangu auf 1 400 m Höhe. Die meisten Besteigungen beginnen von hier. Am Tor zum Nationalpark treffen wir den Bergführer, die Träger und den Koch. Der Weg führt von dort durch eine üppige Pflanzenwelt. Riesige Farne, von Lianen umwucherte Baumriesen und herabhängende Moose faszinieren alle Bergsteiger. Unbekannte Tierlaute und umherstreifende Affen begleiten uns. Um uns an die Höhe zu gewöhnen, müssen wir langsam gehen. Für den 8 km leicht ansteigenden Weg benötigen wir dreieinhalb Stunden. Es ist schwül und feucht, wir kommen ins Schwitzen. Im oberen Teil der Tropischen Bergwaldzone erreichen wir nachmittags die Mandara-Hütten. Die Träger schlagen unsere Zelte auf und der Koch nutzt eine der Hütten zum Kochen. Wir sind zu erschöpft dazu.

Tag 2: Am frühen Morgen steigen wir die letzten 300 m im Tropischen Bergwald auf. Wir erreichen die Waldgrenze. Schlagartig endet der dichte Bewuchs und wir laufen durch eine mit Heidekraut bewachsene Landschaft. Nach fünf Stunden Fußmarsch erreichen wir die Horombo-Hütten. Die Nacht wird sehr kalt. Das Thermometer zeigt am frühen Morgen −2 °C.

Tag 3: An der letzten Wasserstelle werden die Kanister gefüllt, denn in über 4 000 m Höhe fallen am Kilimandscharo kaum noch Niederschläge. Immer spärlicher wird das Heidekraut, immer karger die Landschaft und immer beschwerlicher das Gehen. Endlich ist die Kibo-Hütte erreicht.

Audio: „5000 Meter vom Äquator zum Pol"
su45iq

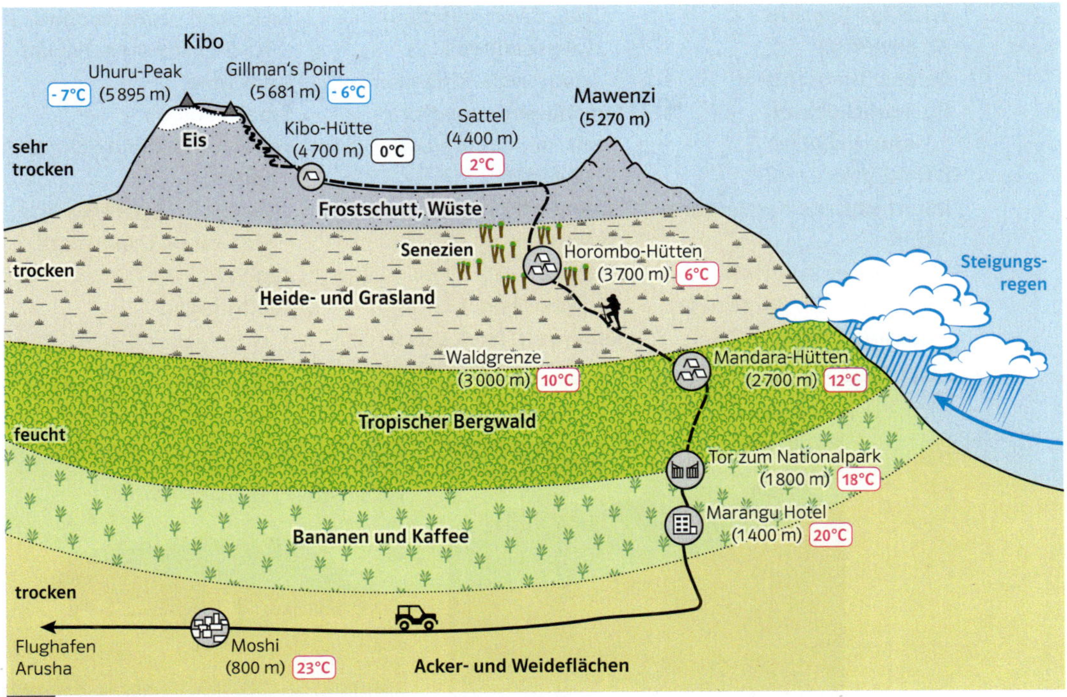

M3 Höhenstufen der Vegetation am Äquator

Der Sauerstoffmangel in dieser Höhe ist richtig unangenehm. Kopfschmerzen und Appetitlosigkeit treten auf. Nachts können wir kaum schlafen, denn der Ruhepuls liegt bei 140!

Tag 4: Um den Sonnenaufgang am Kraterrand zu erleben, marschieren wir gegen 1:00 Uhr nachts los. Das Thermometer zeigt −6 °C. Der Aufstieg über Geröllhalden der Frostschuttzone ist anstrengend. Weitere zwei Stunden kämpfen wir uns gegen den eisigen Wind über den Gipfelgrat an Schnee- und Eisfeldern vorbei. Endlich, am Uhuru-Peak angekommen, werden wir mit einer fantastischen Fernsicht belohnt. Erschöpft, aber glücklich stehen wir am höchsten Punkt des afrikanischen Kontinents und fallen uns erschöpft in die Arme."

M4 **Gletscher am Kilimandscharo**

Wie in anderen Hochgebirgen auch, ändern sich mit zunehmender Höhe das Klima und die Vegetation. In über 5000 m Höhe ragt der Kilimandscharo schneebedeckt über der Savanne. Auf der Spitze befindet sich ein Gletscher. Doch schon in einigen Jahren könnte der Kilimandscharo eisfrei sein. Eine Ursache ist die zunehmende Erderwärmung. Doch Forscher/innen gehen davon aus, dass auch die vermehrte Abholzung der Berghänge schuld am Abschmelzen des Gletschers ist. Dadurch sinkt die Luftfeuchtigkeit und weniger Niederschlag fällt. Die schützende Wolkendecke reißt immer öfter über dem Bergmassiv auf.

1 Besteigung des Kilimandscharo:
a) Nenne die Schwierigkeiten, die mit einem Aufstieg verbunden sind (T1).
b) „Die Wasserkanister müssen gefüllt werden, denn über 4000 m Höhe fallen kaum Niederschläge." Begründe (M3).

2 Höhenstufen am Kilimandscharo:
a) Beschreibe, wie sich das Klima und die Vegetation mit zunehmender Höhe verändern (T1, M3, M4).
b) Ordne die Bilder in M2 und M4 den entsprechenden Höhenstufen zu.

3 Gletscherrückgang:
a) Begründe den Zusammenhang zwischen dem Abschmelzen des Gletschers und den Rodungen der Berghänge (M4).
MK b) Informiere dich näher über die Folgen der Erderwärmung bzw. des Klimawandels (S. 112/113, Internet).

TERRA
TRAINING

Wichtige Begriffe
Artenvielfalt
Beleuchtungszonen
Hochdruckgebiet/Tiefdruckgebiet
humid/arid
Innertropische Konvergenzzone
Klimazonen in Afrika: Subtropische Klimazone, Passatklimazone, Zone des tropischen Wechselklimas, Äquatoriale Klimazone
Luftmassen: Äquatorialluft, gemäßigte Luft, Passatluft
Nährstoffkreislauf
Ökosystem
Passate
Passatkreislauf
Regenzeit/Trockenzeit
Savannen: Dornsavanne, Trockensavanne, Feuchtsavanne
Stockwerkbau
Tageszeitenklima/Jahreszeitenklima
Wüstenformen: Felswüste, Kieswüste, Sandwüste
Zenit
Zenitalregen

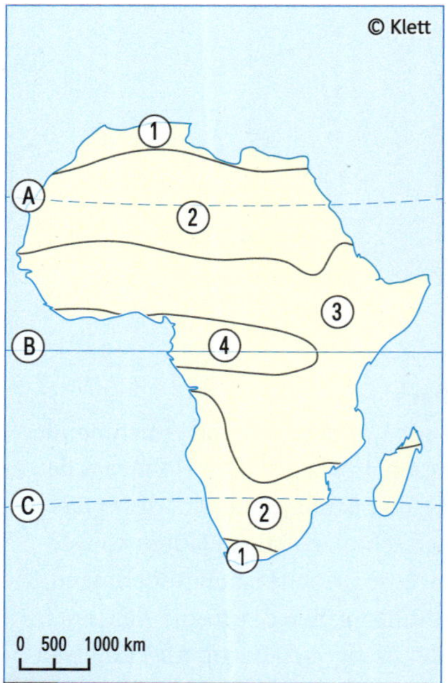

M1 Klima- und Vegetationszonen

M2 Am Kongo in Gabun

M3 Landschaft in Tansania

Sich orientieren

1 Klimazonen und Vegetationszonen gesucht

a) Benenne in Karte M1 die Klimazonen 1 bis 4.

b) Ordne den Ziffern 1 bis 4 die Vegetationszonen zu.

c) Ordne den Buchstaben A, B und C folgende Bezeichnungen zu: nördlicher Wendekreis, südlicher Wendekreis, Äquator.

d) Gib zu jeder Klima- bzw. Vegetationszone einen Staat mit dessen Hauptstadt an. Nutze den Atlas.

e) Ordne den Fotos M2 und M3 die jeweilige Klima- und Vegetationszone zu. Begründe.

Kennen und verstehen

2 Richtig oder falsch?

Verbessere die falschen Aussagen und schreibe alle richtig auf.

a) Die mittlere Jahrestemperatur in der Äquatorialen Klimazone liegt bei 18 °C.

b) Savanne ist nicht gleich Savanne.

c) Je weiter ein Ort vom Äquator entfernt liegt, desto kürzer ist die Trockenzeit.

d) Dünenbildung in der Wüste wird vom Wind begünstigt.

e) In der Feuchtsavanne fallen die Niederschläge das ganze Jahr.

f) In den Wüsten ist es das ganze Jahr über arid.

M4 In der Wüste Sahara

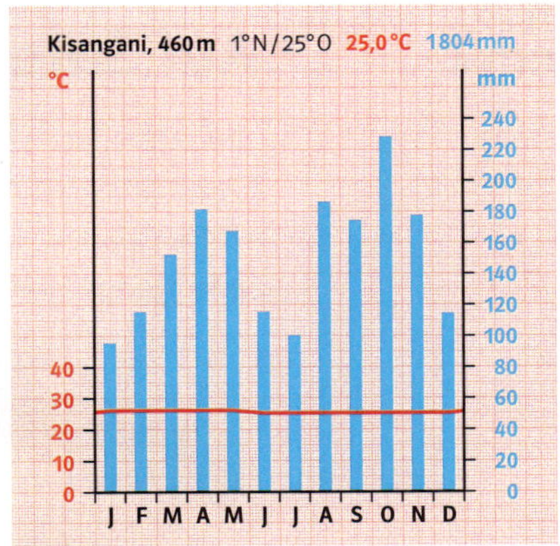

M6 Klimadiagramm von Kisangani

3 Bilderrätsel

Löse die Bilderrätsel und erkläre die Begriffe.

a)

b)

c)

d)

4 Luftbewegung in Afrika

a) Ordne den Zahlen in M 5 folgende Begriffe bzw. Stichpunkte zu:
- Zenitalregen
- Hochdruckgebiet
- Luft sinkt im Bereich der Wendekreise.
- Tiefdruckgebiet
- Zenitstand der Sonne
- Feuchte Luft steigt auf.

b) Welche Monate zeigt M 5?

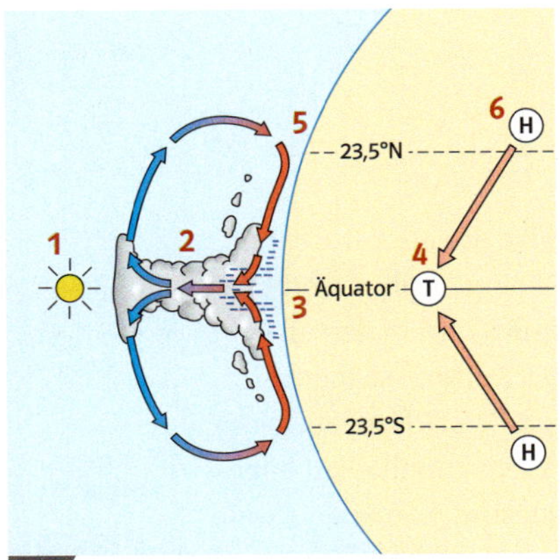

M5 Luftbewegung in den Tropen

5 Wüstenformen

Es werden drei Wüstenformen unterschieden.

a) Nenne jeweils den deutschen und den arabischen Namen.

b) Benenne die Wüstenformen in M 4 und begründe deine Entscheidung.

c) Erkläre, welche Naturkräfte für die Entstehung der Wüstenformen verantwortlich sind.

Methoden anwenden

6 Klimadiagramme auswerten

a) Werte die Klimadiagramme M 6 und M 7 aus. Folge den Schritten auf Seite 34/35.

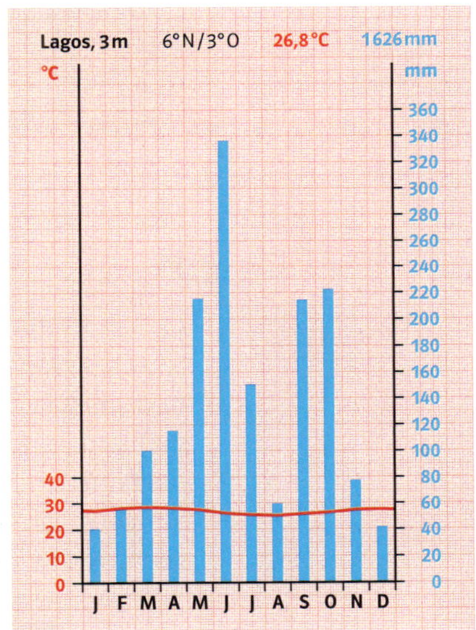

M7 Klimadiagramm von Lagos

b) Nenne die Klimazonen und Vegetationszonen der Orte.

c) Vergleiche die Klimadiagramme.

Beurteilen und bewerten

7 In den Vegetationszonen

Beurteile folgende Aussagen:

a) „Zwischen dem Klima, dem Wasserhaushalt und der Vegetation in der Wüste, Savanne und im Regenwald gibt es enge Zusammenhänge."

b) „Um im Regenwald zu leben, sind Kenntnisse über die natürlichen Bedingungen notwendig."

Sich über die Tiere in der Savanne informieren

TERRA
EXTRA

Auf Safari in der Savanne

Die schnellsten und größten Wildtiere leben in den Savannen Afrikas. Wenn große Herden von Zebras, Elefanten oder Büffeln zu den Wasserstellen ziehen, bebt die Erde. Neben den „Großen Fünf“ gibt es aber noch jede Menge anderer Tiere zu entdecken.

1 Die Big Five:
a) Finde heraus, wer die Big Five der Savanne sind (M1).
b) Erläutere, wie sich die Tiere an das Leben in der Savanne angepasst haben (M1).

MK **2** Wähle dir ein Tier der Little Five aus. Stelle Informationen in einem Steckbrief zusammen (M2, Internet).

3 Atlasarbeit:
a) Verorte den Etoscha Nationalpark (M3) und Namibia auf einer geeigneten Karte.
b) Nenne die Hauptstadt von Namibia und den Savannentyp.

SP **4** Schreibe einen Werbetext für den Etosha Nationalpark (M3). Gehe dabei auf den Schutz der Natur ein.

○ 3 ◒ 1, 2 ● 4 Lösungshilfen ab S. 178

M1
Auf Safari

„Lernen Sie die Big Five der afrikanischen Savanne kennen.“ So oder ähnlich werben Reiseanzeigen für eine Safari in den afrikanischen Savannen. Elefanten, Nashörner und Büffel sind die größten Pflanzenfresser. Sie haben sich an das Savannenleben angepasst: Weil sie schnell sind, können sie weite Entfernungen zurücklegen, um Futter zu finden. Eindringlinge und Raubtiere werden verjagt, Hörner und Stoßzähne helfen dabei. Elefanten können sich bei großer Hitze sogar durch ihre Ohren abkühlen. Beim Ohrenwedeln wird die Wärme des Blutes nach außen abgegeben.
Leoparden jagen ihre Beute von Bäumen aus. Vor allem nachts warten sie geduldig, bis ein Tier unter ihnen vorüberzieht. Dann schlagen sie zu. Der Löwe ist der König der Jäger. Im Rudel kann er jedes Tier erlegen. Frisst er an seiner Beute, müssen alle anderen Jäger warten, z. B. Hyänen.
Heute werden zahlreiche Safaris in den Nationalparks angeboten. Die Einnahmen aus dem Tourismus sind für Afrikas Staaten sehr wichtig.

M2

Die Little Five der afrikanischen Savanne

Die kleinen Tiere fallen nicht besonders auf, auch wenn sie sagenhafte Akrobaten und wirkliche Überlebenskünstler sind. Sie prägen Afrikas Natur ebenso wie die großen bekannten Tierarten. Die Namen der fünf kleinen Savannenbewohner ähneln denen der großen Vorbilder.

Leopardenschildkröte

Nashornkäfer

Sprungspitzmaus (Elephant shrew)

Ameisenlöwe

Büffelweber

M3

Unterwegs im Etoscha Nationalpark

Der Etoscha Nationalpark liegt im Norden Namibias und ist ein bedeutendes Wildreservat. Der Park umfasst eine Fläche von etwa 22 000 km^2 und ist zum Schutz der Tiere eingezäunt. Die Landschaft ist sehr vielfältig. Hier können die Besucher mehr als 140 verschiedene Arten von Säugetieren und 340 Vogelarten beobachten. In den trockenen Wintermonaten zwischen Mai und September sind Löwen, Gnus, Geparden, Leoparden, Nashörner, Zebras und die verschiedensten Antilopenarten auf die Wasserstellen angewiesen, man kann sie deshalb gut entdecken.
Besucher dürfen den östlichen Teil des Etoscha Nationalparks mit dem eigenen Pkw erkunden. Dabei müssen sie auf vorgesehenen Wegen fahren. Aus Rücksicht auf die Tiere sind nur Geschwindigkeiten bis zu 60 km/h erlaubt.
Wenn Touristen den westlichen Teil des Nationalparks besichtigen möchten, ist dies nur mit einer gebuchten Führung und einem Reisebegleiter möglich. In diesem Teil können die Besucher auch in Lodges übernachten.
Jeder Einzelne hat bei den Erkundungen eine große Verantwortung, die Vielzahl an Tier- und Pflanzenarten im Nationalpark zu erhalten. Namibia fördert den nachhaltigen Tourismus, der Rücksicht auf die Natur nimmt und der lokalen Bevölkerung zugutekommt.

TERRA **EXTRA**

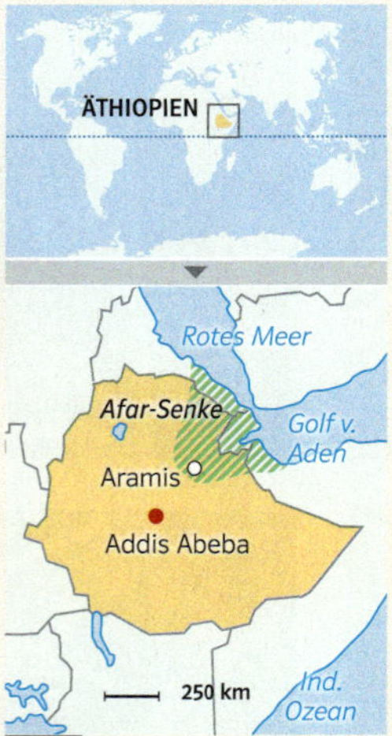

M1

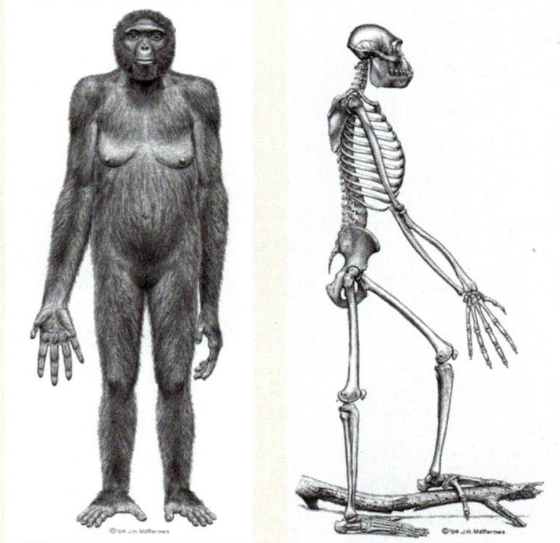
M2 So könnte Ardi ausgesehen haben.

Mit der Zeitmaschine unterwegs

Gelegentlich kannst du in der Zeitung Meldungen über neue wissenschaftliche Entdeckungen zur Entwicklung des Menschen lesen. Lassen sich die Spuren unserer Vorfahren etwa in Afrika finden? Begleite Jack auf seiner Zeitreise in die Frühgeschichte.

Geschafft! Eine weiche Landung! Wald um ihn herum. Zumindest diesen Teil des Abenteuers hat Jack Science lebend überstanden. Ein Blick auf die Armatur seiner kleinen Zeitmaschine – und Jack wird blass. Ankunftszeit: 4,4 Millionen Jahre vor seiner Zeitrechnung! Eigentlich wollte er nur vier Jahre zurück, um Kollegen auf der spannenden Forschungsexpedition „Zur Entwicklung des Menschen in den Savannen Nord-Äthiopiens“ zu treffen.

Zu dem Thema weiß Jack schon einiges: Könnte man die gesamte Erdgeschichte in einen 24-Stunden-Tag pressen, würde der moderne Mensch erst in den letzten zwei Minuten als neue Art auftauchen. Aber bis zum heutigen Menschen war es ein weiter Entwicklungsweg.

Denn Klimaveränderungen und andere Umwelteinflüsse zwangen unsere Vorfahren immer wieder, sich anzupassen. Und in den Savannen Ostafrikas sollen sie gute Lebensmöglichkeiten gefunden haben. Aber nach Savanne sieht das Gebiet, in dem Jack gelandet ist, nicht aus.

Da! Ein Rascheln lässt ihn hochschrecken. Jack hält den Atem an. Langsam kommt ein behaartes weibliches Wesen unter den Bäumen hervor. Eine Affendame? Nein, dafür geht sie zu aufrecht. Halt, das ist es! Die „Dame“ hat unglaubliche Ähnlichkeit mit Ardi, der berühmten Hominidendame, die zu unseren Vorfahren gehören soll. Sie machte 2009 in allen Zeitungen Schlagzeilen. Teile ihres Skeletts waren bei Aramis in der Afar-Senke im Ostafrikanischen Graben gefunden worden, also genau in Jacks Zielgebiet. Nun öffnet die „Dame“ den Mund: keine gefährlichen Reißzähne! Genau so wird Ardi von den Wissenschaftlern beschrieben, die ihr Skelett in Kalifornien zusammengesetzt hatten. Ihre Zähne weisen auf ein Leben in Wäldern hin. Ein Beweis dafür ist auch ihr großer Zeh. Der steht

Hominide
Angehörige/r der Familie der Menschenartigen

so weit vom Fuß ab, dass sie sich beim Klettern in den Bäumen damit festhalten kann.
Mit solchen Ergebnissen der Wissenschaftler erfuhr das Wissen um die Vorfahren der Menschheit eine radikale Veränderung! Bis zu Ardis Fund galten nämlich die offenen Graslandschaften der Savannen als Wiege der Menschheit. Hier sollen unsere Vorfahren erstmals auf zwei Beinen gegangen sein, während sie sich vorher in den Regenwäldern von Ast zu Ast geschwungen haben sollen. Als Beweis hatte man das Skelett des weltberühmten Australopithecus-Weibchens „Lucy", das nur 75 km südlich von hier gefunden worden war. Und vor 3,2 Millionen Jahren, zu Lucys Zeiten, war hier an Jacks Zielort offenes Grasland.
Aber vor 4,4 Millionen Jahren, zu Ardis Zeiten, war das Klima offensichtlich noch feucht genug für Wälder. Das ist gut möglich! Denn man weiß ja schließlich, dass das Klima im Laufe der Erdgeschichte an einem Ort nicht immer gleich geblieben ist, und in Afrika gab es tatsächlich so eine Klimaveränderung. Es wurde trockener und der Regenwald wich zurück. Savannen breiteten sich aus.

Welch ein Abenteuer! Es knackt im Gebüsch. Ein zweites Wesen taucht auf. Jack darf kein Wagnis eingehen. Er muss schnellstens zurück in die Gegenwart.
Nur darf er dieses Mal den Zeithebel nicht wieder falsch bedienen. Nicht auszudenken, wenn er ihn zu weit nach vorne rückt. Dann muss er unweigerlich ertrinken! Denn wo 2011 in Ostafrika an seinem Zielort festes Land ist, wird es in ferner Zukunft Wasserflächen geben. So stand es zumindest 2010 in einem aufrüttelnden wissenschaftlichen Beitrag über dieses Gebiet:
Es gehört zu einer unruhigen Zone der Erdoberfläche. Hier im langen Ostafrikanischen Graben entstehen ständig Spalten und die Erde sank während der Erdbebenperiode im Herbst 2005 teilweise um bis zu 100 m ab. Es ist nur eine Frage der Zeit, bis das Rote Meer das noch dazwischen liegende Hochland an der Küste durchbricht und sich in einigen Millionen Jahren in der Senke ein neuer Ozean bilden wird. In dem möchte Jack nicht landen, nur weil er den Zeithebel aus Versehen zu weit in die Zukunft rückt …

M3 Landschaft bei Ardis Fundort

Vor dem Lesen

1 Lies die Überschrift und den Vorspanntext. Worum geht es?

2 Wohin reist Jack? Verorte sein Reiseziel mithilfe von M1.

Während des Lesens

3 Lies die Erzählung komplett.
a) Schreibe dir unbekannte Begriffe heraus und kläre diese.
b) Gliedere den Text in Abschnitte. Formuliere geeignete Teilüberschriften.

Nach dem Lesen

4 Beschreibe die „Wiege der Menschheit", also Ardis Fundort während ihrer Zeit.

MK **5** Versetze dich in die Lage von Jack: Er hält nach seiner Rückkehr vor seinen Kollegen einen Vortrag zur Zeitreise.
a) Recherchiere dafür über die Entwicklung der Frühmenschen.
b) Halte selbst einen Vortrag.

3

Leben und Wirtschaften in Afrika

M1 A: Farmbesitzerin Beatrice Sebyala in Uganda B: Goldmine in Ghana
C: Silicon Savannah, Technologiezentrum in Nairobi, Kenia

Einige Länder in Afrika verzeichnen ein hohes Wirtschaftswachstum. Dazu tragen junge, wachsende Bevölkerungen und reiche Rohstoffvorkommen bei. Der Waren- und Rohstoffhandel mit Europa und Asien steigt. Trotzdem ist der Lebensstandard auf keinem anderen Kontinent so niedrig. Vergleichsweise viele Länder können ihre Möglichkeiten kaum nutzen. Informiere dich genauer über die Chancen und Probleme.

Das kannst du bald:

- die Bedeutung und den Wandel von Oasen erklären
- die Ursachen der Wüstenbildung beschreiben, deren Folgen bewerten und Lösungsmöglichkeiten aufzeigen
- ein Wirkungsschema erstellen
- Nutzungsmöglichkeiten im Tropischen Regenwald erläutern
- Äthiopiens Abhängigkeit vom Kaffeeanbau erklären
- Probleme der Erdölwirtschaft in Nigeria erläutern
- die Besonderheiten der Entwicklung Südafrikas beschreiben

Die Bedeutung von Wasser für das Leben der Menschen in der Wüste beschreiben

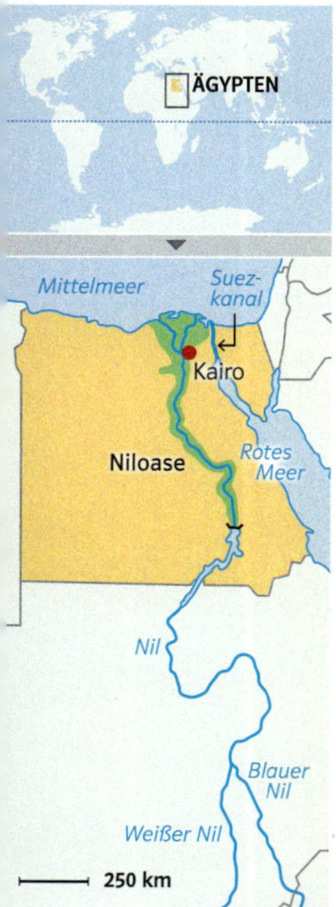

M1

M2 Satellitenfoto des Nils in Ägypten

M3 Bestandteile der Dattelpalme

Grüne Inseln in der Wüste

Wasser in der Wüste? Das gibt es tatsächlich, denn sonst wären in den trockensten Gebieten der Erde keine Siedlungen möglich. Doch wo kommt das Wasser her?

Oase
Gebiet in Trockenräumen, das sich durch reicheren Pflanzenwuchs gegenüber der wüstenhaften Umgebung auszeichnet. Ursache sind entsprechende Wasservorkommen.

T1 Ein Fluss lässt die Wüste ergrünen

Aus dem Weltall kann man es gut erkennen: Wie ein grünes Band schlängelt sich der Nil durch die Sahara. An seinem nördlichen Ende weitet sich der Nil zu einem fruchtbaren Flussdelta aus. So nennt man die dreiecksförmige Mündung eines Flusses. Im Nildelta liegen die großen Städte Ägyptens. Dazu gehört auch die Hauptstadt Kairo, in deren Einzugsgebiet über 20 Millionen Menschen leben. Ohne den Nil wäre das Leben dort nicht möglich. Deshalb wurde Ägypten auch schon in alten Zeiten als „Geschenk des Nils" bezeichnet.

Jahr	Einw. in Mio.	Ackerfläche pro Kopf in m²
1970	33	800
1990	51	400
2010	79	300
2016	90	300

M4 Einwohner und Ackerfläche in Ägypten

Der Nil bekommt sein Wasser aus den Quellflüssen Weißer Nil und Blauer Nil. Beide entspringen in sehr regenreichen Gebieten. Obwohl der Fluss 3 000 km durch die Wüste fließt, führt er an der Mündung noch genug Wasser.

T2 Wasser ist Leben

Der Nil ermöglicht den **Bewässerungsfeldbau.** Mithilfe von Pumpen bringen die Menschen das Nilwasser auf die Felder. Man spricht daher auch von einer **Flussoase.** Beim Bewässerungsfeldbau steht nur eine begrenzte Menge Wasser zur Verfügung. Vielfach verzweigte größere und kleine Kanäle sorgen für eine sparsame und gerechte Wasserverteilung.

T3 Im Oasengarten

Fast alles, was die Oasenbauern zum Leben brauchen, erzeugen sie selbst. Die Anbauflächen sind klein und werden daher intensiv bearbeitet. Oasengärten sind stockwerkartig angelegt: Die unterste Schicht bildet Gemüse wie Tomaten, Melonen, Bohnen und Zwiebeln. Auch Weizen, Gerste und Futterpflanzen werden angebaut. Obstbäume spenden Schatten und liefern Granatäpfel, Feigen, Orangen und Zitronen. Die Dattelpalme überragt alles. Aus ihren getrockneten Blättern entstehen Körbe und Matten. Der Stamm liefert Holz. Reife Datteln werden frisch verzehrt oder zu Dattelbrot gepresst. Der Saft aus dem Stamm oder aus den Palmherzen ergibt Erfrischungsgetränke.

T4 Verschiedene Oasentypen

In manchen Oasen tritt Wasser in Quellen hervor oder Grundwasser befindet sich in nicht allzu großer Tiefe. Häufig werden Brunnen bis zur wasserführenden Schicht gebohrt. Eine Besonderheit ist der artesische Brunnen: Zwischen zwei wasserundurchlässigen Schichten steht das Wasser unter Druck. Bohrt man die wasserführende Schicht an, so steigt das Wasser von selbst nach oben. Moderne Technik ermöglicht auch Bohrungen bis 1 000 m Tiefe.

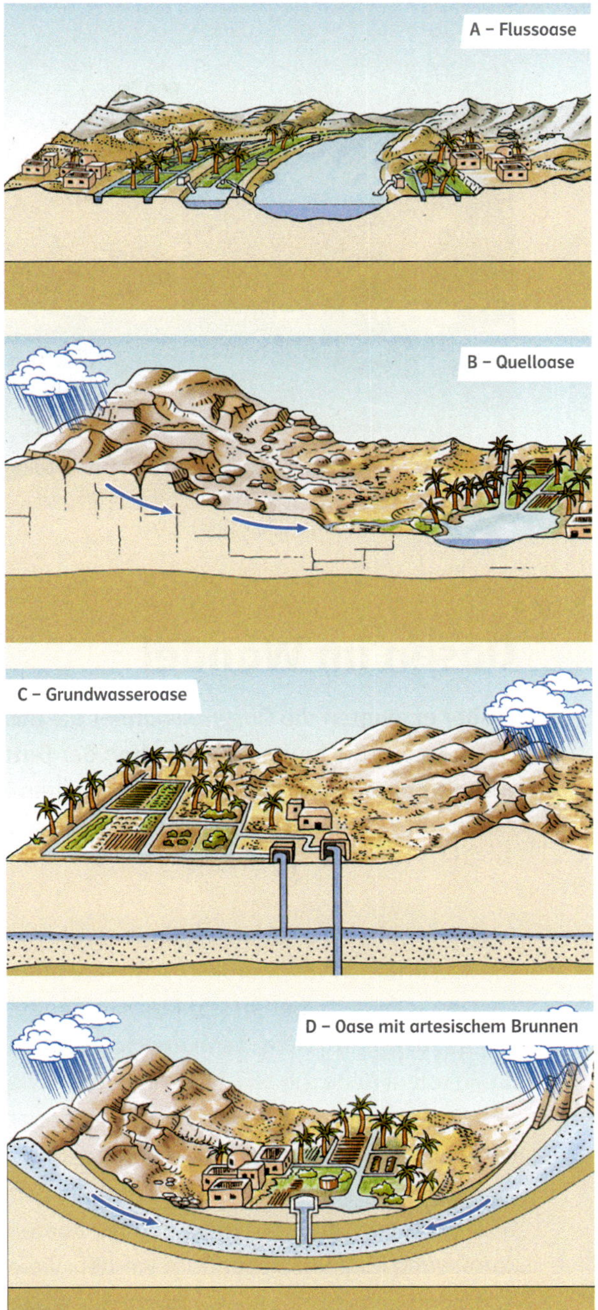

M5 Oasentypen

→ **Experiment artesischer Brunnen** Seite 97

MK **1** Atlasarbeit: Beschreibe den Verlauf des Nils von den Quellen bis zur Mündung (mit M 1, M 2).

2 Erläutere die Aussage: „Ägypten ist ein Geschenk des Nils" (T1, T2, M 2, M 4).

3 Beschreibe, was in Oasengärten angebaut wird (T 3).

4 „Alleskönner" Dattelpalme: Beurteile den Begriff (M 3, T 3).

5 Oasentypen (M 5, A – D):
a) Beschreibt die Zeichnungen.
b) Erläutert die unterschiedlichen Oasentypen (M 5, T 2, T 4).

MK **6** Informiere dich im Internet über den Assuan-Staudamm. Durch ihn sind bis zu drei Ernten im Jahr am Nil möglich. Doch es gibt auch Nachteile.

M1

M2 Oasenstadt Ghardaïa (Algerien)

Oasen im Wandel

Früher erzeugten die Oasenbewohner die meisten der zum Leben notwendigen Güter selbst. Sie bauten im Schatten der Dattelpalmen Gemüse und Obst an. Wenn Nomaden mit ihren Kamelkarawanen in die Oase kamen, tauschten sie mit ihnen Waren aus. Heute kommen Busse mit Touristen.

→ **Die Tuareg zwischen Tradition und Moderne** Seite 148/149

fossiles Grundwasser
natürlicher Grundwasserspeicher, der in einer vorzeitlichen Klimaperiode entstanden ist. Erst durch Bohrungen oder mithilfe von Pumpen gelangt fossiles Grundwasser an die Oberfläche, ohne dass es sich erneuert.

T1 Das Leben in der Wüste verändert sich

Die Regierungen von Marokko, Algerien, Tunesien und Libyen haben besonders seit Beginn der 1970er-Jahre viele asphaltierte Straßen durch die Wüste bauen lassen. Heute sind alle Oasen in diesen Ländern untereinander und mit den Küstenstädten verbunden. Es gibt regelmäßige Buslinien. Lkw haben den Gütertransport übernommen, sodass Kamelkarawanen kaum noch benötigt werden. Viele Nomaden sind sesshaft geworden. Sie leben nur noch an einem Ort in festen Häusern und ihre Kinder besuchen staatliche Schulen.
Größere Oasenstädte, wie z. B. Ghardaïa in Algerien, haben heute mehr als 100 000 Einwohner und sind oft geprägt von Hotels, Restaurants und Ausflugsangeboten für Touristen. In den kleinen Oasen leben immer weniger, vorwiegend ältere Menschen. Vor allem die junge Bevölkerung zieht es in die Städte – auf der Suche nach besseren Verdienst- und Berufsmöglichkeiten im Handwerk, im Handel oder im Tourismus.

T2 Neue Anbauflächen in der Wüste

Fast unwirklich erscheinen die riesigen grünen Anbauflächen mitten in der Wüste. Als man bei Erdölbohrungen unter dem Wüstenboden fossiles Grundwasser entdeckte, wurden riesige Bewässerungsprojekte wie in Murzuq in Libyen gegründet. 90 Bewässerungsarme mit einer Länge von 350 m drehen sich wie in einem Karussell und bewässern 1 000 ha Wüstenland. Es werden Mais, Weizen und Gerste angebaut. Mehrmals im Jahr können die Landwirte ernten. Abnehmer sind nicht nur die nahegelegenen Städte, sondern vor allem die weit entfernten Küstenstädte.
Doch mehr als die Hälfte des Wassers verdunstet in der Hitze, bevor es überhaupt den Boden erreicht. Ein weiteres Problem ist die **Bodenversalzung.** Bei der Verdunstung von

M3 Bewässerungsfeld bei Murzuq (Libyen)

M5 Bodenversalzung

Grund- und Bewässerungswasser steigen die Salze aus dem Boden mit an die Oberfläche und bilden dort Salzkrusten. Der Boden wird unfruchtbar. Daher sind diese Großprojekte der Bewässerung sehr umstritten.

M4 Hotelanlage in Hurghada (Ägypten)

T3 Tourismus in der Wüste

In jüngster Zeit hat der Tourismus das Bild der Wüste am meisten verändert. In einigen Oasen sind riesige Hotelkomplexe mit Swimmingpools, Tennisplätzen und Golfplätzen entstanden. Mitten in der Wüste gibt es Luxuscamps für Wüstenreisende. Die Lehmhütten und Ruinen der alten Oasenstädte zeugen vom Leben in früherer Zeit. Sie sind Ziel von Touristen. Die einheimische Bevölkerung arbeitet heute in den Hotels, als Reiseführer, als Fahrer und im Handel.

Doch es gibt auch Nachteile: Der Komfort benötigt Wasser, das kostbarste Gut der Wüste. Das Verhalten mancher Urlauber ist nicht immer angepasst an die Kultur des Gastlandes. Viele Oasen abseits der Touristenrouten profitieren kaum oder gar nicht vom Tourismus.

MK **1** Beschreibe nur mithilfe der Fotos die Veränderungen in der Wüste.

MK **2** Atlasarbeit: Suche neben den Oasen in M1 fünf weitere Oasen in der Sahara. Notiere ihre Namen und die Staaten, in denen sie liegen.

3 Erläutere den Wandel in den Oasen in den letzten Jahrzehnten (T1–T3). Lege dazu eine Tabelle an. Betrachte die Aspekte Leben, Versorgung und Arbeit.

SP **4** Stelle Vorteile und Nachteile dar:
a) der Bewässerung (T2, M3, M5),
b) des Tourismus (T3, M4).

MK **5** Reiseangebote:
a) Erkunde im Internet Angebote zu Reisen in die Wüste und stelle sie in der Klasse vor.
NE b) Bewerte die Angebote unter dem Aspekt der Nachhaltigkeit (T3).

M1

M3 Wenige Wasserstellen für viele Tiere

Im Sahel bildet sich Wüste

Die Wüste zu durchqueren, war früher lebensbedrohlich. Wenn die Karawanen nach langer Reise endlich Landschaften mit Weiden und Wasser erreichten, sprachen die Menschen vom rettenden Ufer – dem „Sahel“. Doch die Sahelzone droht auszutrocknen.

← **Dornsavanne** Seite 42/43

T1 Die Sahelzone verändert sich

Südlich der Sahara in Afrika liegt die Sahelzone. Die Trockenzeit dauert hier manchmal zehn Monate. Zusätzlich schwankt die Menge der geringen Niederschläge stark. Daher gibt es hier hauptsächlich Dornsavannen. Menschen können in der Sahelzone überleben, wenn sie sich der Natur anpassen. Die dürftige Vegetation kann nur kleine Viehherden ernähren. Der geringe Niederschlag bringt nur kleine Ernten hervor.

Doch seit dem Ende der 1960er-Jahre breitet sich in der Sahelzone die Wüste aus. Die wenigen Bäume und Sträucher sind verschwunden. Der spärliche Bodenbewuchs fehlt. Dadurch trocknet der Boden aus. Oft wird er vom Wind weggeweht. Wasserstellen und kleine Bäche werden kleiner oder vertrocknen ganz. Diesen Vorgang nennt man **Desertifikation.**

Das örtliche Klima verändert sich auch: Die Lufttemperaturen steigen und die Niederschläge nehmen ab.

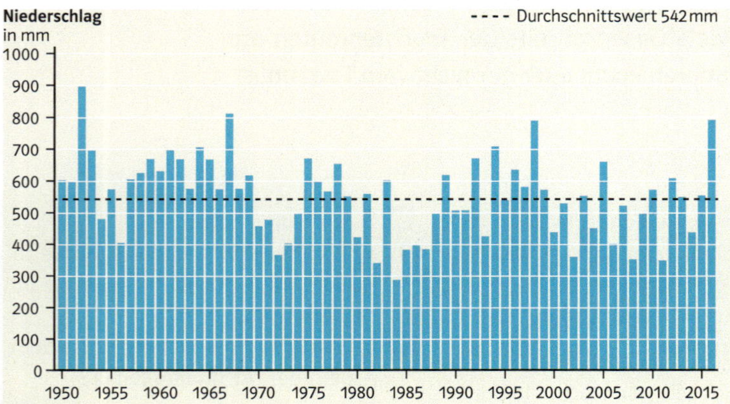

M2 Niamey (Niger): Niederschlag in den Jahren 1950 bis 2016

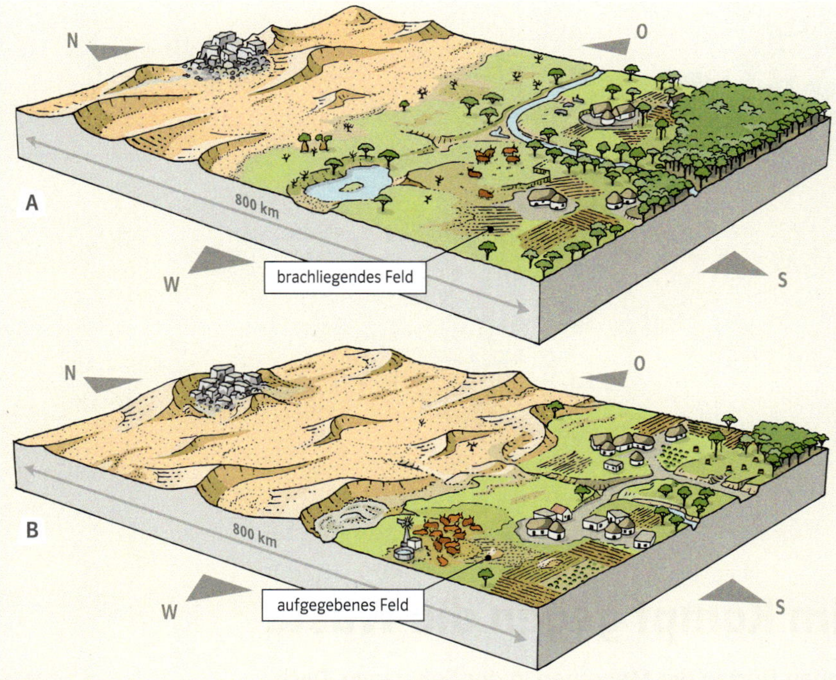

M4 Vor der Desertifikation (angepasste Nutzung) und danach (Übernutzung, Bodenerosion)

	Bevölkerung (in Mio.)		Schafe/ Ziegen (in Mio.)	
Staat	1970	2019	1970	2019
Burkina Faso	5,6	20,3	4,1	26,0
Mali	6,0	19,7	11,3	43,5
Mauretanien	1,2	4,5	7,5	18,6
Niger	4,5	23,3	12,7	30,2

M5 Bevölkerung und Tierbestand

Desertifikation
von lat. desertum facere = wüst machen, verwüsten. Wüstenähnliche Bedingungen entstehen aufgrund landwirtschaftlicher Übernutzung durch den Menschen.

T2 Die Ursachen der Desertifikation

Die Bevölkerung in den Sahelstaaten wächst. Gleichzeitig wird die Versorgung mit Nahrungsmitteln schwieriger. Deshalb vergrößern die Menschen in regenreichen Zeiten ihre Ackerflächen nach Norden zur Wüste hin. Sie halten kaum Zeiten für die Brache ein. Das wäre die Zeit, in der die Böden nicht genutzt werden und sich erholen könnten. Doch durch **Übernutzung** werden die Böden unfruchtbar, viele Felder müssen aufgegeben werden.

Während der Regenzeit wachsen auch die Viehherden, denn dann finden die Tiere genug Futter und die Tiefbrunnen mit Motorpumpen liefern genug Wasser. Aber in regenarmen Zeiten trocknet der Boden aus. Nichts wächst mehr, Wind und Wasser tragen den Boden ab. Die Weideflächen reichen dann nicht mehr aus. Es kommt zur **Überweidung:** Die vielen Tiere vertilgen alles Fressbare. Ziegen knabbern Blätter von den Bäumen und fressen sogar Wurzeln und die Rinde.

Ein weiteres Problem kommt hinzu: Die Bauern erzielen mit sogenannten **Cash Crops** die besten Preise. Auf den wertvollsten Flächen bauen sie z.B. Baumwolle, Erdnüsse und Kaffee nur für den Export an. Der intensive Anbau dieser Produkte trägt auch zur Desertifikation bei. Außerdem stehen diese Flächen dann nicht mehr für die eigene Nahrungsmittelproduktion **(Food Crops)** zur Verfügung.

SP Sprachtipp

Den Vorgang der Desertifikation beschreiben
→ Aufgabe 3

Abbildung A zeigt …

Menschen können in der Sahelzone leben, wenn …

Doch wenn …, dann trocknet der Boden aus und wird vom Wind …

Im Ergebnis breitet sich in der Sahelzone …

MK **1** Atlasarbeit: Nenne die Staaten, die Anteil an der Sahelzone haben.

2 Beschreibe, wie sich die Sahelzone verändert hat (M 3, T 1).

SP **3** Beschreibe den Vorgang der Desertifikation (T 1, M 4).

4 Wertet das Diagramm M 2 aus. Gibt es einen Zusammenhang zur Desertifikation? Überlegt gemeinsam.

5 Erläutere die Ursachen der Desertifikation (T 2, M 4, M 5).

6 Formuliert Vermutungen, wie man das Problem der Desertifikation lösen kann.

MK **7** Desertifikation führt zu Hungerkrisen in den Sahelstaaten. Informiere dich über diesen Zusammenhang (T 2, Internetrecherche).

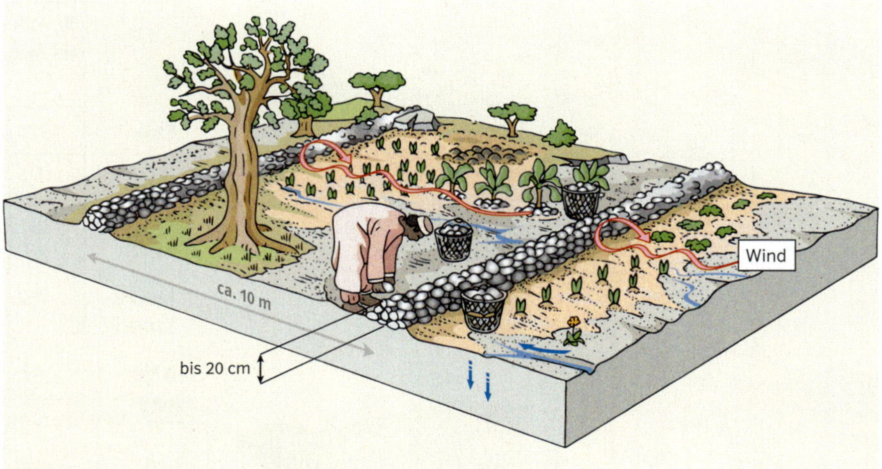

M1 Steinwälle gegen die Ausbreitung der Wüste

Hoffnung im Kampf gegen die Wüste

Immer wieder bedrohen Dürren die Menschen in der Sahelzone. Doch sinnvolle Projekte zeigen, wie man mit schlauen Ideen und einfachen Mitteln der Trockenheit begegnen und die Region begrünen kann.

← Desertifikation Seite 62/63

T1 Die Ausbreitung der Wüste stoppen

Durch die fortschreitende Wüstenbildung geht wertvolles Ackerland verloren. Dadurch ist die Versorgung der Menschen mit Nahrungsmitteln gefährdet. Internationale Konferenzen beschäftigen sich mit dem Thema „Desertifikation“ und entwickeln Aktionspläne gegen die zunehmende Wüstenbildung. Bereits einfache Mittel der traditionellen Landwirtschaft helfen, die Abtragung von Bodenmaterial zu verringern und Wasser zu speichern: Stein- oder Erdwälle (wie in M1) werden parallel zum Hang angelegt. Auch Pflanzwälle und Hecken schützen vor dem Wind. Einen positiven Effekt hätte auch die Rückkehr zur traditionellen Weidewirtschaft mit kleineren Viehherden.

Nachdem Bäume und Sträucher gefällt wurden, bleibt meist das Wurzelwerk bis in tiefere Erdschichten im Boden zurück. Mit neuen Techniken werden diese Wurzelstöcke wieder begrünt. Das ist effektiver, als neue Bäume zu pflanzen.

T2 Zusammenschlüsse und Unterstützung

Um den Herausforderungen gerecht zu werden, schlossen sich die Staaten der Sahelzone zur „Gemeinschaft der Sahel-Sahara-Staaten“ zusammen. Zu ihren Zielen gehören die Ernährungssicherung, der Kampf gegen Desertifikation und die wirtschaftliche Entwicklung der Länder. Seit 1998 ist die Gemeinschaft von sechs auf 28 Mitgliedsstaaten angewachsen.

Bei vielen Maßnahmen unterstützen auch internationale Geldgeber, z.B. Staaten aus Europa, aber auch Nichtregierungsorganisationen (NGOs) wie „Brot für die Welt“ oder MISEREOR. Deren Projekte zielen auf eine bessere medizinische Versorgung der Menschen in der Sahelzone, eine geeignete Schulbildung sowie den Bau von Versorgungseinrichtungen, z.B. Brunnen und Straßen. Dabei ist es wichtig, zu fragen, inwieweit Projekte nur von den Gebern selbst entwickelt werden oder ob auch die lokale Bevölkerung mit einbezogen wird.

M2

Burkina Faso: Mit Zaï gegen die Wüste

Hilfe für bereits völlig vegetationsfreie und verdichtete Böden verspricht die Zaï-Methode. Sie wurde von Landwirten in Burkina Faso entwickelt und gelangte von dort in die Nachbarländer. Die Bauern graben Löcher mit einem Durchmesser von etwa 30 cm und einer Tiefe von bis zu 20 cm reihenweise in den Boden. Auf den Boden der Löcher legen sie etwas Mist oder Kompost und füllen die Löcher wieder mit Erde auf. Sobald es regnet, pflanzen die Bauern Hirse in den Zaï-Löchern. So gelangen die Nährstoffe aus dem Kompost und das kostbare Wasser gezielt an die Pflanzen und werden nicht über das ganze Feld verteilt.

Die Zaï-Löcher im harten Boden auszugraben, ist zwar sehr anstrengend, doch die Methode hat großen Erfolg: Durch sie bekämpfen die Landwirte die Desertifikation und erzielen überdurchschnittlich hohe Ernteerträge.

M3

Tansania: Biogas statt Feuerholz

Neunzig Prozent des Energiebedarfs in Tansania werden durch Feuerholz und Holzkohle gedeckt. Dies hat zur Folge, dass weit mehr Holz gerodet wird, als nachwächst. Mit Unterstützung von „Brot für die Welt“ versucht die Organisation MIGESADO den Raubbau an der Natur zu stoppen (...). Die meisten Familien kochen an offenen Feuerstellen. Zusammen mit der Überweidung (...) hat die massive Abholzung extrem negative Auswirkungen auf die Bodenqualität: Mehr als die Hälfte des ohnehin spärlichen Regenwassers fließt ungenutzt ab, weil die Böden es nicht aufnehmen können. Da infolgedessen die Erträge aus dem Anbau von Sorghum, Hirse und Maniok sinken, stellen viele Kleinbauern zusätzlich Holzkohle her, die sich auf dem Markt gut verkaufen lässt – und treiben damit die Umweltzerstörung weiter voran. Die Organisation MIGESADO versucht, diesen Teufelskreis zu durchbrechen, indem sie die Verbreitung von Biogasanlagen fördert. Einheimische Maurer (...) stellen pro Jahr rund 100 solcher mit Kuhdung betriebenen Anlagen her. (...) (Daneben) fördert MIGESADO auch die Herstellung von energiesparenden Lehmöfen. Vier Frauen wurden dazu als Trainerinnen ausgebildet. Sie zeigen Dorfbewohnerinnen, wie sie solche Öfen selber bauen können (...). Lehmöfen und Biogasanlagen verringern nicht nur den Feuerholzbedarf (...), sondern reduzieren auch die Arbeitsbelastung der Frauen und Mädchen, die traditionell für das Sammeln des Feuerholzes zuständig sind.

Bau einer Biogasanlage
Die Anlage wird mit Kuhdung gefüllt. Daraus entsteht Biogas, das die Menschen zum Kochen und für Gaslampen nutzen.

1 Gegen die Ausbreitung der Wüste: Beschreibe Maßnahmen gegen die Wüstenbildung (T1, M1).

2 Die Zaï-Methode (M2):
a) Erkläre, wie die Zaï-Methode hilft, Nutzpflanzen auch dort anzubauen, wo die Wüste vorgedrungen ist.
b) Erstelle dazu eine Skizze.

3 Biogas statt Feuerholz (M3):
a) Erläutere den Zusammenhang von Umweltzerstörung und Feuerholz.
b) Erkläre die Vorteile von Biogasanlagen für Mensch und Natur.

NE **4** Beurteile, warum es wichtig ist, bei Projekten von „Gebern“ immer die Bevölkerung vor Ort einzubeziehen (T2).

MK **5** Recherchiere zur Staatengemeinschaft der „Sahel-Sahara-Staaten“ und deren Maßnahmen.

TERRA
METHODE

M1

Ein Wirkungsschema erstellen

Zusammenhänge zwischen Ursachen und Folgen sind bei komplexen Vorgängen oft nicht einfach in Worte zu fassen. Hier hilft ein Wirkungsschema, das die Zusammenhänge veranschaulicht.

1. Schritt: Thema formulieren
Lege das Thema deines Wirkungsschemas fest, z. B. „Desertifikation – Ursachen und Folgen".

2. Schritt: Material auswerten und Begriffe sammeln
Werte das vorliegende Material zum Thema aus und schreibe alle Stichwörter auf, die dir zu den Ursachen und Folgen einfallen. Notiere diese Begriffe auf Kärtchen (M 2).

3. Schritt: Begriffe nach Themenbereichen ordnen
Ordne die Kärtchen nach Themenbereichen und finde jeweils eine Überschrift (M 4).

4. Schritt: Sich Wirkungszusammenhänge klarmachen und Begriffe anordnen
Das ist der wichtigste Schritt. Ordne die Begriffskarten nun so an, dass Zusammenhänge zwischen den Begriffen deutlich werden (M 3). Stelle dir dazu folgende Fragen:
- Ist etwas die Ursache von etwas anderem?
- Ist ein Aspekt die Folge eines anderen?
- Lässt sich ein Aspekt in weitere Unterbegriffe gliedern?

5. Schritt: Wirkungszusammenhänge grafisch darstellen
Verbinde nun die angeordneten Begriffe mit Pfeilen. So werden Zusammenhänge sichtbar. Du kannst hierfür verschiedene Strichstärken oder Farben verwenden (M 3).

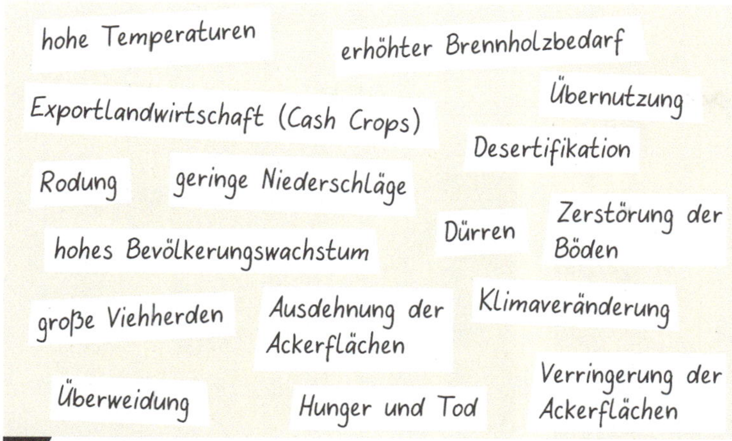

M2 Begriffe sammeln

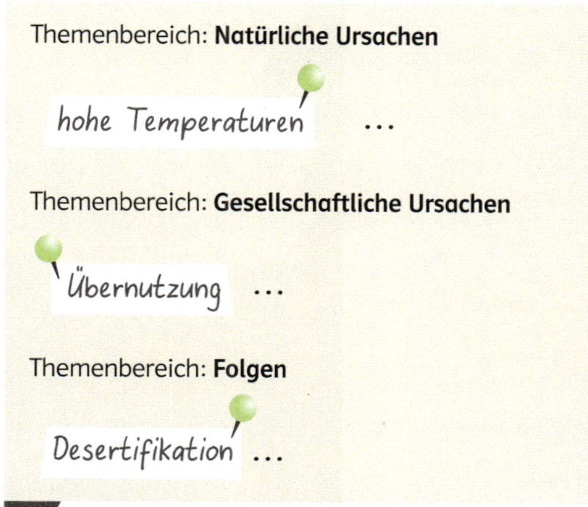

M4 Begriffe nach Themenbereichen ordnen

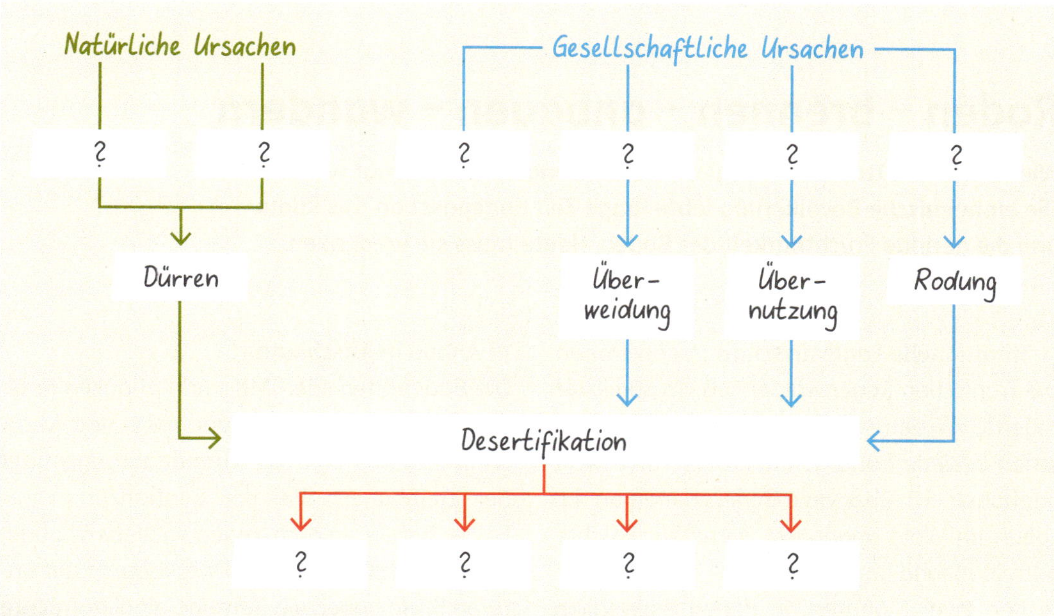

M3 Begriffe anordnen und Wirkungszusammenhänge darstellen

SP Sprachtipp

Ursachen und Wirkungen beschreiben
→ Aufgabe 2

Die Desertifikation hat … und … Ursachen.

Natürliche Ursachen sind …

Diese führen zu …

Zu den gesellschaftlichen Ursachen zählen …

Im Ergebnis führen die Überweidung, … und … zur …

Infolge der Desertifikation kommt es zu …

6. Schritt: Wirkungsschema erklären

Erkläre dein Wirkungsschema einer Schülergruppe/der Klasse mit eigenen Worten. Erläutere dabei vor allem die Zusammenhänge, die du dargestellt hast.

1 Erarbeitet in Kleingruppen mithilfe der Schritte 1 – 6 ein Wirkungsschema zum Thema „Desertifikation – Ursachen und Folgen". Nutzt hierzu die Materialien der S. 62/63. (MK)

2 Präsentiert eure Ergebnisse vor der Klasse.

3 Diskutiert die Ergebnisse:
a) Überlegt, welche Wirkungsschemata besonders gut gelungen sind und begründet eure Meinung.
b) Unterbreitet Vorschläge, wie man einzelne Wirkungsschemata noch verbessern könnte.

4 Erstelle ein weiteres Wirkungsschema zum Thema „Oasen im Wandel" (Seite 83, Aufgabe 7).

Die traditionelle Landwirtschaft im Tropischen Regenwald beschreiben

M1

M2 Brandrodung

M3 Mischkultur eines kleinbäuerlichen Betriebes

Roden – brennen – anbauen – wandern

Wie können im Tropischen Regenwald Nahrungsmittel erzeugt werden? Die einheimische Bevölkerung lebte lange Zeit angepasst an das Klima und die geringe Fruchtbarkeit der Böden. Heute muss sie umdenken.

←
Nährstoffkreislauf und Stockwerkbau im Tropischen Regenwald
Seite 46/47

T1 Traditionelle Landwirtschaft in den Tropen

Die Tropischen Regenwälder, z. B. im südlichen Nigeria, werden seit Jahrtausenden von Menschen besiedelt und genutzt. Diese Ureinwohner haben sich über viele Generationen an das Leben im Wald angepasst, sammeln Früchte, betreiben Jagd und Ackerbau.
In den zwei Monaten, in denen es weniger regnet, begeben sich die Bewohner/innen eines Dorfes an die Arbeit: Sie roden ein neues Waldstück. Die Männer fällen Sträucher und Jungbäume und legen das Holz unter die großen Bäume. Sobald das Holz getrocknet ist, zünden sie es an. Tagelang stehen riesige Rauchsäulen über dem Waldstück. Es verbrennt alles, bis auf die großen Bäume. Noch stehen sie – aber bald sterben auch sie ab. Die Bauern betreiben **Brandrodungsfeldbau.**
Nach der Rodung kann der Feldbau beginnen. Dies ist meist die Arbeit der Frauen. Mit Hacken lockern sie den Boden auf und arbeiten die Asche ein, welche wichtige Nährstoffe für den mageren Boden enthält.

T2 Anbau in Mischkultur

Die Bäuerinnen säen Mais und pflanzen Knollenfrüchte wie Maniok oder Yams und Kochbananen. Das sind die Grundnahrungsmittel der Kleinbauern. Bei der Bepflanzung ihrer Felder haben sie dem Regenwald etwas abgeschaut, nämlich den Stockwerkbau. In der unteren Stufe bauen sie Getreide, Knollenfrüchte und Gemüse an. Darüber wachsen mehrjährige Pflanzen wie Bananen und Kaffee. Höhere Bäume, z. B. der Avocadobaum, bilden das oberste Stockwerk. Die Bäume bringen nicht nur Früchte, sie spenden den anderen Pflanzen auch den wichtigen Schatten.
Man nennt dieses Anbausystem **Mischkultur.** Sie hat den großen Vorteil, dass die Pflanzen (im Gegensatz zur Monokultur) die Nährstoffe des Bodens nicht einseitig verbrauchen. Die Mischkultur kann deshalb als eine nachhaltige Nutzung bezeichnet werden. Die Familien verzehren ihre Erzeugnisse weitgehend selbst. Nur einen Teil der Ernte können sie auf einem nahegelegenen Markt verkaufen.

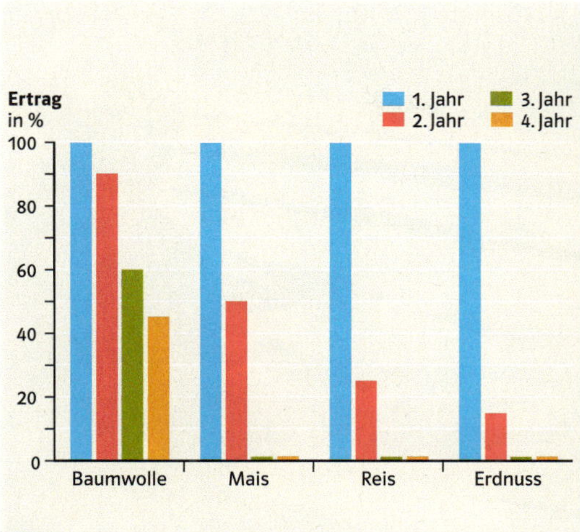

M4 Ertrag und Nutzung beim Brandrodungsfeldbau

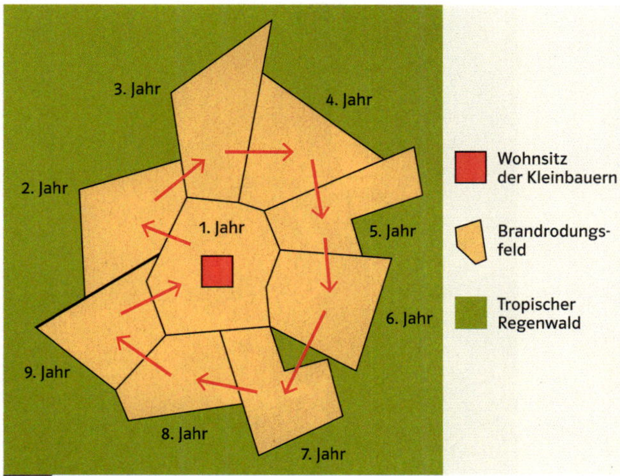

M5 Brandrodungsfeldbau mit Landwechsel

T3 Wanderfeldbau nur für wenige

Aufgrund der flachen Humusschicht im Bereich der Tropischen Regenwälder sind die Nährstoffe im Boden nach wenigen Jahren aufgebraucht (M 4). Dann geben die Menschen das Feld auf und roden eine neue Fläche. Auf dem verlassenen Feld siedelt sich selbstständig neuer Wald an, der Sekundärwald („zweiter Wald"). Nach etwa 15 Jahren kann die Fläche erneut genutzt werden. Sobald in der Nähe des Dorfes keine neuen Flächen mehr vorhanden sind, ziehen die Menschen mit der gesamten Siedlung weiter. Diese traditionelle Form der Landnutzung wird **Wanderfeldbau** oder „shifting cultivation" genannt.

Doch diese auf den ersten Blick behutsame und angepasste Nutzung des Waldes ist heute kaum noch möglich. Wegen seines hohen Flächenbedarfs kann der Wanderfeldbau nur wenige Menschen ernähren.

T4 Die Landwechselwirtschaft

Die meisten Menschen verlegen ihren Wohnsitz nicht mehr (M 5). Um mehr Nahrung zu gewinnen, bewirtschaften sie die Felder in kürzerem Wechsel. Dadurch kann sich der Boden aber kaum noch erholen und die Erträge sinken. Daher bauen die Landwirte neben Nahrungsmitteln zur Selbstversorgung auch Dauerkulturen wie Kautschuk, Kakao, Obstbäume oder Gewürze an. Sie verkaufen die Produkte und kaufen vom Erlös Kunstdünger, der die Aschedüngung der Brandrodung ersetzt.

Durch das Bevölkerungswachstum und das vermehrte Eindringen ausländischer Firmen in den Regenwald müssen zahlreiche Menschen ihre traditionelle Wirtschaftsform aufgeben. Auch wird die Brandrodung kritisiert, weil beim Verfeuern riesige Mengen Kohlenstoffdioxid (CO_2) freigesetzt werden. Dieses Gas trägt wesentlich zur Erderwärmung bei.

1 Brandrodungsfeldbau (M 2, T 1):
a) Beschreibe den Vorgang der Brandrodung.
b) Erkläre, weshalb die Bauern das wertvolle Holz verbrennen.
c) Erläutere, wie sich die Erträge bei dieser Form der Bewirtschaftung entwickeln (M 4).

2 Dem Regenwald abgeschaut:
MK a) Erstelle eine Skizze zur Mischkultur und beschrifte sie (T 2, M 3).
NE b) Begründe, warum Mischkulturen eine nachhaltige Nutzung des Tropischen Regenwaldes darstellen (T 2).

3 Erkläre den traditionellen Wanderfeldbau im Tropischen Regenwald (T 3).

SP **4** „Der Brandrodungs- bzw. Wanderfeldbau ist eine alte, behutsame Nutzungsform von nährstoffarmen Böden. Jedoch …" Schreibe fort. Nimm Stellung zu den Vor- und Nachteilen (T 3, T 4, M 5).

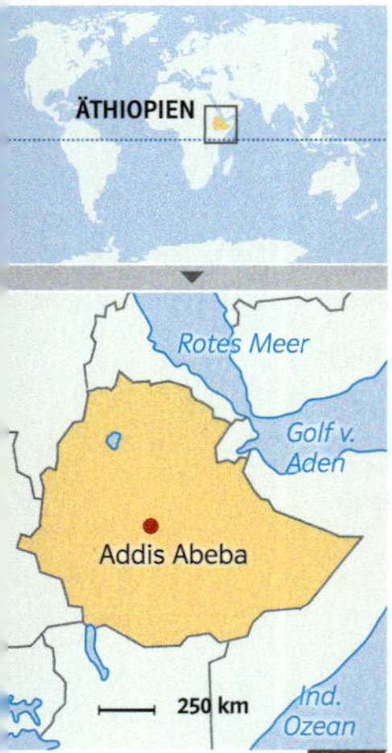

M1

M2 Ernte der Kaffeekirschen

M3 Ausgelöste Kaffeebohnen werden getrocknet.

Kaffee aus Äthiopien

Äthiopien gehört zu den größten Kaffeeproduzenten der Welt. Kaffee ist die Haupteinnahmequelle des Landes. Doch starke Preisschwankungen bedrohen die Kleinbauern. Fairer Handel kann helfen.

Kaum zu glauben
Zum ersten Mal wurde Kaffee 900 n. Chr. in der Region Kaffa im Südwesten Äthiopiens erwähnt. Der Legende nach entdeckte der Hirte Kaldi die Kaffeepflanze, nachdem seine Ziegen die roten Kaffeekirschen gefressen hatten und aufgedreht herumsprangen.

T1 Kaffee aus der Heimat des Arabica

Äthiopien gilt als Wiege des Kaffees – speziell der Arabica-Bohnen. Man vermutet, dass die ersten Bohnen bereits im 17. Jahrhundert nach Asien und später nach Europa und Amerika exportiert wurden. Kaffeesträucher wachsen im Hochland Äthiopiens in einer Höhe von 1 400 bis 1 800 m bei Temperaturen von 17 bis 18 °C. Als immergrüne Pflanzen benötigen Kaffeesträucher etwa 2 000 mm Niederschlag im Jahr.

T2 Anbau und Ernte in Handarbeit

Der Kaffeeanbau und besonders die Ernte sind sehr arbeitsintensiv: Mit Jäten, Beschneiden, Düngen und Bewässern sind die Kaffeebauern das ganze Jahr über beschäftigt. Da man häufig Blüten und reife Kirschen am selben Strauch findet, ist es schwierig, die Kaffeeernte mit Maschinen durchzuführen.

Nach der Aussaat dauert es ungefähr vier Jahre, bis die Kaffeepflanzen das erste Mal blühen. Erst neun bis zwölf Monate später sind die ersten Kaffeekirschen reif. Maximale Ernteerträge gibt es für weitere zehn bis 20 Jahre. Um den Ertrag zu steigern und die Ernte zu erleichtern, müssen die Kaffeesträucher auf einer Höhe von 1,5 bis 2 m gehalten werden. Sonst würden sie bis zu 8 m hoch wachsen.

T3 Bedeutung des Kaffees für Äthiopien

In Äthiopien bauen überwiegend Kleinbauern den Kaffee als Mischkulturen zwischen Hirse und Mais an. Der Kaffee wächst auf kleinen Rodungsinseln im Schatten großer Regenwaldbäume. Bei dieser Methode bleibt der natürliche Lebensraum erhalten, denn im Regenwald spielt sich ein Großteil des Lebens in den Baumkronen ab.

Äthiopien gehört zu den ärmsten und wirtschaftlich schwächsten Ländern der Welt. 80 Prozent der Bevölkerung arbeiten in der Landwirtschaft. Jeder sechste Einwohner lebt vom Kaffee. Die Exportgüter bestehen fast nur aus pflanzlichen und tierischen Rohstoffen.

Arbeitsblätter: Kaffeeländer und stumme Weltkarte
s4h85n

Linktipp: Fairtrade
s4h85n

M4 Kaffeeregal im Supermarkt

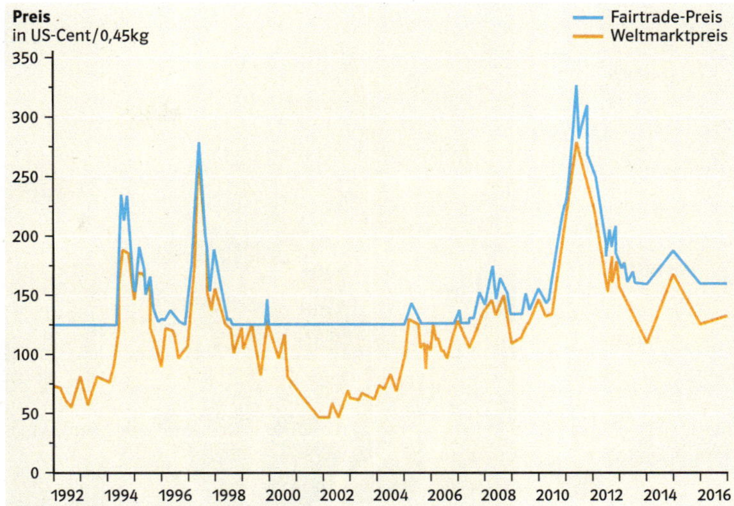

M5 Preisentwicklung von Kaffee

T4 Kaffee für den Weltmarkt

Mittlerweile wurden Kaffeesorten gezüchtet, die auch ohne Schatten wachsen. Dadurch ist es möglich, mehr Kaffee pro Fläche zu produzieren und die Kosten zu senken. Folglich stammt der meiste Kaffee auf dem Weltmarkt heute von großen **Plantagen**, überwiegend aus Südamerika und Südostasien. Plantagen sind landwirtschaftliche Großbetriebe, die sich auf den Anbau einer einzigen Frucht (z.B. Bananen, Kaffee, Kakao) in Monokultur spezialisiert haben. Dafür wird häufig Regenwald gerodet – der Lebensraum vieler Pflanzen und Tiere geht verloren.

Äthiopien gerät durch die internationale Konkurrenz stark unter Druck. Mehr als ein Drittel der Einnahmen des Landes stammen aus dem Verkauf von unverarbeitetem Rohkaffee. Preisschwankungen auf dem Weltmarkt haben daher große Folgen für die Wirtschaft und die Lebensbedingungen der Menschen.

T5 Es geht auch fair

Kleinbauern in Äthiopien hängen direkt vom Kaffeepreis auf dem Weltmarkt ab. Da auch Zwischenhändler am Kaffeegeschäft verdienen, sinken ihre Erlöse. Medienberichte machen jedoch aufmerksam auf ihre Situation und die großen Gewinne der Kaffeekonzerne. Durch direkte Handelsbeziehungen und garantierte Mindestpreise können sich die Einnahmen der Kleinbauern verbessern. Auch Verbraucher/innen haben einen Einfluss. Das Fairtrade-Siegel auf den Kaffeepackungen in Deutschland steht für **fairen Handel** und bestätigt, dass die Kleinbauern einen angemessenen Preis für ihr Produkt erhalten. Fairtrade steht auch für hohe Standards beim Umweltschutz und den Arbeitsbedingungen. Neuere Initiativen richten sich darauf, dass die gesamte Produktionskette im Ursprungsland stattfindet – vom Anbau und der Ernte bis zur Röstung und Verpackung des Kaffees.

FAIRTRADE

M6 Fairtrade-Siegel

1 Beschreibe die Wachstumsbedingungen für die Kaffeepflanze (T1).

2 Erkläre die Bedeutung des Kaffeeanbaus für Äthiopien (T3, T4).

3 Beschreibe die Entwicklung des Weltmarktpreises für Kaffee (M5).

NE **4** Kaffeepreise:
a) Erkundigt euch im Einkaufsmarkt über die Preise von Kaffee mit und ohne Fairtrade-Siegel.
b) Welche Argumente sprechen für und gegen den Kauf von Fairtrade-Kaffee (T5, M5)? Diskutiert.

MK **5** Arbeite mit dem Atlas und dem TERRA-Code:
a) Erstelle Listen der Top-Ten-Kaffeeländer (Produktion und Verbrauch).
b) Zeichne die Kaffeeländer in eine stumme Weltkarte ein.
c) Vergleiche: Was fällt dir auf?

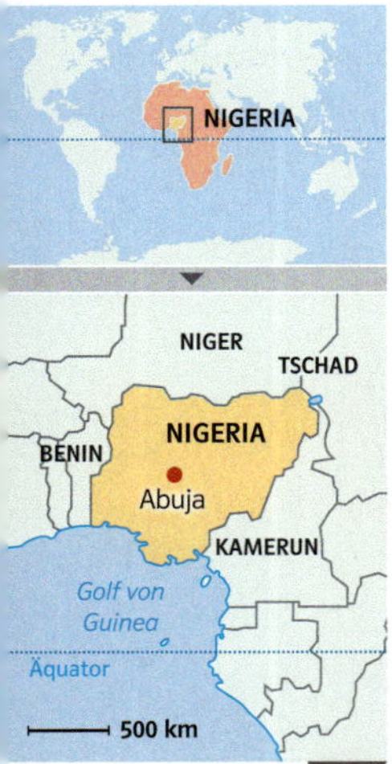

M1

M3 **Arbeiter auf einer Erdölplattform im Nigerdelta.** Hier befinden sich große Erdöllagerstätten.

Erdölwirtschaft in Nigeria

Die reichen Erdölvorkommen könnten ein Segen sein für das bevölkerungsreichste Land Afrikas. Doch ein Großteil der über 200 Millionen Einwohner lebt in Armut. Ölverschmutzungen gefährden Mensch und Natur.

M2 **Im Ölrausch**

Beim Stichwort Afrika strahlen Jim Millers Augen, er denkt an das Öl. „An anderen Orten der Welt bohren wir gewöhnlich zehnmal, um einmal auf Öl zu stoßen", sagt der Mann von der texanischen Erdölfirma. „Im Golf von Guinea ist dagegen jede zweite Bohrung ein Treffer." Westafrika besitzt Reserven von 100 Billiarden Barrel Rohöl – das ist ungefähr die Menge, über die der Irak verfügt. „Wir Amerikaner investieren hier viel Geld in neue Ölförderquellen. 30 Prozent der Tagesproduktion werden in die USA verschifft."

Armutsgrenze
Menschen müssen mit weniger als 1,90 US-Dollar am Tag auskommen. Ihr Überleben ist damit unmittelbar gefährdet, weil der Betrag kaum ausreicht, um die Grundbedürfnisse (Essen, Wohnen, Bildung) zu befriedigen.

T1 Erdöl – das „schwarze Gold"

Nigeria zählt dank des Erdöls zu den größten Volkswirtschaften des Kontinents. Das „schwarze Gold" macht 95 Prozent der Exporteinnahmen Nigerias aus und steuert ein Drittel zur Wirtschaftsleistung des Landes bei. Damit ist das Land stark von den Erdöleinnahmen abhängig. Wenn der Weltmarktpreis für Erdöl steigt, erwirtschaftet Nigeria einen Überschuss. Bei niedrigen Preisen aber sinken die Staatseinnahmen. Da die Regierung in den vergangenen Jahren zu wenig Raffinerien gebaut hat, muss Nigeria sogar Benzin aus dem Ausland importieren.

T2 Nutzungskonflikte

Eigentlich müsste es vielen Menschen in Nigeria gut gehen. Das Gegenteil ist jedoch der Fall, denn das viele Geld aus dem Exportgeschäft wird ungerecht verteilt. Etwa 65 Prozent der Bevölkerung leben unterhalb der Armutsgrenze. Die meisten Menschen arbeiten in der Landwirtschaft, vor allem für den Eigenbedarf. Es gibt zwar Verträge zwischen der nigerianischen Regierung und den Ölkonzernen. Aber der Großteil der Gewinne fließt ins Ausland oder landet auf den Konten einiger weniger Politiker. Um die Förderung des Öls zu ermöglichen, wurden Teile der einheimischen Bevölkerung aus ihren Siedlungsgebieten vertrieben. So kommt es immer wieder zu bewaffneten Konflikten um die Nutzung und den Verkauf des Öls.

M4 Explosion einer Öl-Pipeline

T3 Umweltprobleme

Die Bevölkerung im dicht besiedelten Küstenraum muss mit den Folgen der Umweltverschmutzung leben, die durch die Ölförderung und Unfälle entstehen. Denn viele Pipelines und Förderanlagen an Land und im Meer sind alt und marode. Auch werden Pipelines immer wieder illegal angezapft. Das Öl verseucht Meerwasser, fruchtbares Ackerland und viele Wälder an der Küste. Der natürliche Lebensraum für unzählige Meerestiere ist gefährdet. Die Menschen leiden an Hunger, denn Fischzucht, die Lebensgrundlage vieler im Nigerdelta, ist durch die Meeresverschmutzung gefährdet. Nur eine groß angelegte Reinigungsaktion kann das Gebiet als Lebensraum für Mensch und Natur noch retten.

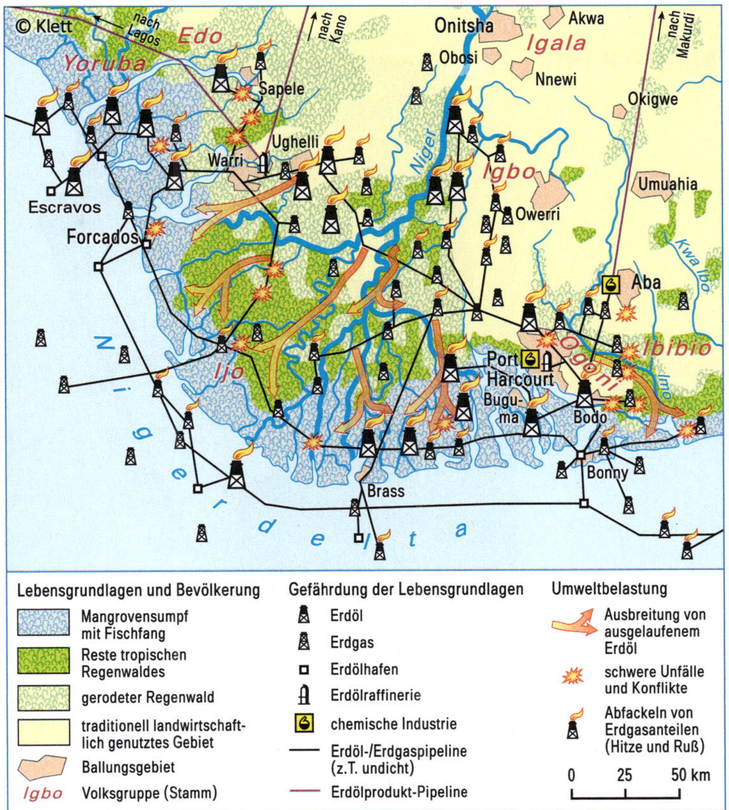

M5 Erdölförderung und Umweltbelastung im Nigerdelta

	Staat	Förderung in Mio. t
1	USA	698,4
2	Saudi-Arabien	578,3
3	Russland	555,8
4	Kanada	232,5
5	Irak	226,1
…	…	…
12	Nigeria	98,4

M6 Erdölförderung 2018

	Staat	Verbrauch in Mio. t
1	USA	1015,7
2	China	628,0
3	Indien	236,6
4	Japan	173,4
5	Saudi-Arabien	154,2
6	Russland	146,3

M7 Erdölverbrauch 2018

1 Erdölförderung in Nigeria:
a) Erkläre, warum Erdöl als das „schwarze Gold" bezeichnet wird (M 2, T 1).
b) Beschreibe die Lage der Erdölfördergebiete in Nigeria (M 3, Karte M 5).

2 Vorteile und Nachteile der Erdölwirtschaft in Nigeria:
a) Erläutere die Nutzungskonflikte um Erdöl (T 2).
b) Beschreibe die Umweltbelastung (M 4, M 5, T 3).

3 Vergleiche die Erdölförderstaaten mit den größten Erdölverbrauchern (M 6/M 7). Was fällt dir auf?

4 Beurteilt die Aussage: „Erdöl ist für Nigeria Fluch und Segen zugleich."

MK **5** Wie geht es weiter in Nigeria? Wähle eine Aufgabe aus und recherchiere im Internet:
A unter den Stichworten „Nigerdelta + Öl + Säuberung",
B unter den Stichworten „Nigerdelta + Schadenersatz".

TERRA **ORIENTIERUNG**

M1 Smartphones und Tablets enthalten Seltene Erden.

M2 Abbau von Coltan im Kongo

Afrikas Rohstoffe

Afrika ist ein rohstoffreicher Kontinent. Erdöl und Erdgas, Metalle und Mineralien sowie landwirtschaftliche Rohstoffe machen zwei Drittel des afrikanischen Exports aus. Der Rohstoffreichtum hat jedoch bisher nur stellenweise zu einem wirtschaftlichen Aufschwung in Afrika geführt.

Coltan
ist ein Kurzwort für Columbit-Tantalit. Dieses Erz enthält zwei Metalle: Tantalum (Ta) und Columbium (Cb).

T1 Afrikas Rohstoffe

Fast jeder besitzt es – ein Smartphone, zusammengesetzt aus Glas, Metall und viel Elektronik. Die besonderen Metalle, die für die Herstellung moderner Elektrogeräte nötig sind, werden auf dem Weltmarkt immer knapper. Man nennt sie „Seltene Erden". Sie werden aus Mischerzen verschiedener Bunt- und Leichtmetalle gewonnen. In Afrika liegen einige der bedeutendsten Vorkommen der Welt für Seltene Erden: Kobalt, das für den Akku gebraucht wird, stammt aus dem Kongo oder Sambia. Gold und Silber für die Kontakte und Anschlüsse werden unter anderem in Südafrika abgebaut. Auch Coltan ist ein wertvoller Bodenschatz. Seine größten Vorkommen liegen in Zentralafrika.
Andere mineralische Rohstoffe sowie Erdöl und Erdgas sind in Afrika reichlich vorhanden. Die Rohstoffquellen konzentrieren sich vor allem im Süden und Westen des Kontinents. In den meisten anderen Ländern sind landwirtschaftliche Rohstoffe die wichtigsten Exportgüter.

T2 Coltan im Kongo

Um an das tief im Boden liegende Coltan zu gelangen, muss zuerst der Regenwald darüber abgeholzt werden. Dabei geht der Lebensraum vieler Tiere und Pflanzen verloren. Die Minenarbeiter im Kongo graben oft ohne Helm und ohne Sicherung in den Schächten nach dem wertvollen Coltan. Immer wieder kommt es dabei zu Unfällen. 100 000 Menschen sollen in den Minen des Landes arbeiten, davon sind 40 000 Kinder, so hat die UNO herausgefunden. Viele Minen stehen unter der Kontrolle bewaffneter Gruppen.

M3 Rohstoffe in Afrika

1 Erstelle eine Liste von Ländern Afrikas, in denen bestimmte Rohstoffe häufig vorkommen (T1, M3).

MK **2** Zeichne eine Kartenskizze von Afrika und kennzeichne Gebiete mit großen Rohstoffvorkommen (M3).

3 Erläutere, was dein neues Handy mit dem Rohstoffreichtum in Afrika zu tun hat. Werte dazu die Bilder und den Text aus (M1, M2, T1).

MK **4** Informiere dich näher über die Arbeitsbedingungen und die bewaffneten Konflikte beim Coltanabbau (T2, Internet). Präsentiere deine Ergebnisse in der Klasse.

M1

M3 VW-Mitarbeiterin im Werk Uitenhage bei Port Elizabeth

Südafrika: Rohstoffe und Industrie

Die Republik Südafrika zählt neben Ägypten und Nigeria zu den drei größten Volkswirtschaften des afrikanischen Kontinents. Das Land ist reich an Bodenschätzen, hat aber auch viele Industriebetriebe und gilt als wichtiger Exporteur von Agrarprodukten.

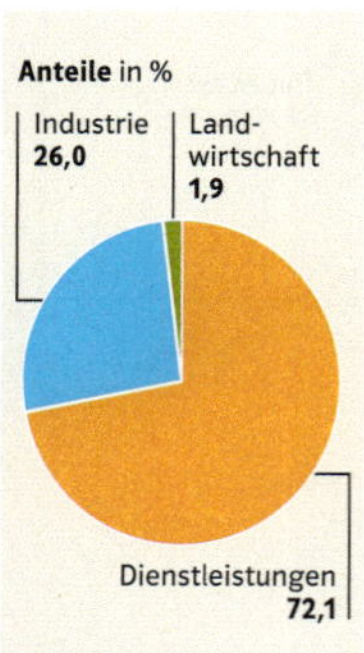

M2 Anteil der Wirtschaftssektoren am Bruttoinlandsprodukt (Maß für die Wirtschaftsleistung), 2019

T1 Rohstoffreichtum

Im „Goldfieber" wanderten ab 1866 viele Europäer ins südliche Afrika ein. Der Reichtum an wertvollen Rohstoffen wie Gold, Platin und Steinkohle war die Grundlage für Südafrikas wirtschaftlichen Aufstieg. Aber in den Bergwerken der Weißen schufteten Arbeiter meist unter unmenschlichen Bedingungen. Das betraf Einheimische und Bergleute, die aus britischen Kolonien in Asien angeworben wurden. Heute erzielen Bodenschätze 40 bis 50 Prozent der Exporterlöse des Landes. Da einige Goldminen bis zu 4000 m tief liegen, ist die Erschließung teuer für die Minenbetreiber. Häufig streiken die Bergleute gegen die gefährlichen Arbeitsbedingungen unter Tage in stickig-heißer Luft. Sie fordern z.B. bessere Arbeitsschutzmaßnahmen.

	Wichtige Exportgruppen	Anteil am Gesamtexport, in %
1	Edelmetalle (Gold, Platin u.a.)	17,5
2	Erze	12,5
3	Fahrzeuge, Fahrzeugteile	11,5
4	Nahrungsmittel	8,9
5	fossile Brennstoffe (v.a. Steinkohle)	8,5

M4 Die wichtigsten Exportgruppen Südafrikas 2018/2019

T2 Industrie und Dienstleistungen

Im Unterschied zu vielen anderen Ländern Afrikas werden in Südafrika die Rohstoffe nicht nur abgebaut, sondern in einer gut ausgebauten Industrie auch weiterverarbeitet und über einen starken Dienstleistungssektor verkauft.

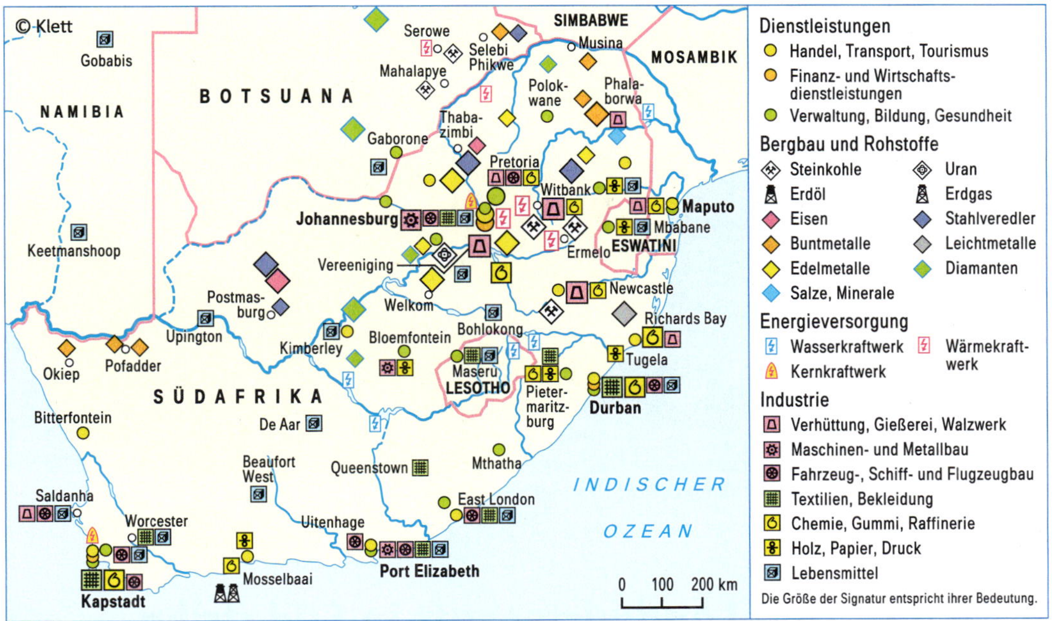

M5 Wirtschaftsräume in Südafrika

Seit Mitte der 1990er-Jahre wächst die Wirtschaft. Sie zählt zu den leistungsstärksten in Afrika. Das Land verfügt über ein gut ausgebautes Straßennetz, ein funktionierendes Handels-, Banken- und Versicherungswesen sowie eine weit gefächerte Wirtschaftsstruktur.

Die Regierung baut Schulen und Universitäten aus und ermöglicht ehemals ausgegrenzten Bevölkerungsgruppen einen besseren Zugang zu Bildung.

Bedeutende internationale Firmen der Automobil- und Chemieindustrie nutzen die günstigen Standortbedingungen für ihre Produktion in Südafrika.

Auch Start-up-Firmen, die das Internet nutzen, werden immer mehr zu einer treibenden Kraft in der südafrikanischen Wirtschaft. In Kapstadt und Johannesburg befinden sich einige berühmte Universitäten. Manche Studierende sind schon Firmengründer von aufstrebenden Start-ups im Dienstleistungs- oder Hightechbereich.

M6 Auf einer Jobmesse in Johannesburg

Start-up
(von englisch „to start up" = gründen, in Gang setzen)
junges Wirtschaftsunternehmen mit neuer Geschäftsidee, z.B. aus dem IT-Bereich (Smartphones, Computer)

1 Ordne den Automobilbau, die Landwirtschaft und den Tourismus den drei Wirtschaftssektoren zu (M2).

2 Standortfaktor Rohstoffe:
a) Nenne wichtige Rohstoffe Südafrikas (Karte M5).
b) Erläutere die Bedeutung der Rohstoffe für die südafrikanische Wirtschaft (M4, T1, T2).

3 Standortfaktor Bildung: Erläutere, inwiefern sich die Investition in die Bildung und Ausbildung junger Leute für Südafrika lohnt (T2, M3, M6).

NE **4** Beurteile die Aussage: „Südafrika verlässt sich nicht nur auf seinen Rohstoffreichtum."

MK **5** Recherchiere im Internet: Liste die fünf leistungsstärksten Volkswirtschaften Afrikas auf.

M1 Safari im Krüger Nationalpark nordöstlich von Johannesburg

Tourismus und Landwirtschaft in Südafrika

„Besuchen Sie Südafrika – die ganze Welt in einem Land." Dieser Einladung folgen immer mehr Menschen. Ein weiteres Standbein der südafrikanischen Wirtschaft ist die Landwirtschaft. Obst und Blumen werden häufig ins Ausland geliefert. Davon profitieren auch wir.

T1 Touristenmagnet Südafrika

Im Jahr 2019 kamen über zehn Millionen Touristen nach Südafrika. Sie interessieren sich für Strände, wilde Tiere und die Natur, wollen aber auch Städte wie Kapstadt oder Johannesburg besuchen und dabei mehr über Südafrikas Menschen und Geschichte erfahren. Für Südafrika ist der Tourismus ein wichtiger Wirtschaftsfaktor, der schnell wächst.

Jahr	Anzahl der Touristen in Mio.	Einnahmen gesamt in Mrd. Euro	Einnahmen pro Tourist in Euro
1995	4,49	1,94	433
2000	5,87	3,61	615
2005	7,37	6,94	941
2010	8,07	7,78	963
2015	8,90	8,24	925
2018	10,47	8,29	792

M2 Die Bedeutung des Tourismus für Südafrika

Im Tourismus arbeiten ca. 1,5 Millionen Menschen, das ist fast jeder zehnte Beschäftigte in Südafrika.

T2 Kritik am Safari-Tourismus

In den vergangenen Jahren ist besonders der Safari-Tourismus stark kritisiert worden. Rasende Jeeps gefährden den Lebensraum der Tiere. „In den Mägen von verendeten Hyänen finden wir immer häufiger Plastikmüll", sagt die Forscherin Marion East. Deshalb machen sich Südafrikaner/innen dafür stark, die Natur zu schützen, um sie auch für zukünftige Generationen zu bewahren. Für manche Safaris werden bereits Elektrofahrzeuge und mit Sonnenenergie betriebene Boote eingesetzt, um die Pflanzen- und Tierwelt zu schonen. Diesen **nachhaltigen Tourismus** möchte die Regierung auch dadurch erreichen, dass sie die Zahl der Besucher und Jeeps beschränkt, die gleichzeitig in den Nationalparks unterwegs sein dürfen.

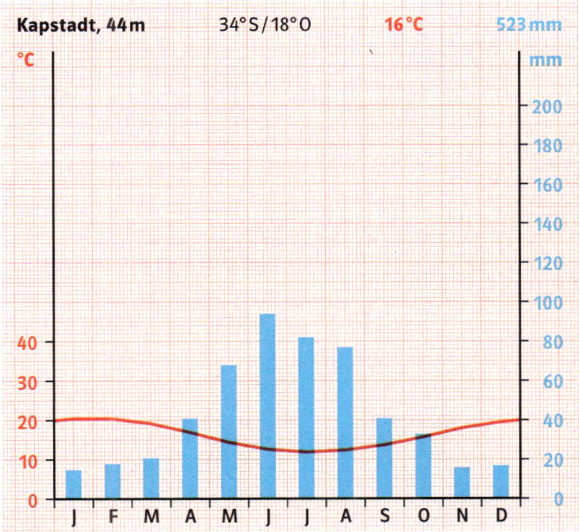

M3 Klimadiagramm von Kapstadt

M4 Weinernte in Südafrika

T3 Die Landwirtschaft

In Jahren mit genügend Niederschlag kann das Land seinen Eigenbedarf an Nahrungsmitteln decken und zusätzlich exportieren. Wenn auf der Nordhalbkugel „offseason" ist, gilt Südafrika als wichtiger Lieferant für Obst und Blumen. Deutschland ist außerdem ein bedeutender Importeur von Weinen aus Südafrika. Rund eine Million Menschen finden in der Landwirtschaft Arbeit.

Südafrikas landwirtschaftliche Nutzflächen gehören entweder Agrarkonzernen oder weißen Großgrundbesitzern. Nur ein kleiner Anteil gehört schwarzen Kleinbauern. Deshalb wird immer wieder darüber diskutiert, wie man das Agrarland gerechter verteilen kann.

←
Fairtrade-Siegel
Seite 71

M5 **Die Kooperative Fairhills – gemeinsam wirtschaften**

In den Weinbaugebieten an der Küste haben sich 2012 mehr als 1 000 Farmer zur Kooperative „Fairhills" zusammengeschlossen. Ihr Wein erhält das Fairtrade-Siegel, das den Weinbauern und ihren Familien eine bessere Bezahlung, Gesundheitsversorgung und (Weiter-)Bildung garantiert.

Die Familien in dieser Vereinigung teilen sich Landmaschinen, sie haben einen Bus angeschafft und bewirtschaften das Land gemeinsam. Somit teilen sie auch den Gewinn – ebenso wie das Risiko, falls die Ernte mal nicht so ausfällt wie erwartet. Das Ziel der gemeinsamen Anstrengungen ist aber auch, den Menschen bessere Lebensbedingungen zu ermöglichen. Der Bau einer mobilen Krankenstation, von Schulen und Kitas gehört ebenso dazu wie die Unterstützung für bedürftige Familien, die in den Einrichtungen täglich eine warme Mahlzeit erhalten können.

Das Projekt ist so erfolgreich, dass noch weitere Initiativen in der Northern Cape Region entstehen sollen, um nachhaltigen Weinbau auch in kommenden Generationen zu ermöglichen.

1 Der Tourismus in Südafrika:
MK a) Zeichne ein Säulendiagramm zur Anzahl der Touristen (M 2).
b) Erläutere die Bedeutung des Tourismus für Südafrika (T 1, M 2).

MK **2** Jennifer aus Pretoria möchte mit ihrer Familie eine dreiwöchige Rundreise durch Südafrika unternehmen. Hilf ihr bei der Planung:
a) Recherchiere im Internet.
b) Fertige eine Kartenskizze von Südafrika an. Trage touristische Highlights ein (T 1, M 1, M 3).

3 Beurteile die Aussage: „Tourismus hat nicht nur Vorteile für Südafrika" (T 2).

4 Export von Nahrungsmitteln (T 3):
a) Erkläre, was „offseason" bedeutet.
b) Begründe, weshalb gerade Südafrika ein wichtiger Exporteur von Obst ist.

NE **5** „Als Landwirt/in in einer Kooperative kann man nicht richtig reich werden, auch wenn man sich anstrengt. Man ist immer auf die anderen Mitglieder angewiesen." Bewertet diese Aussage (M 5).

M2 Eingang zum Apartheid-Museum in Johannesburg

Am Kap der Guten Hoffnung

Kannst du dir vorstellen, in einem Staat zu leben, in dem zwischen den Menschen Unterschiede aufgrund ihrer Hautfarbe gemacht werden? Das war der Alltag in Südafrika. Doch wie kam es dazu? Und wie leben die Menschen mit dieser Vergangenheit?

M1 **Nelson Mandela,** Staatspräsident in Südafrika 1994–1999, setzte sich für die Abschaffung der Apartheid ein.

← **Kolonialismus** Seite 14/15

T1 Die Ungleichbehandlung überwinden

Für Südafrika ist der 1. Februar 1991 ein wichtiges Datum: Der damalige Präsident Frederik Willem de Klerk kündigte im Parlament an, die letzten noch geltenden Gesetze der „Rassentrennung" abzuschaffen. Diese staatlich festgelegte Politik zugunsten einer weißen Vorherrschaft nennt man **Apartheid.** Die Menschen wurden auf rassistische Weise in unterschiedliche Gruppen eingeteilt.

Nach langen Verhandlungen gab es 1994 die ersten Wahlen Südafrikas, bei denen die schwarze und weiße Bevölkerung gleichberechtigt waren. Bei diesen Wahlen wurde Nelson Mandela von der Partei ANC zum ersten schwarzen Staatspräsidenten Südafrikas gewählt. Er wird heute von vielen Menschen weltweit verehrt.

T2 Apartheid: Wie es dazu kam

Die Kolonialisierung Südafrikas begann im 17. Jahrhundert: Holländische, deutsche und französische Bauern siedelten sich an und unterwarfen die Urbevölkerung. Ab 1806 beanspruchten die Briten die Südspitze Afrikas zur Sicherung ihres Seeweges nach Indien für sich. Es folgten erbitterte Machtkämpfe. 1910 schlossen sich die eingewanderten Bauern mit den Briten in der Südafrikanischen Union zusammen und schufen zur Sicherung ihrer Macht die Apartheid.

Schwarze Menschen erhielten kein Wahlrecht und mussten in bestimmten Gebieten leben. Nur wenige durften sich als Landwirte niederlassen. Die meisten waren gezwungen, sich als Wanderarbeiter und billige Arbeitskräfte auf den Farmen der Weißen anzubieten.

M3 **Das Kliptown Youth Program**

Der Bezirk Kliptown ist einer der ärmsten Bezirke innerhalb des Township Soweto bei Johannesburg. Viele der etwa 44 000 Menschen leben in Wellblechhütten ohne Strom und sanitäre Anlagen. Sie alle teilen sich insgesamt 50 Wasserhähne, etwa acht Familien nutzen je eine mobile Toilette.

Das Kliptown Youth Program (KYP) ist ein gemeinnütziges Projekt und bietet Weiterbildungsprogramme, Hausaufgabenbetreuung, sportliche Aktivitäten sowie ein Essensprogramm für ca. 460 Jugendliche aus Kliptown an. Vor allem Bildung soll der jungen Generation nachhaltig eine bessere Zukunft ermöglichen.

Das Projekt wurde 2007 von einer kleinen Gruppe junger Leute gegründet. Die Mitglieder des KYPs warten nicht auf Maßnahmen der Regierung, sondern sie wollen selbst etwas in ihrer Umgebung bewirken.

T3 Hochphase ab Mitte des 20. Jahrhunderts

Ab 1948 wurde die staatlich verordnete „Rassentrennung" noch verschärft und mit Polizeigewalt durchgesetzt. Die schwarze Bevölkerung musste in spezielle Wohngebiete am Stadtrand, die Townships, umziehen. Die Diskriminierung im Alltag ging so weit, dass Schwarze nicht die gleichen Busse oder Parkbänke wie die Weißen benutzen durften.

Gegen die Apartheidpolitik regte sich von Anfang an Widerstand. Massendemonstrationen und Aufstände, die meist blutig von der Polizei niedergeschlagen wurden, bestimmten die Berichte aus Südafrika. International wurde das Land aus vielen Organisationen ausgeschlossen und durfte z. B. an den Olympischen Spielen nicht mehr teilnehmen.

T4 Heutige Herausforderungen

Seit dem Ende der Apartheid geht es in Südafrika um Versöhnung und Umverteilung. Dazu wurden Programme beschlossen, welche die soziale Ungerechtigkeit abbauen und den Lebensstandard der schwarzen Bevölkerung anheben sollen. Dies ist aber bisher nur in Ansätzen gelungen. Die Trennung der Wohngebiete gibt es beispielsweise bis heute. Junge Südafrikaner/innen werfen den Politiker/innen vor, dass sie ihren Fokus zu sehr auf die Wirtschaft richten. Es entstehen Frust und neue Konflikte über zu langsame Veränderungen.

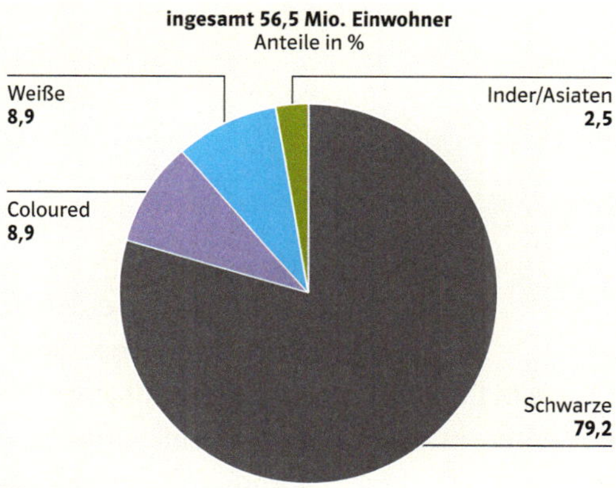

M4 Bevölkerung Südafrikas 2017

Coloured
die Nachfahren unterschiedlicher Gruppen in Südafrika. Der Begriff beruht auf dem Apartheidsystem der rassistischen Einteilung und wurde für Menschen gebraucht, die nicht einer der anderen Bevölkerungsgruppen zugeordnet werden konnten. Südafrika ist heute aber eines der wenigen Länder der Welt, in denen der Begriff „Coloured" alltäglich verwendet wird.

1 Erläutere die Ziele der Apartheidpolitik (M 2, T 1, T 2).

2 Die Apartheid war eine Gewaltunterdrückung der Mehrheit durch die Minderheit. Belege diese Behauptung anhand von T 2, T 3 und M 4.

3 „Es wird noch lange dauern, bis die Apartheid aus den Köpfen und Strukturen des Landes verschwunden ist." Beurteile diese Aussage (T 4, M 3).

NE **4** Bewerte die Ziele des Kliptown Youth Program (M 3).

MK **5** Recherchiere nach politischen Forderungen junger Menschen in Südafrika, z. B. im Bereich Bildung (#feesmustfall). Präsentiere deine Ergebnisse in der Klasse.

MK **6** Recherchiere: Wer war Nelson Mandela (M 1, Internet)?

TERRA TRAINING

Wichtige Begriffe
Apartheid
Bewässerungsfeldbau
Bodenversalzung
Brandrodungsfeldbau
Cash Crops/Food Crops
Desertifikation
fairer Handel
Flussoase
Mischkultur
nachhaltiger Tourismus
Plantage
Übernutzung
Überweidung
Wanderfeldbau

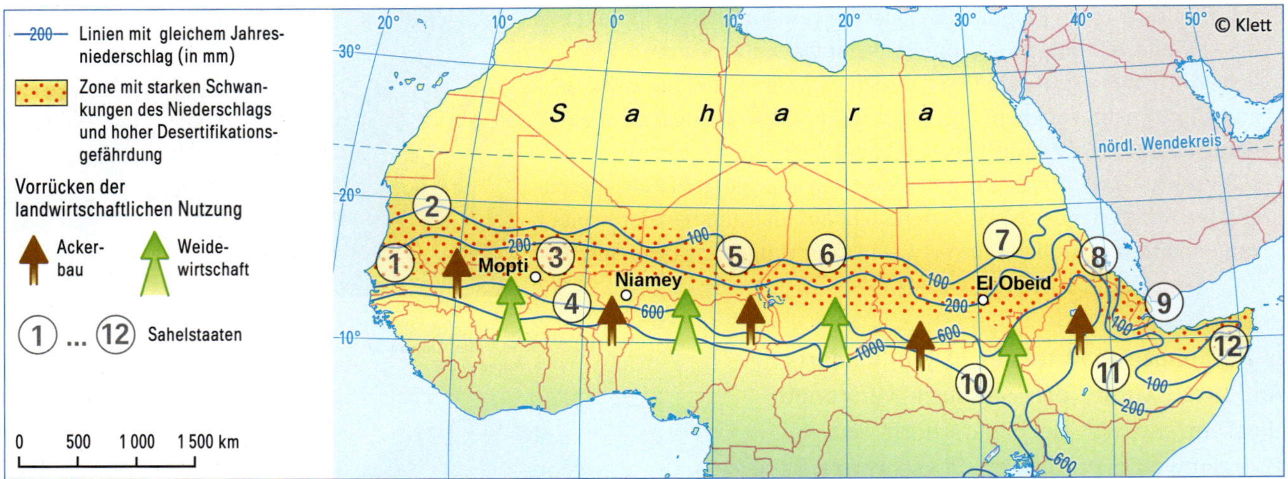

M1 Vorrücken der landwirtschaftlichen Nutzung in der Sahelzone

Sich orientieren

1 Staaten gesucht

a) Nenne mithilfe von Karte M1 und des Atlas vier Saharastaaten, in denen es Oasen gibt.

b) Nenne Länder, die einen besonders hohen Anteil an der Sahelzone haben.

c) Nenne mindestens fünf Staaten, die von Desertifikation betroffen sind.

Kennen und verstehen

2 Kennst du die Begriffe?

a) grüne Insel in der Wüste

b) Fehlende Niederschläge werden durch Grund- oder Flusswasser ersetzt.

c) die Ausbreitung der Wüste

d) Prozess, der durch die Verdunstung von Grund- und Bewässerungswasser an der Bodenoberfläche entsteht

e) Zu viele Tiere werden auf den Weideflächen gehalten.

f) landwirtschaftlicher Großbetrieb, der sich auf den Anbau nur eines Agrarprodukts (meist für den Weltmarkt) spezialisiert hat

g) traditionelle landwirtschaftliche Nutzung im Tropischen Regenwald

3 Füge die Wortteile zusammen und erkläre die Begriffe.

Bo | ser | ti | ka | fi | ver | den | sal | on | zung | De | ti

4 Richtig oder falsch?
Verbessere die falschen Aussagen und schreibe alle richtig auf.

a) Die wichtigste Voraussetzung für die Entwicklung von Oasenstädten ist Wasser.

b) Aus artesischen Brunnen kann Wasser nur durch den Einsatz von Pumpen gewonnen werden.

c) Desertifikation ist die Folge von Dürren, Überweidung, Übernutzung und Rodung.

d) Der Wanderfeldbau hat einen niedrigen Flächenbedarf.

e) Afrika ist arm an Rohstoffen.

f) Der Erdölreichtum in Nigeria hat die Armut in dem Land beseitigt.

g) Durch die Erdölförderung und durch Unfälle wird die Umweltverschmutzung in Nigeria verstärkt.

h) Die Kaffeepflanze stammt ursprünglich aus Südamerika.

i) Kaffee in Äthiopien wird nur auf großen Plantagen angebaut.

j) Im Staat Südafrika gibt es eine leistungsstarke Wirtschaft mit moderner Industrie und innovativen Dienstleistungen.

k) In Südafrika herrscht nach wie vor Apartheid.

Arbeitsblatt: Selbsteinschätzung s4h85n

Üben interaktiv s4h85n

Lösungen s4h85n

M2 Mischkultur

M5 Gegen die Ausbreitung der Wüste

5 Mischkulturen

a) „Bei der Bepflanzung ihrer Felder haben die Kleinbauern dem Regenwald etwas abgeschaut." Erläutere diese Aussage mithilfe von Grafik M 2.

b) Begründe, warum dieses Anbausystem im Gegensatz zur Plantagenwirtschaft als nachhaltig gilt.

M3 **Südafrikas Wirtschaft**

Südafrika ist eine führende Autoindustrie auf dem afrikanischen Kontinent. Doch erst mit dem Ende der Nahrungsmittel ab 1991 wurden südafrikanische Waren auf dem Weltmarkt wieder konkurrenzfähig. Das Land besitzt viele Apartheid, darunter Gold, Platin und Erze. Die Industrie ist gut entwickelt, insbesondere die Wirtschaftsnation. Die Landwirtschaft gilt als wichtiges Standbein der Wirtschaft, Südafrika exportiert Bodenschätze wie Weizen, Obst und Gemüse in die ganze Welt. Der nachhaltige Tourismus wächst, jedoch gibt es Kritik am Safari-Tourismus, der teilweise die Natur gefährdet. Eine zukunftsfähige Alternative ist der Tourismussektor.

6 Durcheinandergeraten

In M 3 sind die markierten Begriffe vertauscht worden. Schreibe den Text in deinen Hefter und setze dabei die Begriffe an die richtige Stelle.

Methoden anwenden

7 Ein Wirkungsschema erstellen

Viele Oasen sehen heute ganz anders aus als noch vor 50 Jahren.

a) Übertrage das begonnene Wirkungsschema M 4 in deinen Geohefter und vervollständige es.

b) Erkläre, wie was, warum und womit zusammenhängt.

Beurteilen und bewerten

8 Schutz gegen die Wüste

a) Beschreibe die im Foto M 5 dargestellte Schutzmaßnahme gegen die Ausbreitung der Wüste.

b) Beurteile die Wirksamkeit der Maßnahme.

9 Fairer Handel

„Fairtrade nützt nur wenigen Bauern. Die Verbraucher/innen in Deutschland werden aber benachteiligt, weil sie höhere Preise für fair gehandelte Produkte zahlen müssen." Nimm Stellung zu dieser Aussage.

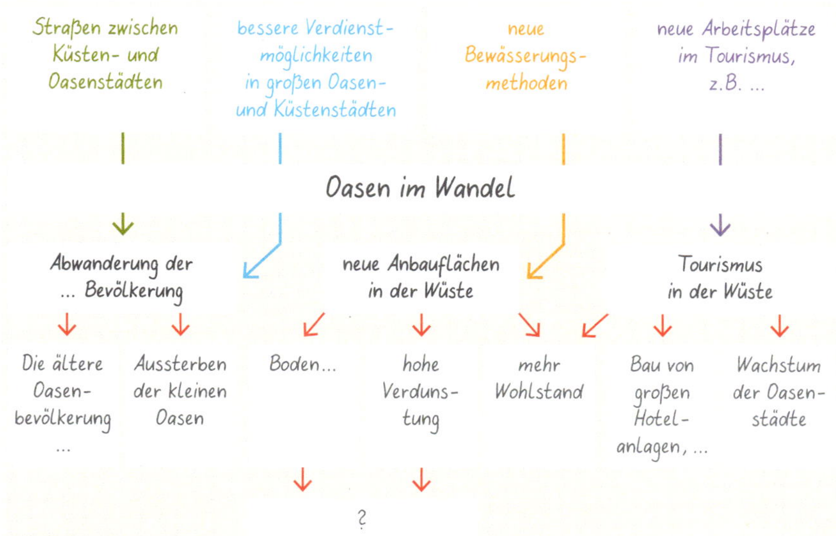

M4 Wirkungsschema zum Thema „Oasen im Wandel"

TERRA EXTRA

Wangari Maathai: Nachhaltigkeitschampion

Alles fing mit sieben Baumsetzlingen an, die die Grüngürtelbewegung 1977 in Nairobi pflanzte. Bis heute wurden über 51 Millionen Bäume allein in Kenia gepflanzt. Die Gründerin der Bewegung ist ein wahrer Champion der Nachhaltigkeit.

← 17 Ziele für nachhaltige Entwicklung der Vereinten Nationen (UN) Seite 19

1 Warum wird Wangari Maathai „Mutter der Bäume“ genannt? Begründe mithilfe von M1 und M2.

2 Seit den 1970er-Jahren wurde in Kenia viel Wald gerodet. Fasse die Ursachen zusammen (M7).

3 Erläutere mithilfe von M6 und M7 die Folgen der Waldrodung
a) für die Umwelt,
b) für die Bauern.

4 Arbeite heraus, was sich durch die Grüngürtelbewegung in Tumu Tumu geändert hat (M2, M4). Übertrage dazu das Dreieck aus M4 in deinen Hefter und ergänze
a) die Maßnahmen,
b) die Auswirkungen.

5 Prüfe, inwieweit die Maßnahmen der Grüngürtelbewegung in Tumu Tumu dem Ziel 15 der Vereinten Nationen entsprechen (M2, M3).

○ 4 ◒ 1–3 ● 5 Lösungshilfen ab S. 178

Wangari Maathai
- geboren 1940 in Ihithe, Kenia
- Biologiestudium
- 1971 Doktortitel als erste kenianische Frau
- erste Professorin an der Universität von Nairobi
- 1977 Grüngürtelbewegung gegründet
- 2002 stellvertretende Ministerin für Umweltschutz in Kenia
- 2004 Friedensnobelpreis
- gestorben 2011 in Nairobi

M1 „Mama Miti“ – Mutter der Bäume

Landökosysteme schützen, wiederherstellen und ihre nachhaltige Nutzung fördern, Wälder nachhaltig bewirtschaften, Wüstenbildung bekämpfen, die Zerstörung von Boden beenden und umkehren und dem Verlust der biologischen Vielfalt ein Ende setzen

M3 Eins der 17 Ziele für nachhaltige Entwicklung

M2 **Peter N'dunda, Mitarbeiter der Grüngürtelbewegung, über einen Besuch in der Gemeinde Tumu Tumu im zentralen Hochland in Kenia**

In Tumu Tumu gab es früher zu wenig Wasser für die Landwirtschaft. Der Boden hatte nicht genug Nährstoffe und wurde von Wasser und Wind abgetragen. Heute ist das anders. Viele Bewohner sind in der Grüngürtelbewegung aktiv. Sie ziehen jedes Jahr ca. 200 000 Baumsetzlinge heran und pflanzen sie ein.
Außerdem gibt es ein Projekt, durch das alle im Dorf genug zu essen haben. Mitglieder der Grüngürtelbewegung beraten die Bauern, welche Pflanzen sie am besten anbauen und wie sie die Anbautechniken verbessern können. Überall sieht man Bohnenpflanzen, Obstbäume, Macadamiabäume, Maniok und viele andere Nutzpflanzen. Sie wachsen bunt durcheinander. Durch diese Mischkultur wird der Boden nicht ausgelaugt. Er erhält seine Nährstoffe und kann auch in den folgenden Jahren bewirtschaftet werden. Das ist echt nachhaltig!
Darüber hinaus gibt es eine Ziegen- und Bienenzucht. Nach mehreren Jahren Wiederaufforstung führt nun ein Fluss, der bereits ausgetrocknet war, wieder Wasser. Zudem wurde ein Brunnen gebohrt. Heute ist wieder ausreichend Wasser vorhanden für die Bewässerung der Felder, für die Tiere und Menschen. Die wirtschaftliche Situation von Tumu Tumu hat sich deutlich verbessert. Die Gemeinde bekommt Geld von der Grüngürtelbewegung für die Baumsetzlinge. Außerdem haben viele Menschen nun Einkommen aus dem Verkauf von landwirtschaftlichen Produkten. Die Kinder besuchen eine Schule. Durch die ausgewogene Ernährung sind die Menschen gesünder. Und das alles durch das Anpflanzen von Bäumen!

Lösungen
s4h85n

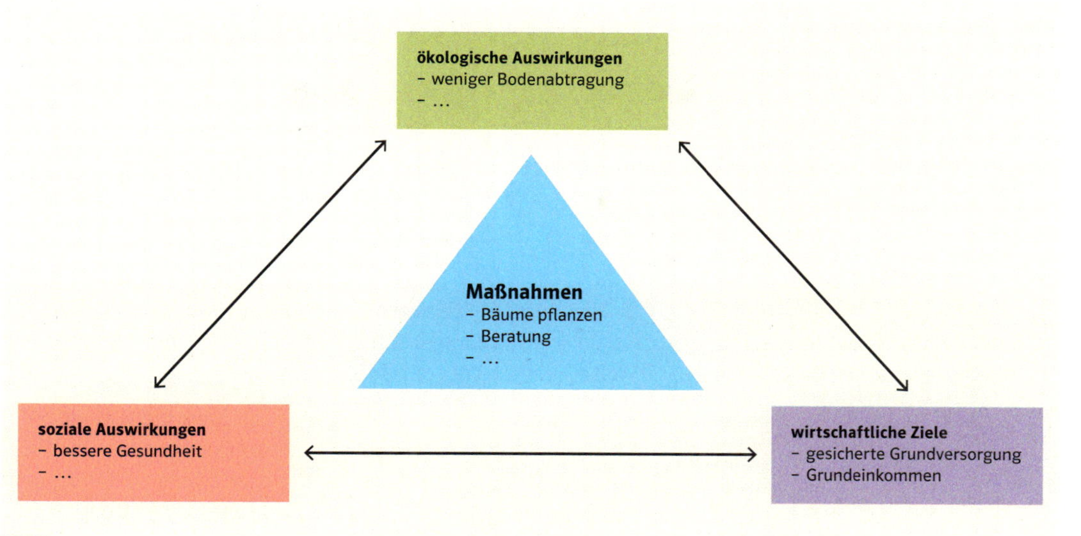

M4 Maßnahmen und Auswirkungen der Grüngürtelbewegung

M8

M5 Baumschule der Grüngürtelbewegung in Kenia

M7 Ursachen und Folgen der Waldrodung

Seit den 1970er-Jahren gibt es in Kenia immer mehr Cash Crops, z. B. Tee. Gleichzeitig gehen die Ackerflächen für Food Crops zurück. Für immer mehr Plantagen wurden riesige Flächen Wald abgeholzt. Darüber hinaus rodete die Bevölkerung Waldflächen für Feuerholz zum Kochen und Heizen.
Bäume festigen aber den Boden und helfen, Regenwasser zu speichern. Die Abholzung führte z. B. dazu, dass fruchtbarer Boden weggeschwemmt wurde und Flüsse austrockneten. Die Bauern konnten immer weniger anbauen.
Der internationale Handel bestimmt die Preise für Bauern. Ihr Einkommen war oft nicht ausreichend und sie verarmten. Es fehlte ihnen an sauberem Trinkwasser, ausgewogener Ernährung und Brennholz. Diese Probleme haben Wangari Maathai dazu geführt, die Grüngürtelbewegung zu gründen.

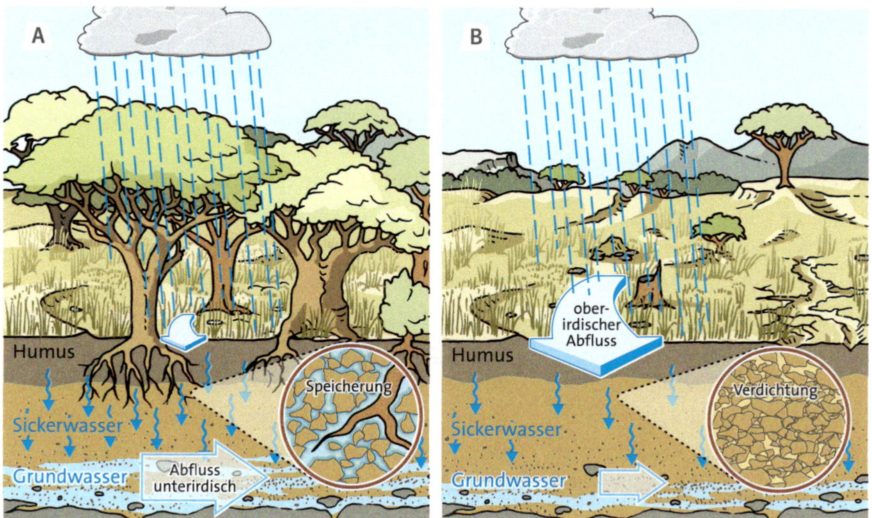

M6 Wasserhaushalt – A: bei natürlicher Vegetation, B: bei gestörter Vegetation

← Cash Crops, Food Crops Seite 63

TERRA **EXTRA**

M-Pesa: Mobiles Bezahlen mit dem Handy

„M“ steht für „mobil“ und „Pesa“ bedeutet „Geld“ in Kiswahili, der am weitesten verbreiteten Sprache Ostafrikas. M-Pesa hat sich zu einem der erfolgreichsten mobilen Bezahlsysteme weltweit entwickelt – und es hilft, Armut zu reduzieren.

1 Erläutere die Herausforderungen, vor denen Menschen wie Felista stehen (M3).

2 Erkläre, wie M-Pesa funktioniert (M4).

NE **3** Erläutere: M-Kopa Solar ist eine nachhaltige Art und Weise, Strom zu nutzen (M5).

4 IT-Szene:
MK a) Recherchiere zum „Silicon Savannah“ (T1).
b) Halte einen Kurzvortrag zum Technologiezentrum.

5 Digitalisierung in Afrika
a) Zähle die Vorteile auf (T1).
b) Erläutere, wie die Digitalisierung zum Wirtschaftswachstum beiträgt.

1 – 5 Lösungshilfen ab S. 178

M1

M2 An einem M-Pesa-Schalter in Nairobi, Kenia

M3
Eine Erfolgsgeschichte
Felista lebt in Nairobi, der Hauptstadt Kenias. Wie viele junge Leute ist sie zum Arbeiten in die Stadt gezogen. Dort verdient sie ihr Einkommen als Krankenschwester – weit weg von ihren Eltern, die 350 km entfernt im Landesinneren wohnen und von der Landwirtschaft leben. Als Felista erfährt, dass ihre Mutter erkrankt ist und die Behandlung im Krankenhaus nicht bezahlen kann, möchte Felista helfen. Da sie aber kein Bankkonto hat und es auch bei ihren Eltern keine Bankfiliale gibt, hätte Felista noch vor einigen Jahren einem Busfahrer das Geld für ihre Eltern mitgeben müssen. Das hätte lange gedauert und wäre auch nicht sicher gewesen. Stattdessen nutzt sie heute M-Pesa und schickt ihren Eltern das Geld über eine SMS direkt auf deren Handy. Damit kann ihre Mutter die Behandlung und Medizin bezahlen.

Lösungen
s4h85n

M4 **Wie M-Pesa funktioniert**

Wer M-Pesa benutzen möchte, benötigt nur sein Handy, und das besitzt fast jeder Kenianer. Bei einem der 140 000 M-Pesa-Agenten (das ist meist ein Betreiber eines Kiosks oder einer Tankstelle) kann man für niedrige Gebühren Geld auf sein Handy aufladen oder abheben. Anschließend kann man das Handy wie eine Geldbörse oder ein Bankkonto benutzen. Wenn man Geld senden möchte, erstellt das Telefon einen sogenannten Quick-Code, der die Anfrage über die Server des Betreibers überträgt. Auf Knopfdruck wird das Geld gesendet. Dies macht M-Pesa zu einem schnellen, einfachen Hilfsmittel für Ein- und Auszahlungen.

M5 **Start-up M-Kopa Solar**

Ohne Digitalisierung säßen viele kenianische Familien auf dem Land noch heute im Dunkeln. Doch mithilfe einer rund 190 Euro teuren Solaranlage kann Strom auch in entlegene Dörfer gebracht werden – und damit Licht und Energie für elektrische Geräte. Die Firma M-Kopa hat allein in Kenia und Uganda bereits mehr als 650 000 Solaranlagen verkauft. Für die kenianische Firma ist das erst der Anfang einer Geschäftsbeziehung mit Privatpersonen und kleinen Unternehmen. Die Idee: Die Solaranlage lässt sich jederzeit erweitern, z. B. um einen Kühlschrank oder Computer mit Strom zu versorgen. Das eigentliche Produkt der Firma sind Mikrokredite: Die niedrigen Raten für die Rückzahlung werden mit dem Handy gezahlt. Keine Bank ist nötig, bei der man sich einen Kredit besorgen müsste. An jeder der kleinen Solaranlagen befindet sich ein kleiner Kasten. Darin sitzt ein Telefonchip, der den Stromfluss steuert. Über ihn kann die Elektrizität abgeschaltet werden, falls ein Kunde einmal nicht zahlen kann. Über den Chip wird auch die Ratenzahlung abgewickelt: Die rund 40 Cent gehen täglich vom Telefonguthaben des Kunden ab. So zahlt man seinen täglichen Stromverbrauch mit seinem Handyguthaben.

Elektrostation, betrieben von einer Solaranlage

T1 **Digitalisierung in Afrika**

Kenia hat den am schnellsten wachsenden Handy-Markt der Welt. 97 Prozent aller 51,4 Millionen Kenianer besitzen ein Handy. Es ist vielfältig einsetzbar und für die Menschen alltäglich geworden. Mit Handys kann man zwar auch telefonieren, doch darüber hinaus haben sie besonderen wirtschaftlichen Einfluss. Eine Untersuchung an der Universität London hat ergeben, dass zehn Prozent mehr Handys für die Gesamtbevölkerung das Wachstum in Entwicklungsländern um 0,6 Prozent steigern. Woran liegt das?

Insbesondere kleine Unternehmen in Afrika nutzen die Vorteile des Mobilfunks: So sind Handwerker auch unterwegs erreichbar und können schneller planen. Speditionen können flexibel auf Angebot und Nachfrage reagieren. Landwirte können sich nun über Marktpreise informieren und auf diese Weise ihren Betrieb viel effektiver als zuvor organisieren. Und so kommt es, dass sich in Kenia innerhalb kürzester Zeit alle großen Unternehmen auf den neuen Service eingestellt haben. Strom und Wasserrechnungen lassen sich per Handy bezahlen, ebenso der Einkauf in den meisten Supermärkten, Eintrittskarten, Flugtickets und Schulgebühren.

Und das soll noch nicht alles sein: Kenia setzt voll auf die Digitalisierung. Das Zentrum der afrikanischen IT-Szene ist Nairobi, auch „Silicon Savannah“ genannt. Dort sitzen zahlreiche afrikanische Technologie-Unternehmen und Start-ups mit tollen Ideen.

Digitalisierung
verstärkte Nutzung von Computern in allen Bereichen des Lebens

4

Australien und Ozeanien

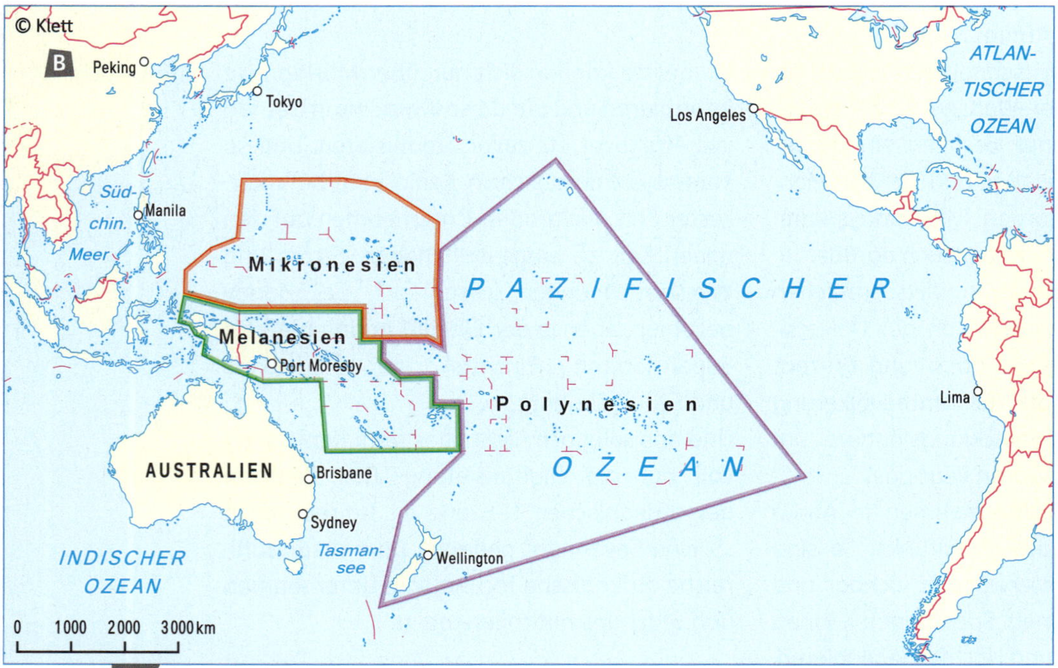

M1 A: Auslegerboot vor der Küste von Kioa (Inselstaat Fidschi) B: Gliederung Ozeaniens C: Sydney, größte Stadt Australiens D: Neuseeland

Australien, Neuseeland und Ozeanien liegen aus unserer Sicht „am anderen Ende der Welt“. Unsere Vorstellungen vom kleinsten Kontinent und den Inselstaaten im Pazifik stammen oft nur aus der Tourismuswerbung. Andere Kulturen, schöne Koralleninseln und traumhafte Strände? Diese Vorstellungen sind nicht falsch, aber unvollständig. Welche Kenntnisse hast du über Australien und Ozeanien gesammelt? Erfahre noch mehr ...

Das kannst du bald:

- dich in Australien orientieren
- ein Thema mithilfe eines WebQuests erarbeiten
- Australiens besonderen Naturraum beschreiben
- die Zusammensetzung und Verteilung der Bevölkerung in Australien erläutern
- die australische Wirtschaft analysieren
- die ozeanische Inselwelt beschreiben und ihre Entstehung erklären
- das Bild vom „Paradies Südsee“ kritisch beurteilen

TERRA
ORIENTIERUNG

M1 Parlament in Canberra

M3 Aborigine stellt den Uluru-Nationalpark vor.

M2 Uluru mit Spinifexgras

M4 Koalas auf einem Eukalyptusbaum

Aborigines / Aboriginal People indigene Bevölkerung Australiens. Die Aborigines haben Australien bereits vor der Eroberung durch die Europäer besiedelt.

→ Seite 93

Australien und Ozeanien

Australien, das Land „down under", ist der einzige Staat, der (fast) einen ganzen Kontinent umfasst. Mit 7,7 Millionen km² gehört Australien zu den flächengrößten Staaten der Erde, aber nur 26 Millionen Menschen leben dort.

„down under" verbreitete Bezeichnung für Australien, weil es südlich des Äquators liegt

← **Karte Ozeanien** Seite 88

T1 Ein einzigartiger Kontinent

Australien ist der flachste, gebirgs- und flussärmste Kontinent der Erde. Hier leben Tiere, die nirgendwo sonst auf der Welt vorkommen: Beuteltiere wie Kängurus, Koalas oder Wombats, dazu Emus und sogar eierlegende Säugetiere wie Schnabeltier oder Ameisenigel. Einzigartig ist auch die Pflanzenwelt: Da gibt es z. B. Grasbäume und Flaschenbäume. Der Eukalyptus ist mit mehr als 700 verschiedenen Arten der australische Charakterbaum schlechthin – vom kleinen Busch bis zum Baumriesen. Der Karri-Eukalyptus Südwestaustraliens gehört mit bis zu 100 m zu den höchsten Bäumen der Erde.

T2 Was versteht man unter Ozeanien?

Der Begriff **Ozeanien** bezeichnet die Inselwelt des Pazifischen Ozeans nördlich und östlich von Australien und wird meist diesem Kontinent zugerechnet. Das Gebiet wird untergliedert in Polynesien, Mikronesien und Melanesien. Zu Polynesien wird auch Neuseeland gezählt.
In Ozeanien gibt es neben Neuseeland 14 weitere eigenständige Staaten. Zwölf Gebiete gehören zu einem anderen Land wie den USA oder Frankreich. Diese 27 Staatsgebiete verteilen sich auf ungefähr 7 500 Inseln, davon sind etwa 2 100 bewohnt. 16,5 Millionen Menschen leben dort. Zusammen mit Australien bildet Ozeanien die Großregion „Australien und Ozeanien".

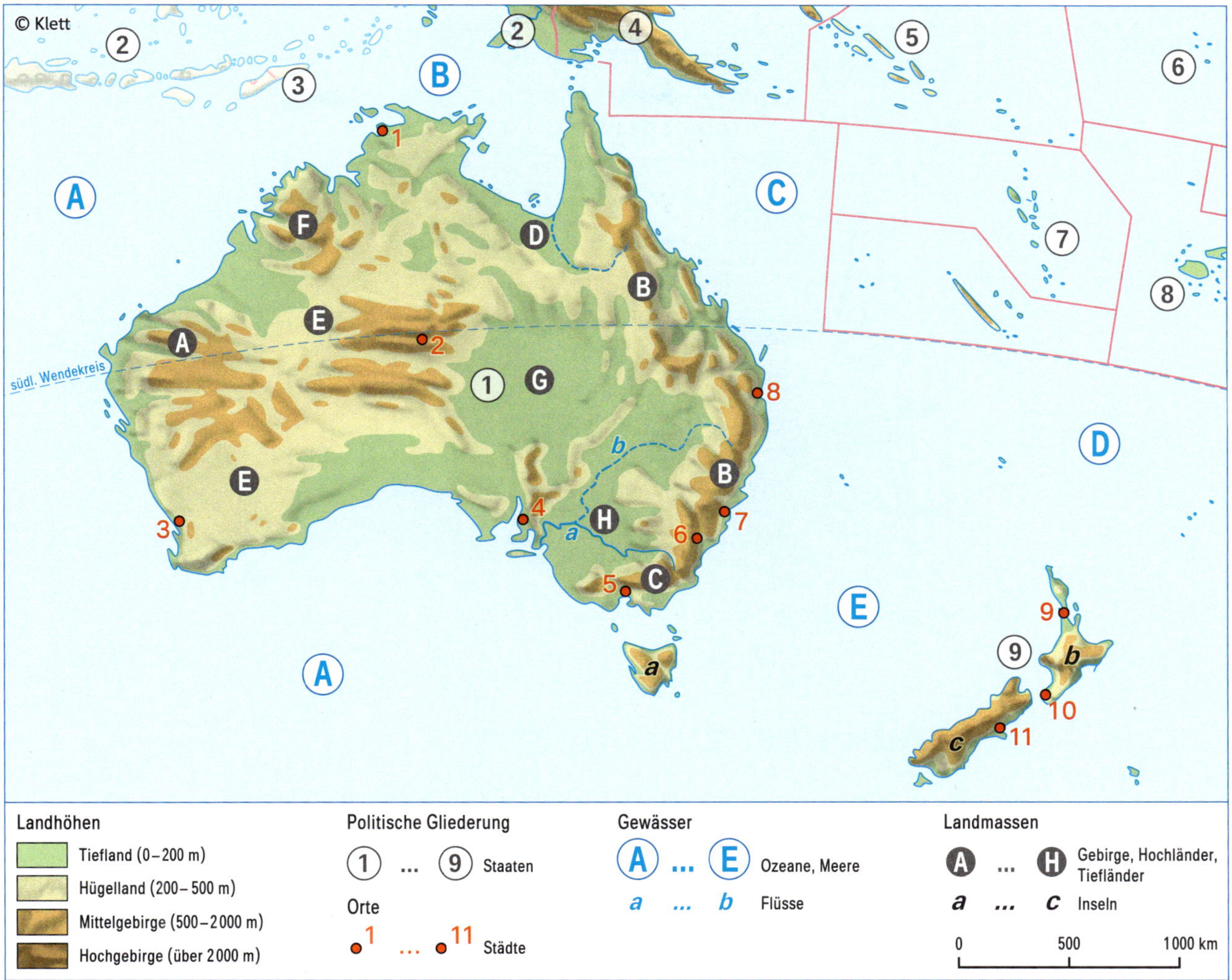

M5 Lernkarte Australien und Neuseeland

1 Arbeite mit Karte M5 und dem Kartenanhang oder dem Atlas: Benenne
a) die Ozeane und Meere **A – E**,
b) die Flüsse **a** und **b**,
c) die Gebirge, Hochländer und Tiefländer **A – H**,
d) die Insel **a**,
e) die Staaten **1 – 9**
f) die Städte **1 – 11**. Unterstreiche die beiden Hauptstädte.

2 Notiere Besonderheiten Australiens (M1 – M4, T1).

SP **3** Ergänze folgende Sätze:
a) An der Ostküste Australiens liegen die Städte …
b) Die größte Insel Australiens heißt … und befindet sich …
c) Die einzige größere Stadt im Landesinneren ist …
d) Die Gebirgskette der Great Dividing Range liegt …
e) Die Hauptstadt Neuseelands heißt … und ist … gelegen.

MK **4** Arbeite mit dem Atlas: Lege eine Tabelle an und trage zu jeder Region in Ozeanien einige Inselgruppen und Inseln ein (Karte S. 88, M1 B).

Polynesien	Mikronesien	Melanesien
…	…	…

MK **5** Drei Tage und Nächte dauert die Fahrt mit dem „Indian-Pacific" von Perth nach Sydney. Ein Teil der Fahrt verläuft 478 km völlig geradeaus. Dies ist die längste geradlinige Eisenbahnstrecke der Welt.
a) Recherchiere die Strecke im Internet.
b) Berechne die Streckenlänge (M5).
c) Nenne die Naturlandschaften, durch die die Fahrt verläuft (M5 und Karte M5 auf S. 97).

TERRA
METHODE

M1 „Informationsflut" im Internet

Ein WebQuest durchführen

Im Internet gibt es eine riesige, kaum überschaubare Menge an Informationen. Eine Methode, die helfen kann, gezielte Informationen zu einem Thema aus dem Internet zu beschaffen, ist das WebQuest.

WebQuest bedeutet frei übersetzt „Spurensuche im Internet".

1. Schritt: Die Aufgabenstellung verstehen

Die vorgegebene Aufgabenstellung ist das zentrale Element eines WebQuests. Sie gliedert das Thema in mehrere Teilaspekte, die du mithilfe von ausgewählten Internetseiten bearbeiten sollst.

2. Schritt: Im Internet recherchieren

Wenn man ein Stichwort in einer Suchmaschine eingibt, so erhält man Hunderte von Einträgen. Damit du eine gezielte und zeitlich überschaubare Recherche zur Bearbeitung der Aufgabe vornehmen kannst, schlägt ein WebQuest besonders geeignete, ausgewählte Online-Links vor. Das erleichtert die Suche, denn bei freier Recherche stehen nicht immer die besten Websites oben, sondern häufig angeklickte Seiten und Anzeigen.

3. Schritt: Informationen auswerten und darstellen

Um die Aufgaben zu bearbeiten, ist es wichtig, dass du die Informationen der Internetseiten auf zentrale Aspekte reduzierst, übersichtlich gliederst und die Antworten mit eigenen Worten formulierst.

4. Schritt: Das Ergebnis präsentieren

Stelle nach der Recherche dein Ergebnis vor. Diesen Schritt könnt ihr auch in der Gruppe erledigen. Wichtig ist, dass die Präsentation eine überschaubare Menge an Informationen enthält und ihr diese mit eigenen Worten vortragt. Zusätzlich zu euren Texten könnt ihr ausgewählte Bilder oder Diagramme zur Veranschaulichung verwenden. Beantwortet nach der Präsentation die Fragen der Zuhörer/innen und bittet sie um Rückmeldungen.

Linktipps: Aboriginal People
bn665k

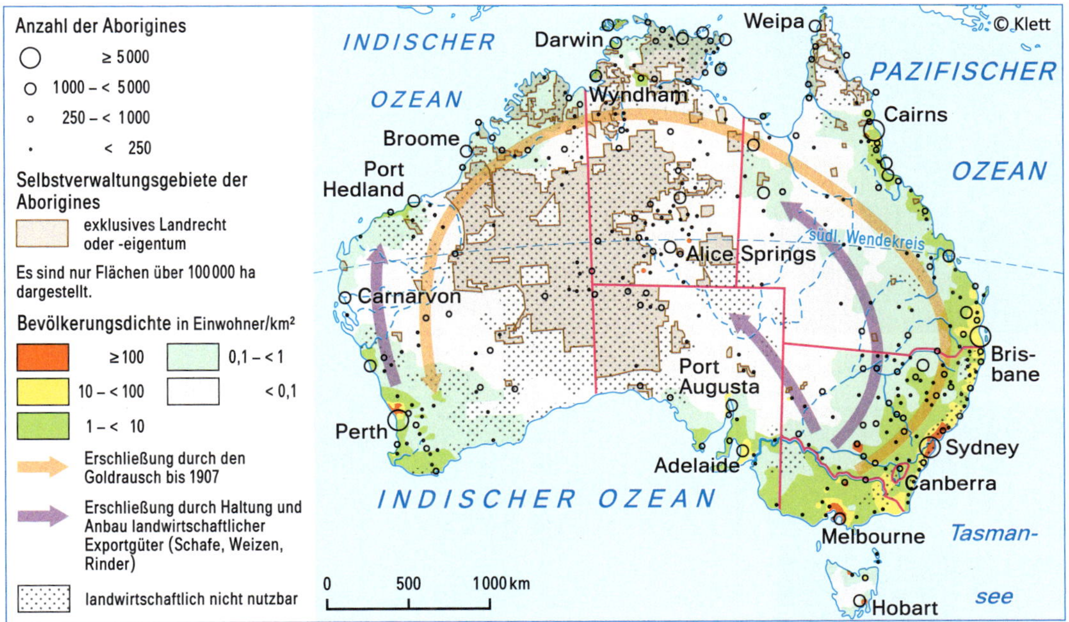

M2 Siedlungsgebiete der Aborigines

M4 **Flagge der Aboriginal People**
Bedeutung der Farben:
Rot = Mutter Erde oder vergossenes Blut der Ureinwohner;
Gelb = Sonne;
Schwarz = Traumzeit oder Hautfarbe der Ureinwohner oder Nachthimmel

T1 WebQuest zu den Aboriginal People

In diesem WebQuest beschäftigst du dich mit den **Aboriginal People** in Australien. Der TERRA-Code auf dieser Seite gibt dir zahlreiche Online-Links für deine Recherche vor. Du setzt dich mit der Herkunft, Kultur, Lebensweise und den Problemen der Ureinwohner Australiens auseinander. Außerdem lernst du eine bekannte Aboriginie kennen.

M3 **Aborigines oder Aboriginal People?**

Beide Bezeichnungen begegnen dir in Texten und Materialien zu den Ureinwohnern Australiens. Aber welchen Begriff sollte man verwenden? **Aborigines** wird im Englischen oft als abwertend verstanden, man sagt stattdessen **Aboriginal People** oder einfach Aboriginal. Im Deutschen gilt Aborigine nicht als abwertend, daher findet man in deutschen Texten beide Bezeichnungen.

MK **1** Führe das WebQuest zum Thema „Aboriginal People“ durch. Verwende zur Bearbeitung der Aufgaben den oben angegebenen TERRA-Code.
a) Erkläre den Unterschied zwischen den Begriffen „Aborigine“ und „Aboriginal“ (M3, Internet).
b) Stelle dar, wann und wie die ersten Ureinwohner vermutlich nach Australien kamen.
c) Beschreibe, wie diese früher lebten.
d) Erläutere, was mit den Aboriginal People geschah, als Fremde nach Australien kamen.
e) Erläutere die Lage der Siedlungsgebiete der Aborigines heute (Karte M2).
f) Berichte über die Kunst und Musik der Aborigines.
g) Informiere dich über die Religion und die Rituale der Ureinwohner Australiens.
h) Betrachte ein Video zu den Aboriginals und notiere Wichtiges zu deren aktueller Lebensweise (z. B. Probleme und Lösungen).
i) Berichte über Cathy Freeman.

2 Bilde mit anderen eine Gruppe von 2–4 Schüler/innen. Stellt eure Ergebnisse in einer Präsentation vor. Es stehen folgende Präsentationsmöglichkeiten zur Auswahl:
- Lernplakat
- Collage
- Tafelbild
- Computer-Präsentation (z. B. PowerPoint)
- Lapbook
- Flyer
- ...

M1 Melbourne

M2 Im Inneren Australiens, dem „Outback“

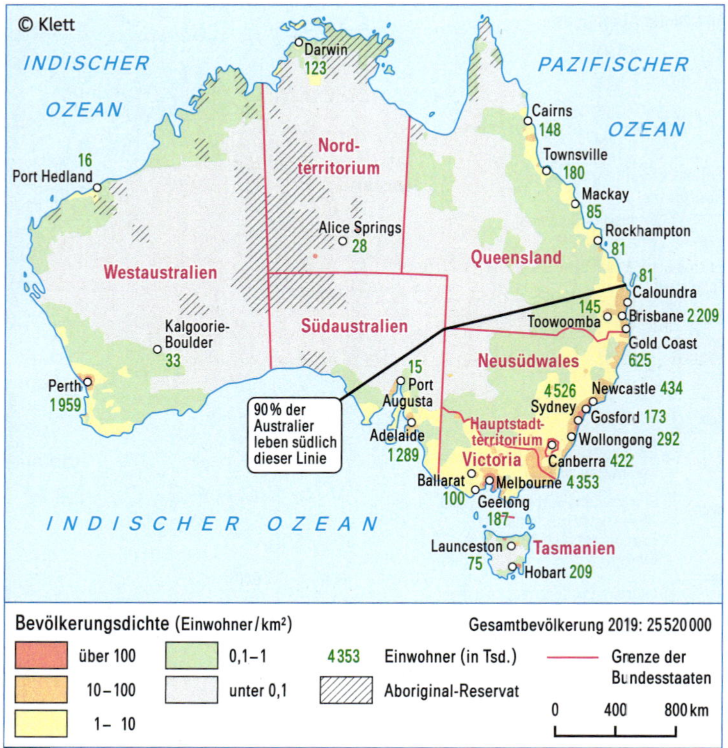

M4 Bevölkerungsverteilung in Australien

Australiens Bevölkerung

In Australien gibt es lebendige Millionenstädte mit moderner Skyline, aber auch fast menschenleere Landschaften von scheinbar unendlicher Weite. Die Einwohner Australiens stammen aus aller Welt.

Bevölkerungsgruppen	Anteile
Aborigines	1%
Briten und Iren	75%
andere Europäer	19%
Asiaten	5%
andere	1%

M3 Zusammensetzung der Bevölkerung in Australien nach Herkunft

T1 Ein multikulturelles Land

Australiens Bevölkerung ist **multikulturell.** Dies geht zurück auf die Kolonialgeschichte. Außerdem ist Australien bis heute ein Einwanderungsland. Ungefähr 1,3 Millionen Australier/innen haben z.B. deutsche Vorfahren, die meisten kommen aber aus dem Vereinigten Königreich (Großbritannien). Insgesamt stammen die Einwanderer aus weit über 100 Staaten. Annähernd ein Viertel der Bürger/innen des Landes ist nicht in Australien geboren.

Das Zusammenleben der knapp 26 Millionen Menschen so verschiedener Herkunft funktioniert überwiegend gut. Drei Gründe bzw. Ansprüche sind dafür wichtig:

- Allen Australiern steht das Recht zu, ihre Religion und Sprache beizubehalten und fortzuführen.
- Alle eingewanderten Australier haben gleiche Chancen und werden gleichbehandelt.
- Alle Australier können ihre Qualifikationen und Fähigkeiten unabhängig von ihrer Herkunft einbringen. Nur Englischkenntnisse werden vorausgesetzt.

Manchmal klafft zwischen Anspruch und Wirklichkeit jedoch eine Lücke. Bis heute müssen besonders die Aboriginal People gegen Rassismus, Benachteiligung und für ihre Landrechte im Staat kämpfen.

M5 **Nachricht aus Australien**

Hi,
My name is Sarah and I live in the middle of Australia on a sheep farm with my family. Actually, I'm only there during my vacations. What a pity! I love spending time on the farm, I love riding Flash (my own horse) or playing with our dogs. I also enjoy our barbecues, we eat our own meat! (Actually, we have to, the next supermarket is 80 miles away). My favourite is stuffed lamb flags.
The only thing I really miss is my friends. Our next neighbours live eight miles away and believe me – there's no road connecting us, only a dirt track.
Sometimes my parents are sad because me and my brother leave for school and they have to stay on the farm just with my little brother. And they are worried because our farm is so far from medical assistance – the next hospital is about 40 miles away and there isn't even a doctor there. But once a month the Flying Doctors come over there.

	Stadt	Einwohnerzahl
1	Sydney	4910000
2	Melbourne	4890000
3	Brisbane	2430000
4	Perth	2050000
5	Adelaide	1340000

M6 Die fünf größten Städte in Australien (2019)

T2 Küsten besiedelt, das Landesinnere leer

Die Aborigines leben vermutlich seit mindestens 50000 Jahren auf dem Kontinent. Sie waren schon da, als im 18. Jahrhundert die Europäer kamen. Die Einwanderungsgeschichte begann mit der machtvollen Kolonialisierung durch das Königreich Großbritannien. Die ersten Siedlungen waren Sträflingskolonien in den neuen Hafenstädten. Diese Städte an den Küsten bildeten gleichzeitig die Verwaltungszentren und wuchsen rasch. Sie sind bis heute Anlaufpunkte für neue Einwanderer und die wirtschaftlichen Zentren des Landes. Rund 86 Prozent der Australier leben in Städten, vor allem an der Südostküste und im Raum Perth an der Westküste. An den Küsten ist das Klima ausgeglichener, es ist nicht so heiß und es fallen mehr Niederschläge als im Landesinneren, dem **Outback.**

Im Outback regnet es durchschnittlich nur an 16 Tagen im Jahr. Große Gebiete sind wüstenartig und nahezu unbesiedelt. In Regionen mit dünnem Grasbewuchs und niedrigen Büschen betreiben Farmer **extensive Weidewirtschaft.** Dort gibt es die größten Schaf- und Rinderfarmen der Welt, eine ist mit etwa 27000 km² größer als das Bundesland Sachsen. Viele Farmen liegen so weit von anderen Siedlungen entfernt, dass das Flugzeug als alltägliches Verkehrsmittel dient. Ein landesweit ausgebautes Straßennetz existiert dort nicht.

← **Siedlungsgebiete der Aborigines** Seite 93, Karte M2

extensive Weidewirtschaft Landwirtschaftsform, bei der auf großen Flächen viele Tiere ohne Ställe und mit wenig Aufwand gehalten werden

1 Begründe, warum man Australien als multikulturelles Land bezeichnen kann (T1, M3).

MK **2** Bevölkerungsverteilung
a) Beschreibe mithilfe von Karte M4 die Bevölkerungsverteilung.
b) Erstelle eine Kartenskizze zur Bevölkerungsverteilung (M4, Atlas; zur Methode: S. 166).
c) Trage in die Kartenskizze die Hauptsiedlungsgebiete und die Millionenstädte ein (M4, M6, Atlas).
SP d) Erläutere:
- die Anzahl, Größe und Lage der Millionenstädte,
- die Größe und Lage der am dünnsten besiedelten Gebiete.

e) Begründe diese Verteilung (T2).

3 Zähle Vorteile und Nachteile auf, die sich für die Menschen in den entlegenen Gebieten Australiens ergeben können (T2, M5).

MK **4** Arbeite mit M4 und dem Atlas: Vergleiche die Bevölkerungsverteilung in Australien mit der in Deutschland.

M1 A: Känguru, B: Schnabeltier, C: Termitenhügel, D: Grasbaum

Der Naturraum Australiens

Der größte Teil von Australiens Naturraum ist durch Trockenheit geprägt. Ursache ist die Lage am südlichen Wendekreis, wo trockenes Passatklima herrscht. Nur die Küstengebiete – mit Ausnahme des Westens – erhalten ausreichende Niederschläge für gutes Pflanzenwachstum.

← **Passatklima** Seite 31

← **einzigartiger Kontinent** Seite 90

→ **Erderwärmung bzw. Klimawandel** Seite 112

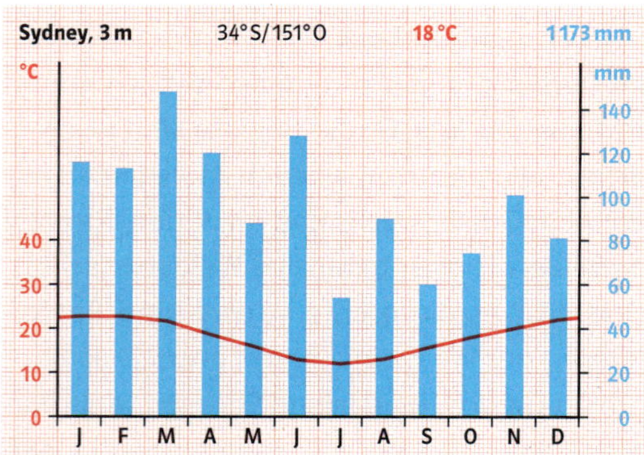

M2

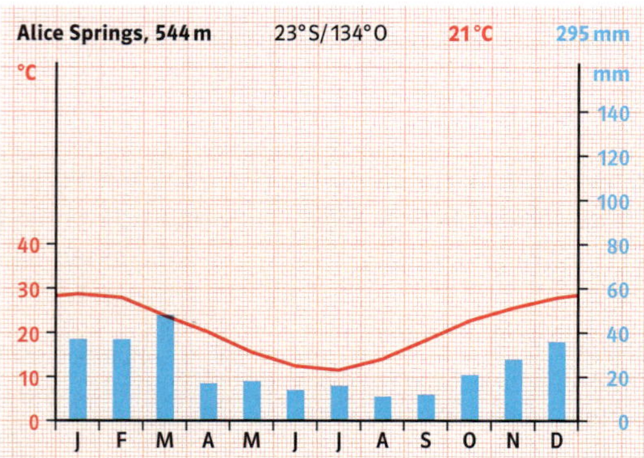

M3

T1 **Besondere Tier- und Pflanzenwelt**

Die Einzigartigkeit der australischen Flora und Fauna ist auf die lange erdgeschichtliche Isolation des Kontinents zurückzuführen. Seit etwa 140 Millionen Jahren konnten sich hier Pflanzen und Tiere völlig unbeeinflusst entwickeln und an die besonderen Bedingungen anpassen. Vor allem prägen die große Weite und Trockenheit im Inneren des Kontinents Australiens Naturraum.

Seit der Einwanderung der Europäer ist die Natur aber in großer Gefahr. Raubbau an Wäldern sowie eingeführte und verwilderte Tiere wie Ziegen oder Kaninchen zerstören die natürliche Vegetation. Neue Siedlungen, Straßen und Wirtschaftsflächen schränken die Lebensräume für Pflanzen und Tiere zunehmend ein. Und auch die Erderwärmung mit immer größerer Trockenheit und Brandgefahr bedroht die ursprüngliche Natur.

M4

Artesischer Brunnen

Material: zwei Kunststofftrichter, Nagel, Kunststoffwanne, Wasserschlauch von ca. 80 cm Länge, zwei Stative mit Trichterhalterungen, kleine Gießkanne, Wasser

Durchführung: Montiert die Trichterhalterungen an die Stative und setzt die Trichter ein. Zieht die Schlauchenden über die Trichterenden. Bohrt dann den Nagel in der Mitte des Schlauches durch die Schlauchwand. Füllt Wasser mit der Gießkanne in die Trichter ein und zieht den Nagel heraus. Beobachtet den Weg des Wassers.

M5 Landschaftskarte Australien

T2 Drei landschaftliche Großräume

Von der Westküste erstreckt sich das trockene westaustralische Tafelland bis in die Mitte des Kontinents. Es besteht aus verschieden hohen Ebenen und wird von wenigen Bergzügen bis 1 500 m Höhe überragt. Große Teile sind Wüste. Östlich schließt sich das Große Artesische Becken an. Es ist durch zahlreiche abflusslose Senken und Salzseen gekennzeichnet. Hier liegt das größte unterirdische Wasservorkommen der Erde. Wo es angebohrt wird, tritt sogenanntes artesisches Wasser zutage, weil es unterirdisch unter Druck steht. Das ostaustralische Bergland mit der Great Dividing Range parallel zur Ostküste bildet mit dem Mt. Kosciuszko (2 230 m) Australiens höchste Erhebung.

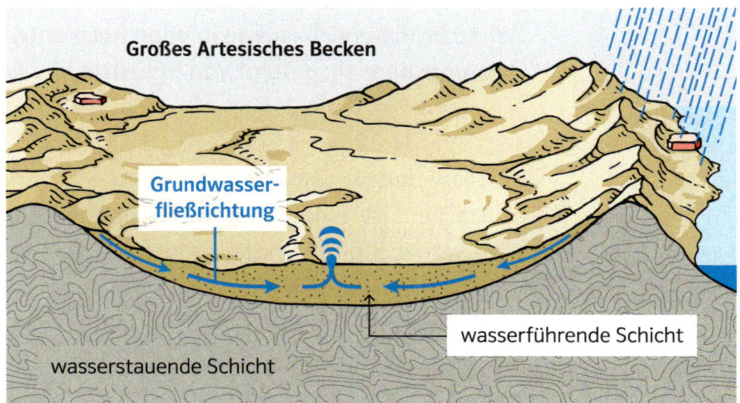

M6 Profil durch das Große Artesische Becken

1 Flora und Fauna Australiens:
a) Nenne Tier- und Pflanzenarten, die es nur in Australien gibt (M1 und S. 90: M2, M4, T1).
b) Begründe, warum sich dieses Leben dort so entwickeln konnte (T1).
c) Die Natur Australiens ist in Gefahr. Begründe diese Aussage (T1).

MK **2** Ermittle mithilfe der Karte auf S. 158/159, an welchen Klimazonen Australien Anteil hat.

3 Werte die Klimadiagramme M2 und M3 aus und ordne sie den Klimazonen zu (S. 158/159).

4 Nutze T2, M4–M6 und den Atlas:
a) Nenne die drei Großräume.
b) Nenne für jeden der Großräume die dort verbreitete Vegetation.
c) Führt Experiment M4 durch und erklärt „artesisches Wasser“ an M6.

MK **5** Informiere dich über den Klimawandel (Begriffslexikon S. 173) und recherchiere einige Folgen für Australien (S. 106/107, Internet).

M1 Sydney – bedeutende Handels- und Finanzmetropole

M2 Backpacker an der Küste von Queensland

Die Wirtschaft Australiens

Australien zählt zu den 20 größten Volkswirtschaften der Welt. Wichtigster Wirtschaftsbereich ist wie in allen hoch entwickelten Staaten der Dienstleistungsbereich, gefolgt von Industrie und Landwirtschaft.

T1 Dienstleistungen

Australien ist eine große Wirtschaftsnation und vergleichbar mit den Staaten in Europa und Nordamerika. Der Dienstleistungsbereich spielt in der Wirtschaft die führende Rolle. Er sorgt in Australien für rund 71 Prozent des **Bruttoinlandprodukts** (BIP) und stellt 78 Prozent der Arbeitsplätze. Das Zentrum der Handels- und Finanzdienstleister ist Sydney. Hier sind viele internationale Banken mit einem Hauptsitz vertreten und zahlreiche Wirtschaftskonzerne haben hier ihre Verwaltungen.

Ein wichtiger Arbeitgeber im Dienstleistungssektor in Australien ist auch der Tourismus. Über neun Millionen Touristen aus aller Welt, viele von ihnen junge Backpacker (M 2), besuchten Australien 2018 und sorgten für 3,3 Prozent Anteil am BIP.

Bruttoinlandsprodukt (BIP)
der Wert aller im Inland erzeugten Waren und Dienstleistungen eines Staates

T2 Bergbau und Industrie

Australien verfügt über reiche Rohstoffvorkommen, die noch dazu meist nah an der Erdoberfläche liegen. So können Kohle, Eisenerz, Gold und viele andere Rohstoffe überwiegend im kostengünstigen Tagebau abgebaut werden. Diese Rohstoffe sind wichtige Exportgüter. Sie werden hauptsächlich in die großen asiatischen Nachbarländer China, Japan und Indien geliefert. Australien kauft im Gegenzug Stahl und andere Industrieprodukte. Wegen der guten weltwirtschaftlichen Lage boomten der Bergbau und die Industrie jahrelang. Zuletzt gab es aber auch Rückschläge. Durch immer höhere Löhne stiegen die Produktionskosten in Australien. In der Folge haben z. B. ausländische Konzerne wie Holden, Toyota und Ford ihre australischen Automobilwerke geschlossen. Dadurch gingen viele Industriearbeitsplätze verloren.

Linktipp: Abbot Point – umstrittener Kohlehafen in Australien
bn665k

M3 Kohle-Exporthafen in Queensland

M5 Auf einer Schaffarm im Outback

Kaum zu glauben
Die Routen der Kohlefrachter an der Ostküste Australiens führen mitten durch das Great Barrier Reef, das größte Korallenriff der Erde und Weltnaturerbe.

→ Seite 121

Ein weiteres Problem: Australien baut seine Kohleförderung immer noch aus. Weltweit nimmt die Kritik daran zu, denn das Verbrennen fossiler Rohstoffe beschleunigt die Erderwärmung. Der Anteil von Bergbau und Industrie am BIP in Höhe von 26 Prozent (2018) wird daher in Zukunft vermutlich sinken.

Exportgüter		**Importgüter**	
Kohle	23,1 %	raffiniertes Erdöl	8,4 %
Eisenerz	19,4 %	Pkw	8,3 %
Erdgas	7,1 %	Rohöl	4,2 %
Gold	6,5 %	Lkw	3,3 %
Aluminiumoxid	2,7 %	Elektronikteile	3,0 %
Rindfleisch	1,6 %	Computer	2,6 %
Rohaluminium	1,3 %	Medikamente	2,2 %
Weizen	1,3 %	Gold	1,8 %
Wolle	1,2 %	medizinische Geräte	1,3 %

M4 Wichtigste Export- und Importgüter (2018)

T3 Landwirtschaft

Australiens Landwirtschaft steuert knapp drei Prozent zum BIP bei. Sie ist an die natürlichen Bedingungen angepasst. Ackerbau, Viehzucht und der Anbau von Sonderkulturen wie z.B. Wein können aufgrund der klimatischen Besonderheiten nur bedingt betrieben werden.
Trotzdem exportiert Australien ungefähr 80 Prozent aller landwirtschaftlichen Erzeugnisse. Viehhaltung mit extensiver Weidewirtschaft ist die hauptsächliche Wirtschaftsform der australischen Landwirte. Sie halten etwa 130 Millionen Schafe und 25 Millionen Rinder. So sind Rindfleisch und Schafwolle wichtige Exportgüter. Etwa 25 Prozent der weltweit verwendeten Wolle stammen aus Australien. Aber auch das Fleisch und die Häute der Schafe werden vermarktet.
Ackerbaugebiete liegen hauptsächlich im Osten und Südosten Australiens. Weizen und Zuckerrohr sind die wichtigsten Anbaupflanzen.

← **Klima in Australien** Seite 96

← **extensive Landwirtschaft** Seite 95

raffinieren
hier: Erdöl zu Treibstoff aufbereiten

MK **1** Stelle wichtige Merkmale der drei Wirtschaftsbereiche Australiens in Stichworten in einer Tabelle zusammen (T1–T3, M1–M3, M5).

Dienstleistungen	**Bergbau/ Industrie**	**Landwirtschaft**
…	…	…

2 Werte Tabelle M4 aus und ordne die Export- bzw. Importgüter den Wirtschaftsbereichen zu.

3 Begründe die Kritik an der Kohlepolitik Australiens (T2, M3, Kaum zu glauben).

MK **4** Schreibe aus T1–T3 die Anteile der drei Wirtschaftsbereiche an Australiens BIP heraus und stelle sie in einem Kreisdiagramm dar. Tipp: Nutze dazu ein digitales Programm wie Word oder Excel.

MK **5** Recherchiere zu den Auswirkungen des Kohleexports auf das Great Barrier Reef (TERRA-Code). Berichte.

Die ozeanische Inselwelt beschreiben und ihre Entstehung erklären

M1 Bora Bora in Französisch-Polynesien

M3

Korallenriff
Ein Riff besteht aus Korallenpolypen. Sie leben ortsfest im Meer, sondern Kalk ab und bauen so Korallenstöcke auf. Korallen brauchen für ihr Wachstum Wassertemperaturen über 20 °C und klares, sauerstoffhaltiges Wasser. Sie gedeihen nur bei reichlich Lichteinfall, am besten in einer Tiefe von 5–25 m.

Vulkaninseln und Koralleninseln

Die Inselwelt Polynesiens, Melanesiens und Mikronesiens besteht aus über 30 000 Inseln unterschiedlicher Größe. Die größten sind Neuguinea und Neuseeland. Je nach Gestalt und Entstehung lassen sich diese Inseln unterschiedlich einteilen.

→ Entstehung eines Korallenriffs Seite 121, T3

T1 Inseln verschiedenen Ursprungs

Ein Großteil der Inseln Ozeaniens sind Vulkaninseln (auch Hochinseln genannt). Sie ragen als Spitzen untermeerischer Vulkane steil aus dem Meer heraus und erreichen beachtliche Höhen. Oft wächst bis zum Gipfel Tropischer Regenwald. Um den vulkanischen Kern erstreckt sich eine fruchtbare Küstenebene.

Zum Meer hin schließt sich ein **Korallenriff** an. Darauf sind flache, aus Kalk aufgebaute Koralleninseln entstanden. Sie erheben sich nur wenige Meter über den Meeresspiegel und bilden meist ringförmige Barriereriffs. Zwischen Inselküste und Riff liegt der sogenannte Riffkanal mit flachem Wasser. Wenn der Vulkankern einer Insel im Laufe von Millionen Jahren verwittert, wird das Riff zu einem **Atoll** mit einer darin liegenden Lagune (M 2).

Neben den Inseln mit Vulkankern sind zahlreiche Inseln im Südpazifik auch reine Koralleninseln oder Flachinseln. Sie erreichen nur Höhen bis zu 30 m und sind bei Wirbelstürmen mit hohem Wellengang extrem gefährdet. Die Gefahr nimmt durch die Erderwärmung und den dadurch steigenden Meeresspiegel zu.

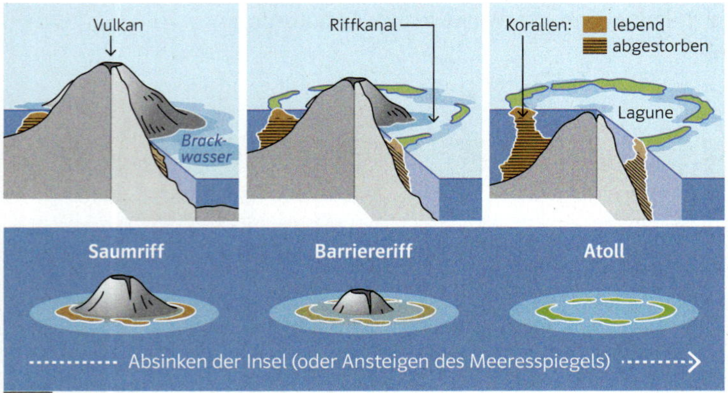

M2 Koralleninseln: Aufbau und Entwicklung

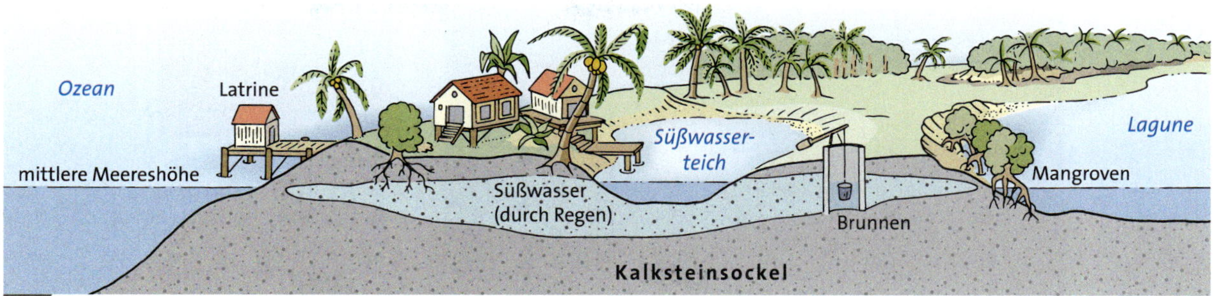

M4 Querschnitt durch eine Koralleninsel

M5 Strandhäuser auf Samoa

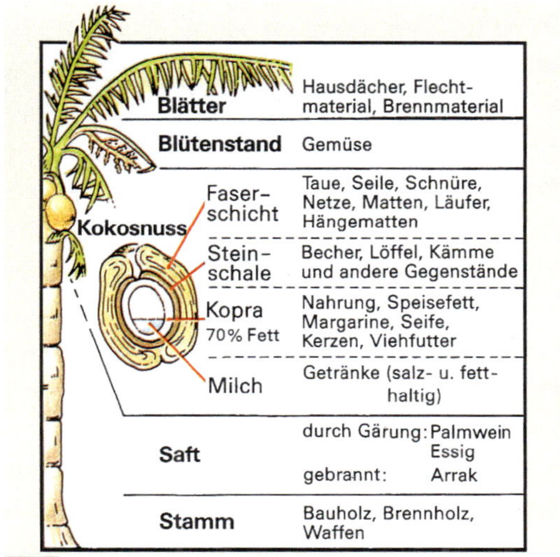

M6 Mehrfachnutzung der Kokospalme

T2 Leben in zerbrechlicher Natur

Koralleninseln sind durch Wassermangel sowie wenig fruchtbare Böden gekennzeichnet. Die begrenzten Möglichkeiten auf den meist kleinen Inseln zwingen die Inselbewohner, die Naturgüter umfassend zu nutzen, z.B. die Kokospalme. Daraus stellen sie traditionell ihre Häuser, viele Gebrauchsgegenstände sowie die Auslegerboote her. Dabei achten die Inselbewohner, wie auch beim Anbau von Nutzpflanzen oder beim Fischfang, auf einen schonenden Umgang mit der Natur, damit die eigenen Lebensgrundlagen erhalten bleiben. Als wichtigen Schutz gegen Erosion müssen sie die Mangroven und Korallenriffe erhalten.

Als einheimische Grundnahrungsmittel dienen Knollenfrüchte wie Taro, Yams und Batate. Besonders wichtig sind die von „Kopf bis Fuß" nutzbare Kokospalme, die Bananenstaude und der Brotfruchtbaum. Hinzu kommen Fische aus den Lagunen und dem Meer.
Auf größeren Inseln gibt es außerdem Plantagen, die Kakao, Kaffee und Kopra (das getrocknete Fruchtfleisch der Kokosnuss) für den Export erzeugen.

M7 Grundnahrungsmittel in der ozeanischen Inselwelt

← Auslegerboot Seite 88, Foto A

1 Beschreibe, wie Korallen durch ihre Lebensweise Inseln im Meer aufbauen können (M 3).

SP **2** Erkläre die Entstehung eines Barriereriffs und eines Atolls (T1, M1, M2). Nutze dazu die Fachbegriffe.

3 Begründe, warum Koralleninseln im Meer hoch gefährdet sind (T1).

4 Arbeite mit Zeichnung M 4 und T 2:
a) Beschreibe die Probleme der Raumnutzung auf Koralleninseln.
b) Nenne mögliche Maßnahmen zum Schutz dieser Inseln.

5 „Der Mensch könnte im Notfall allein mit der Kokospalme überleben." Begründe diese Aussage (M 6).

NE **6** Beurteile: Ist das traditionelle Leben in Ozeanien nachhaltig (T 2)?

MK **7** Grundnahrungsmittel in Ozeanien (M 7):
a) Recherchiere Informationen und Rezepte zu den drei Früchten.
SP b) Schreibe einen kleinen Lexikontext zu einer der Früchte.

Das Bild vom „Paradies Südsee" kritisch beurteilen

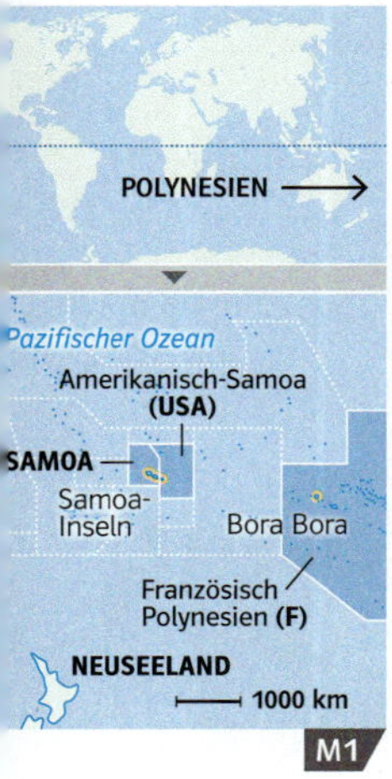

M1

M2 Touristen-Traum Samoa

Samoa
- Unabhängigkeit: 1962
- Staatsform: Parlamentarische Republik
- Amtssprache: Samoanisch, Englisch
- Hauptstadt: Apia
- Fläche: 2842 km² auf 10 Inseln
- Einwohnerzahl: 201 000 (2019)
- BIP (2019): 900 Mio. US-Dollar
- Erwerbstätige nach Bereichen: Landwirtschaft: 30,4 %, Industrie: 23,1 %, Dienstleistungen: 46,5 %

M3 Steckbrief von Samoa

Ozeanien – Paradies in der Südsee?

Häufig wird die Südsee in der Tourismuswerbung als nahezu unberührtes Naturparadies dargestellt. Doch dieses Bild ist allzu einseitig ...

← **Ozeanien** Seite 90, T2

T1 Zur Geschichte der Südsee-Inseln
Ozeaniens Geschichte in der Neuzeit ist wie bei vielen Regionen der Erde geprägt von der Kolonialisierung. Ab dem 16. Jahrhundert segelten immer mehr Schiffe der sogenannten „Entdecker" in den Südpazifik auf der Suche nach Land, Natur- und Bodenschätzen. Besonders ab dem 19. Jahrhundert versuchten die See-Großmächte Großbritannien, Frankreich, die Niederlande, das Deutsche Kaiserreich und die USA, möglichst viele Inseln als Kolonien in Besitz zu nehmen. Auf größeren Inseln entstanden Regierungsgebäude, Handelsniederlassungen und Häfen. Die Kolonialmächte ließen den Handel der Kolonien aber fast nur mit dem „Mutterland" zu. Missionare verbreiteten die christliche Religion, zum Teil gegen den Widerstand der Urbevölkerung. Diese übernahm aber auch kulturelle Gewohnheiten der Kolonisatoren und vermischte sie mit den eigenen. Es gab Beziehungen und Ehen zwischen Einheimischen und Europäern.

T2 Entwicklungen heute
Viel hat sich seitdem verändert. Seit Mitte des 20. Jahrhunderts sind die meisten Inseln unabhängig und zu eigenen Staaten geworden. Die ehemaligen Kolonialmächte, vor allem die USA, das Vereinigte Königreich (Großbritannien) und Frankreich, haben aber auch Inselgebiete als Überseebesitzungen behalten und dort nach wie vor großen Einfluss. Sie blieben die wichtigsten Handelspartner und unterhalten zum Teil Militärstützpunkte dort. Frankreich hat z. B. ab den 1960er-Jahren 30 Jahre lang das Mururoa-Atoll für Atombombentests missbraucht. Heute sind der Tourismus und der Export von Nahrungsgütern die Haupteinnahmequellen in Ozeanien. Industrie konnte sich wegen fehlender Rohstoffe und der Abgelegenheit nur sehr gering entwickeln. Aufgrund mangelnder Arbeitsplätze sind viele Inselbewohner im Ausland tätig, vor allem in Australien und Neuseeland. Ihre Löhne sind wichtig für die Familien auf den Heimatinseln.

M4 Landwirt auf Samoa, im Hintergrund Taro

M6 Kreuzfahrtschiff im Hafen von Pago Pago, Amerikanisch-Samoa

M5 **Samoa – wechselvolle Geschichte**

Von 1900 bis 1919 war der westliche Teil der Samoa-Inseln eine deutsche Kolonie, nachdem vorher auch schon die USA und Großbritannien dort geherrscht hatten. 1920 wurde Neuseeland die Kolonialmacht bis zur Unabhängigkeit Samoas im Jahr 1962. Einige kleinere Samoa-Inseln im Südwesten sind heute noch ein Außengebiet der USA (Amerikanisch-Samoa).
Seit dem Beginn der Unabhängigkeit versucht der kleine Inselstaat Samoa, seine Wirtschaft erfolgreich weiterzuentwickeln. Aber das ist schwierig. Ein Drittel aller Samoaner ist in der Fischerei oder in der Landwirtschaft beschäftigt, Landwirte meist auf Plantagen von Kokospalmen, Taro, Yams, Bananen, Kaffee und Kakao. Es gibt nur wenige Industriejobs in überwiegend kleinen Firmen, z. B. für Holzverarbeitung, zur Herstellung von Maschinenteilen oder für die Nahrungsmittelproduktion. Ohne Geld von ausgewanderten Familienmitgliedern oder Hilfen aus Entwicklungsprogrammen anderer Staaten ginge es vielen Samoanern wirtschaftlich schlecht. Große Hoffnungen ruhen daher auf der weiteren Entwicklung des Tourismus.

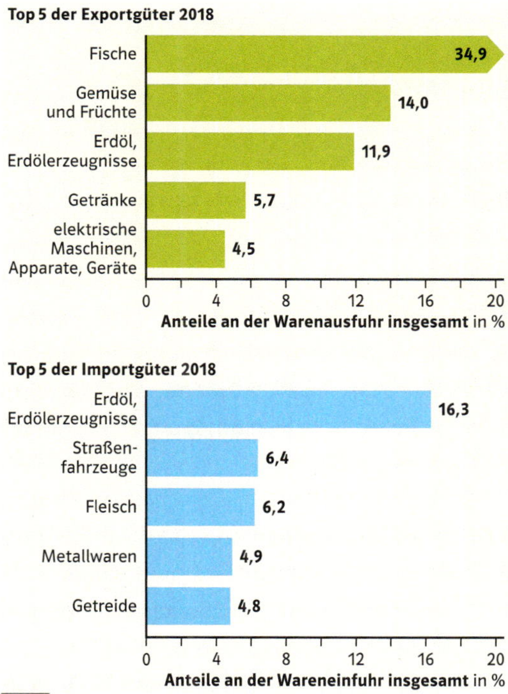

M7 Wichtigste Export- und Importgüter Samoas

1 Paradies Südsee?
a) Beschreibe Foto M 2.
b) Begründe damit die weit verbreitete Vorstellung von Ozeanien.

2 Fasse die Kolonialgeschichte und die heutige Lage auf den Südseeinseln zusammen (T 1, T 2).

MK **3** Der Inselstaat Samoa:
a) Beschreibe die Lage und Gliederung Samoas anhand von M 1, M 5 und einer geeigneten Atlaskarte.
b) Nenne wichtige Grunddaten zum Staat Samoa (M 3).
c) Beschreibe die Kolonialgeschichte von Samoa (M 5).
d) Beurteile die heutige wirtschaftliche Lage des Inselstaates (M 3, M 4, M 6, M 7).

MK **4** Recherchiere Tourismusangebote zu Samoa. Berichte.

TERRA **TRAINING**

Wichtige Begriffe
Aboriginal People/ Aborigines
Atoll
Bruttoinlandsprodukt (BIP)
extensive Weidewirtschaft
Korallenriff
multikulturell
Outback
Ozeanien

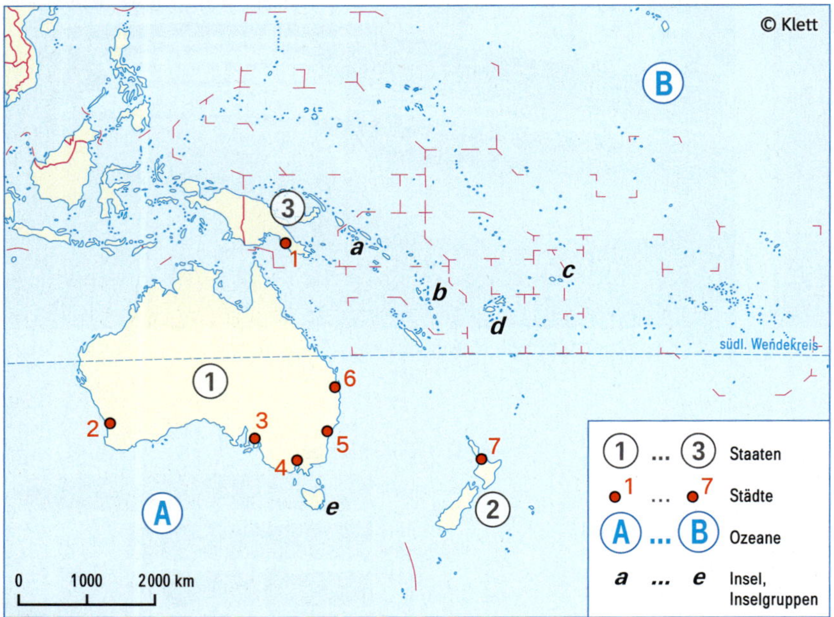

M1 Lernkarte Australien und Ozeanien

Sich orientieren

1 Lernkarte
Benenne mithilfe des Atlas die in Karte M1 eingetragenen Ozeane, Staaten, Inseln bzw. Inselgruppen und Städte.

Kennen und verstehen

2 Findest du die Begriffe?
a) Sammelbezeichnung für die Inselwelt des Pazifischen Ozeans
b) Form der Landwirtschaft, bei der auf großen Flächen Tiere ohne Ställe und mit geringem Aufwand im Freien gehalten werden
c) So heißen die Ureinwohner Australiens.
d) bekannte Tiergruppe, die es von Natur aus nur in Australien gibt
e) von Korallen aufgebaute Insel

3 Richtig oder falsch?
Verbessere die falschen Aussagen und schreibe alle richtig auf.
a) Australien ist der gebirgs- und flussärmste Kontinent der Erde.
b) Die Besiedlung Australiens durch die Europäer begann mit einer britischen Sträflingskolonie.
c) Neuseeland gehört zu Melanesien.
d) „Down under" ist die Bezeichnung für ein sehr rückständiges Land.
e) Mehr als ein Drittel der Fläche Australiens ist Wüste oder Halbwüste.
f) Die besonderen ringförmigen Inseln in der Südsee bestehen aus Vulkangestein.
g) Die Hauptausfuhrgüter der Inseln Ozeaniens sind Industriewaren.

4 Kultur der Aboriginal People
Schreibe zu jeder der Abbildungen aus M 2 einen Erklärungssatz, der den Bezug zu den Aborigines in Australien herstellt.

5 Welcher Begriff passt nicht?
Begründe jeweils deine Entscheidung.
a) Polynesien – Indonesien – Melanesien – Mikronesien
b) Emu – Tiger – Schnabeltier – Koala
c) Atlanta – Sydney – Perth – Melbourne
d) Große Sandwüste – Gobi – Große Victoriawüste – Großes Artesisches Becken
e) Taro – Batate – Yams – Banane

6 Australiens Wirtschaft
Die zwölf wichtigsten Exportgüter und Importgüter Australiens sind durcheinandergeraten. Ordne sie richtig in eine Tabelle ein.

Aluminiumoxid – Computer – Eisenerz – Elektronikteile – Erdgas – Gold – Kohle – Lkw – Pkw – raffiniertes Erdöl – Rindfleisch – Rohöl

Exportgüter	Importgüter
...	...

7 Korallenriffe
Welche Arten von Korallenriffen zeigen die Fotos M 3 und M6?

Arbeitsblatt: Selbsteinschätzung
bn665k

Üben interaktiv
bn665k

Lösungen
bn665k

M2 Aus der Kultur der Aboriginal People

M3 Lady Elliot Island im Pazifik, Queensland, Australien

M6 Bora Bora

Methoden anwenden

8 Ein Klimadiagramm auswerten

a) Werte das Klimadiagramm von Alice Springs aus (M 5).

b) Nenne die Vegetationszone, in der der Ort liegt (Seite 97 M 5, Atlas).

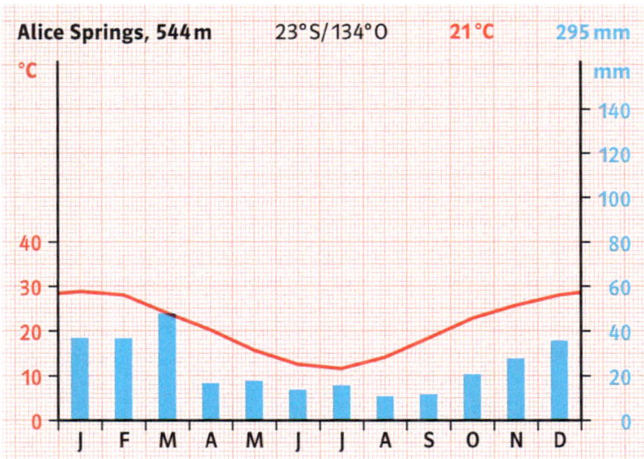

M5

9 Bevölkerungsanteile

Stelle die Bevölkerungsgruppen Australiens nach Herkunft in einem Kreisdiagramm dar (M 4).

- Aborigines 1 %
- Briten und Iren 74,6 %
- andere Europäer 19,3 %
- Asiaten 4,6 %
- andere 0,5 %

M4 Bevölkerungsgruppen in Australien nach Herkunft

Beurteilen und bewerten

10 Stellung der Aborigines in der Gesellschaft

„Viele Ureinwohner Australiens fühlen sich heute als Fremde im eigenen Land.“ Beurteile diese Aussage.

11 Paradies Südsee?

Kann man die Inselwelt Ozeaniens als „Paradies Südsee“ bezeichnen? Nimm Stellung zu dieser Frage.

TERRA EXTRA

Buschbrände in Australien

Buschbrände gibt es in Australien in jedem Jahr, das sind dort natürliche Ereignisse wie in allen heißen und trockenen Gebieten der Erde. Im australischen Sommer 2019/2020 wurden sie allerdings zu einer nationalen Katastrophe für die Pflanzenwelt, für Tiere und Menschen.

1 Beschreibe, warum große Buschbrände so gefährlich sind (M 3).

MK **2** Die Feuersaison 2019/2020 in Australien:
a) Nenne Gründe für die extremen Buschbrände (T 1).
b) Beschreibe das Ausmaß der Buschbrände (M 1).
c) Zähle die Folgen auf (T 2, M 2, M 3, M 5, TERRA-Code).

3 Nach dem Brand (M 4):
a) Stelle dar, was australische Wissenschaftler/innen infolge der Brandkatastrophe vorschlagen.
b) Erläutere die Reaktion der australischen Regierung.
c) Vergleiche die Expertenaussagen und die Reaktion der Regierung. Nimm Stellung.

○ 1, 2 ◒ 3 a, 3 b ● 3 c Lösungshilfen ab S. 178

meteorologische Lage 2019 in Australien:
- heißestes und trockenstes Jahr der Geschichte
- nur 277 mm Niederschlag, niedrigster Wert seit Beginn der Wetteraufzeichnungen
- elf Tage nacheinander über 40 °C – Rekord!
- Im Sommer lag die Temperatur 1,9 °C über dem Durchschnitt.

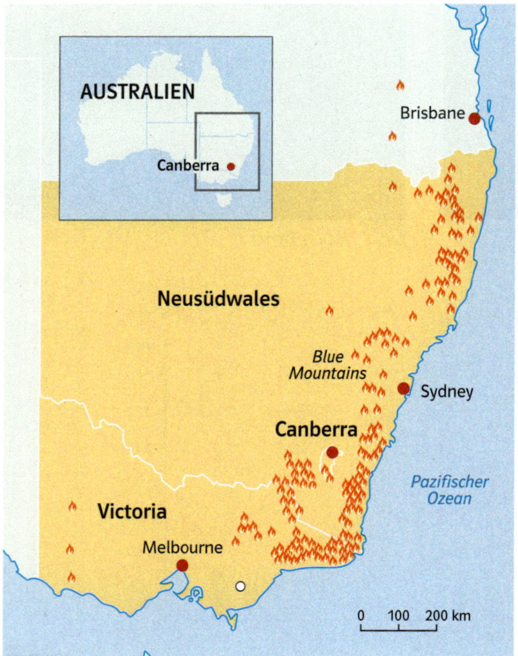

M1 Brandherde im Südosten Australiens 2020

M2 Australische Landschaft nach dem Brand

T1 Extreme Feuersaison

Schon im Juni 2019 zeichnete sich in Australien ab, dass die Buschbrandsaison 2019/2020 besonders verheerend ausfallen würde. Noch nie wurden so früh im Jahr so viele und große Brände gezählt. Normalerweise beginnt die Brandsaison erst im Hochsommer ab Dezember. Extreme Hitze- und Trockenperioden schon in den Jahren davor hatten aber die Vegetation landesweit extrem ausgedörrt. Das betraf sogar Regenwälder im Norden und Sumpfgebiete, die normalerweise nicht brennen. Hunderte von Einzelbränden breiteten sich rasch aus, besonders im stark besiedelten Südosten Australiens, einem Gebiet, das normalerweise nicht so stark betroffen ist.

Feuerstürme
Viele Großbrände entwickeln sich zu sogenannten Feuerstürmen. Die heiße Luft über dem Brandherd steigt durch die große Hitze so schnell auf, dass der Sog am Boden viel Frischluft anzieht. Dadurch facht sich das Feuer selbst weiter an. Aus Baumwipfeln schlagen Flammen dann bis zu 50 m hoch. Die Hitze ist so groß, dass Feuerwehren nicht mehr aus der Nähe löschen können.

M3 Ein riesiger Buschbrand-Feuersturm bedroht eine Siedlung in Australien.

T2 Verheerende Bilanz

Feuerwehren gerieten an ihre Grenzen. Auch mit der Unterstützung von Hilfskräften aus anderen Ländern konnten sie die Flammen kaum aufhalten. Insgesamt standen rund 126 000 km² in Flammen – etwa ein Drittel der Fläche von Deutschland. Erst im Januar 2020 halfen Regenfälle in Teilen des Landes bei den Löschversuchen.

Fast 500 Menschen starben direkt oder indirekt an Rauchvergiftung durch die Brände. 5900 Gebäude brannten ab. Nach Schätzungen kamen über eine Milliarde Tiere um. 20 Prozent des australischen Waldes gingen verloren.

M5 **Koalas – vom Aussterben bedroht**

Koalas leben in den Wipfeln von Eukalyptusbäumen. Das bedeutet bei großen Buschbränden fast den sicheren Tod, denn sie müssen nicht trinken, bewegen sich nur langsam und scheuen daher die Flucht auf den Boden. Naturschützer/innen versuchten, so viele Koalas wie möglich zu retten. Die meisten von ihnen waren an den Pfoten und an der Schnauze durch Brandwunden schwer verletzt, weil sie erst heruntergeklettert waren, als die Feuer ihre Bäume am Boden bereits erreicht hatten. Die Tierkliniken waren im Großeinsatz. Für Tausende Tiere kam aber jede Hilfe zu spät, sodass der WWF (World Wildlife Fund) sogar das Aussterben der Koalas in einigen Teilen Australiens befürchtet.

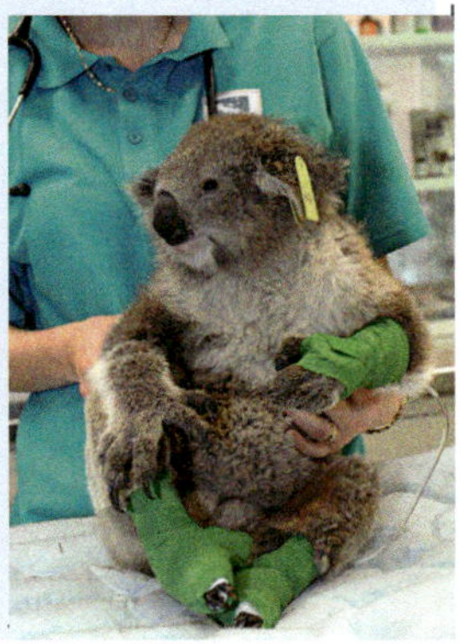

M4 **Nach der Brandkatastrophe**

Im Februar 2020 riefen 250 australische Wissenschaftler/innen öffentlich dazu auf, das Klima mehr zu schützen, denn die zunehmenden extremen Wetterereignisse hätten eindeutig mit der Erderwärmung zu tun. Dazu müsse dringend der Ausstoß von Treibhausgasen verringert werden, die für die Klimaerwärmung verantwortlich sind. Australien müsse dafür ein Vorreiter werden. Unter anderem schlugen sie vor, die erneuerbaren Energien aus Wind, Wasserkraft oder Solartechnik auszubauen und mit ihrer Hilfe Wasserstoff herzustellen. Damit könne das Land auf Strom aus der Kohleverbrennung verzichten. Australien könnte aber weiterhin z. B. Aluminium und Stahl aus seinen Rohstoffen Bauxit und Eisenerz produzieren.

Doch bisher ändert die australische Regierung ihre Klimapolitik nur zögerlich. Sie erkennt zwar an, dass die Erderwärmung menschengemacht ist, will aber die Kohlevorräte des Landes trotzdem weiter fördern. Mit der Adani-Mine in Queensland wird ein neuer Kohle-Tagebau erschlossen. Die Regierung hat Angst vor zu großen Arbeitsplatzverlusten, denn auch der Tourismus in Australien leidet unter den Folgen der Brände und zudem unter den Auswirkungen der Corona-Pandemie. Gleichzeitig setzen sich aber auch in Australien vor allem Jugendliche für eine andere Klimapolitik ein.

5

In den Polargebieten

M1 A: Forschungseisbrecher Polarstern im Nordpolarmeer B: In der Antarktis

Die Gebiete um die Pole der Erde im Norden und Süden sind kalt. Doch es gibt wichtige Unterschiede zwischen Arktis und Antarktis. Auf den Fotos dieser Seite ist ein Unterschied zu sehen. Worin besteht er?

Lerne weitere Unterschiede kennen. Entdecke Interessantes über das Leben in den Polargebieten. Folge den Wissenschaftlern und erfahre, weshalb es äußerst wichtig ist, die Polargebiete zu schützen.

Das kannst du bald:

- die Unterschiede zwischen Arktis und Antarktis benennen
- die Lebens- und Forschungsbedingungen in den Polargebieten beschreiben
- die Gefahren eines weltweiten Temperaturanstiegs für die Polargebiete und die Erde benennen

Die natürlichen Unterschiede zwischen den Polargebieten nennen

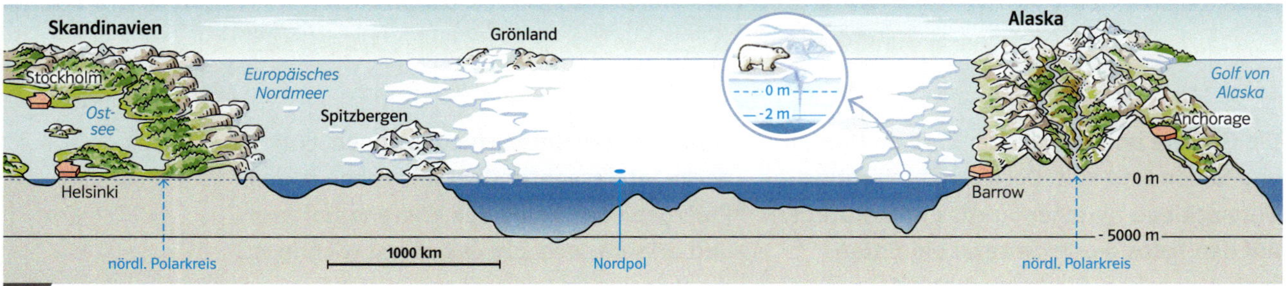

M1 Profil durch die Arktis

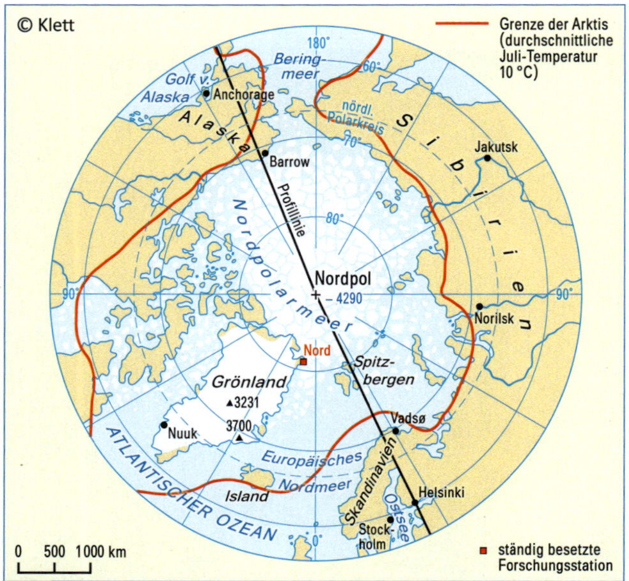

M2 Die Arktis

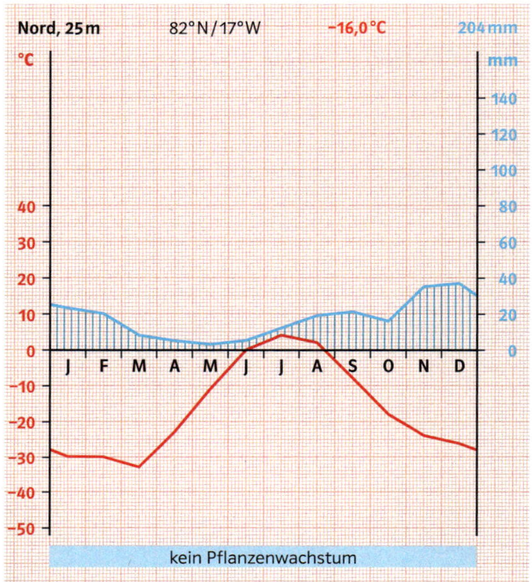

M3 Klimadiagramm Station Nord

Im Eis von Arktis und Antarktis

Polargebiete sind kalt und eisbedeckt, doch es gibt auch Unterschiede.

T1 Ein Meer, von Kontinenten umgeben

Das Nordpolarmeer und Teile von Asien, Europa und Nordamerika bilden die Arktis. Über die Hälfte der Arktis besteht aus Meer. Es gefriert trotz extremer Temperaturen selbst im Winter nicht vollständig. Nur um den Nordpol bildet sich eine bis zu 3 m dicke Eisschicht.

Das gefrorene Salzwasser heißt **Meereis**. Durch Strömungen, Winde und aufsteigendes Tiefenwasser zerbricht es häufig zu einzelnen Eisschollen – dem sogenannten **Treibeis**. Vom Festland gleiten Gletscher ins Meer, von denen **Eisberge** abbrechen.

T2 Das Leben in der Arktis

Die Durchschnittstemperatur liegt selten über 0 °C. Wo Eis und Schnee kurzzeitig wegtauen, entstehen Moose und Flechten, selten auch Gräser. Kleinstlebewesen und Algen im kalten Meerwasser bilden die Nahrungsgrundlage für viele Fischarten, Robben und Wale. Eisbären sind an die Kälte hervorragend angepasst, sie stehen am Ende der Nahrungskette. Auch Menschen haben sich an die Kälte angepasst, z. B. die Inuit. Früher lebten sie von der Jagd, heute kaufen sie vor allem importierte Lebensmittel im Supermarkt ein.

Audio: Mit dem Segelschiff durchs Eis
86t56t

Audio: Entdecker in der Antarktis
86t56t

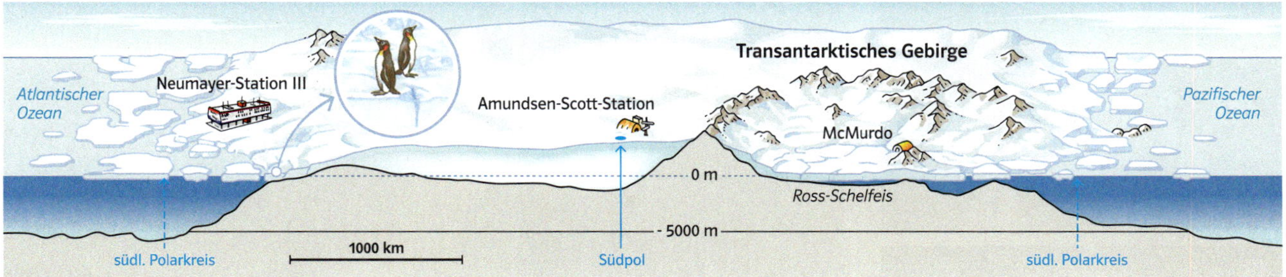

M4 Profil durch die Antarktis

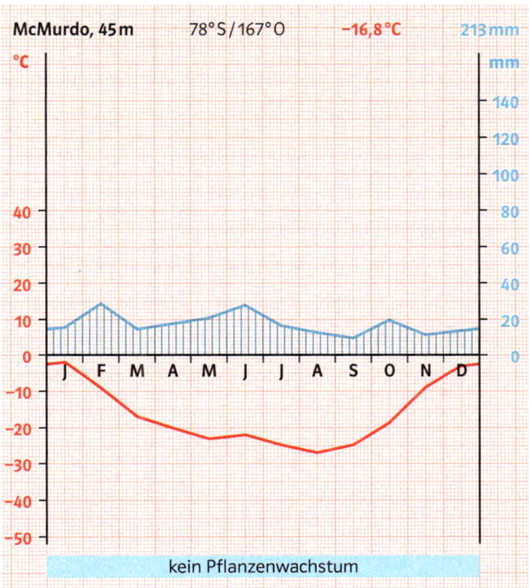

M5 Klimadiagramm von McMurdo

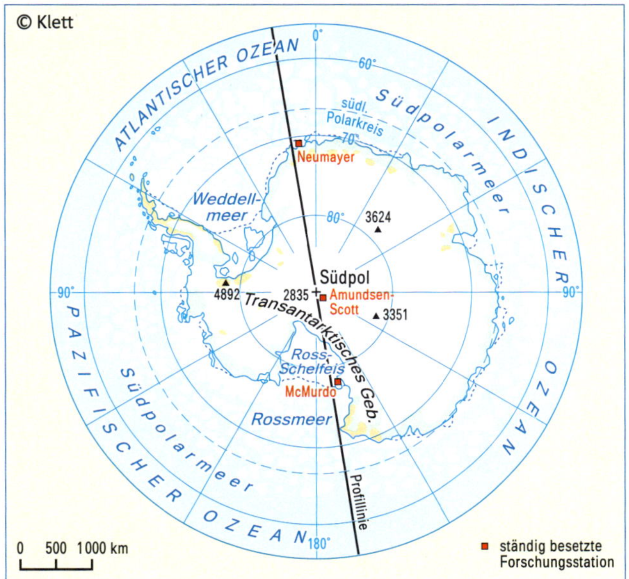

M6 Die Antarktis

T3 Ein Kontinent, von Meeren umgeben

Nur zwei Prozent des kältesten Kontinents sind eisfrei. Bis zu 4 km dicke Eismassen bilden das mächtige **Inlandeis**. In Gletschern fließt das Eis an die Küste, wo es weit über den Kontinentrand hinaus als **Schelfeis** auf dem Wasser aufliegt. Am Rand brechen immer wieder riesige Eisberge ab. Die Antarktis gehört keinem Staat. Ein Vertrag von 1961 regelt, dass sie wissenschaftlichen Forschungen und friedlichen Nutzungen vorbehalten ist.

T4 Das Leben in der Antarktis

In der Antarktis gibt es keine Siedlungen. Nur auf ca. 80 Forschungsstationen halten sich zeitweise Menschen auf. Keine Tiere und Pflanzen leben in der Antarktis dauerhaft an Land. Auf den kleinen eisfreien Flächen kommen nur Moose vor. Pinguine, Seeleoparden und Robben verbringen einen Teil ihrer Zeit auf dem Festlandeis, sonst leben sie im Wasser. Hier gibt es viele Fischarten, die auf das Leben im eiskalten Wasser spezialisiert sind.

→ **Antarktisvertrag** Seite 116

1 Jede/r Lernpartner/in bearbeitet ein Thema:
A Arktis (M 1 – M 3, T 1 und T 2),
B Antarktis (M 4 – M 6, T 3 und T 4).
a) Wertet die Materialien aus. Vervollständigt eure Spalte der Tabelle.
b) Tauscht euch aus und ergänzt jeweils die zweite Spalte.
c) Begründet, weshalb die wärmsten Monate in der Arktis die kältesten Monate in der Antarktis sind.

	Arktis	Antarktis
Profil		
größte Höhe/Ort		
Höhe des Pols		
Jahresniederschlag (mm)		
Jahrestemperatur (°C)		
wärmster Monat		
kältester Monat		
Jahresschwankung (K)		
Eissituation		
Leben		

M1 Meereisausdehnung in der Arktis im Sommer 1980 (A) und 2012 (B)

M3 Bedrohter Lebensraum der Eisbären

Dünnes Eis in den Polargebieten?

Weiß und eisig kalt – das sind die Polargebiete in unserer Vorstellung. Doch das scheinbar ewige Eis schmilzt. Das hat starke Auswirkungen auf die Polargebiete.

Jahr	Ausdehnung in Mio. km^2
1980	7971339
1990	6744934
2000	7122697
2010	5689396
2020	5025131

M2 Meereisausdehnung in der Arktis im August

T1 Das Wetter spielt verrückt

Das kennst du bestimmt auch: Der Wetterdienst berichtet, dass der zurückliegende Monat zu trocken war. Schon im zeitigen Frühjahr wird von Waldbrandgefahr gesprochen, weil es zu wenig oder gar nicht geregnet hat. Die Temperaturen steigen weltweit immer schneller. Von den 16 wärmsten Jahren liegen 15 nach dem Jahr 2000. Die Ursache liegt im globalen **Klimawandel.**
Wissenschaftler/innen sind davon überzeugt, dass der Mensch dazu entscheidend beiträgt. Dieser Klimawandel hat auch Auswirkungen auf die Polargebiete.

T2 In der Arktis – das Eis schmilzt

In der Arktis spürt man die Folgen des Klimawandels schneller als irgendwo sonst auf der Welt. Man kann die Veränderungen mit bloßem Auge sehen. Dort, wo Forscher früher mit Skiern unterwegs waren, fahren sie heute Boot. Das arktische Meereis ging um die Hälfte zurück. Im Sommer sind immer größere Flächen eisfrei. Dadurch sind Eisbären in ihrer Existenz bedroht, weil sie auf den Eisflächen nach Robben jagen. Nur dort sind sie ihrer Beute überlegen.

T3 Wettlauf um die Arktis

Forscher/innen vermuten, dass sie die letzten sind, die eine eisbedeckte Arktis erleben können. Währenddessen werden die wirtschaftlichen Interessen der Staaten geweckt, die Anteil an der Arktis haben. Sie erhoffen sich einen leichteren Zugang zu Bodenschätzen wie Erdöl und Erdgas, die in großen Mengen in der Arktis vermutet werden. Doch gerade die Verbrennung dieser Rohstoffe trägt zum Klimawandel bei, weil dabei Schadstoffe ausgestoßen werden.
Wenn das arktische Eis schmilzt, ist auch der Weg für die Schifffahrt frei. Neue, wesentlich kürzere Handelsrouten zwischen Europa und Ostasien würden Zeit und viel Geld sparen.

→ Forschungsstation in der Antarktis Seite 117

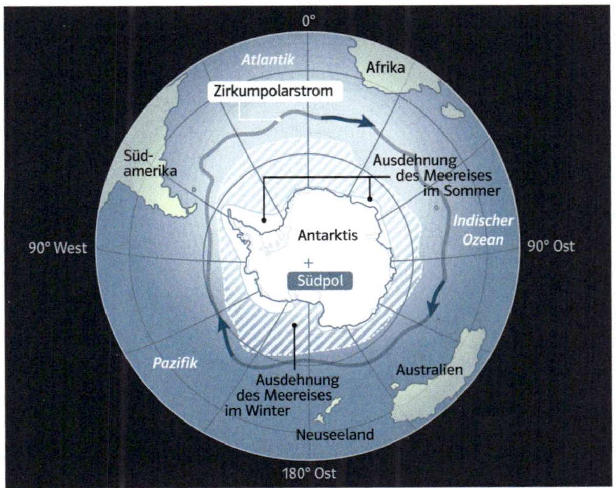

M4 Kalte Meeresströmung in der Antarktis (Zirkumpolarstrom)

M6 Pinguine auf dem antarktischen Festland

T4 **Forschungsbericht aus der Antarktis**

Die durchschnittlichen Temperaturen in der Antarktis haben sich seit den 1980er-Jahren insgesamt kaum verändert. Die Folgen der globalen Erwärmung machen sich bisher in der Antarktis nicht so stark bemerkbar wie in der Arktis. Grund dafür sind eine Luftströmung und eine kalte Meeresströmung, die den Kontinent umgeben. Doch es gibt Unterschiede: Im östlichen Teil des Kontinents wurde es kälter. Dort ist das Inlandeis gewachsen. In der West-Antarktis verzeichneten Forscher/innen im Februar 2020 einen Hitzerekord von über 20 °C. Hier schmilzt das Eis. Insgesamt verliert die Antarktis seit 2009 jährlich etwa 250 Milliarden Tonnen Eis. Dadurch steigt der Meeresspiegel. Wenn die Inlandeisschmelze der Antarktis zehn Prozent erreicht, so würde der Meeresspiegel um etwa 6 m ansteigen. Das hätte auch Auswirkungen auf Europa.

M5

Die Wirkung der Eisschmelze ermitteln

Hilfsmittel: große Eiswürfel, Wasser, zwei Bechergläser, Plastikfolie, Gummi, Schere

Vorbereitung: Lege fünf Eiswürfel in Glas A. Gieße in beide Gläser 150 ml Wasser. Befestige auf dem Glas B die Folie mit dem Gummi und schneide Löcher hinein.

Durchführung: Lege fünf Eiswürfel auf die Folie von Glas B. Lies die Wasserstände ab, wenn das Eis geschmolzen ist.
Tipp: Nutze eine Rotlichtlampe für den Schmelzprozess.

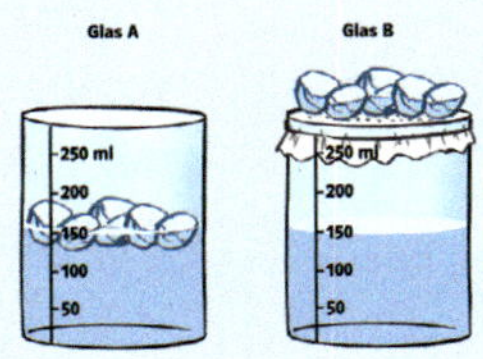

Auswertung: Vergleiche die Messwerte und schlussfolgere, welche Bedeutung die Eisschmelze in der Arktis und Antarktis jeweils für das Leben der Menschen auf der Erde hat.

1 Beschreibe, wie sich der globale Klimawandel zeigt (T1).

2 Folgen des Klimawandels:
a) Benenne die Gefahren des Klimawandels für die Arktis und Antarktis (M1, M2, T2, T4).
b) Errechne, um wie viel Millionen km² die Meereisausdehnung in der Arktis bis zum Jahr 2020 zurückging (T2, M2).

MK **3** Atlasarbeit:
a) Nenne die fünf arktischen Polarstaaten.
b) Erkläre, weshalb es zum Wettlauf um die Arktis kommt (T3).

4 Führe das Experiment M5 durch und werte es aus.

NE **5** Bedrohter Lebensraum:
a) Begründe, weshalb die Begrenzung der Erderwärmung für das Überleben der Eisbären in der Arktis dringend notwendig ist (T2).
b) Was kannst du selbst für den Klimaschutz tun?

MK **6** Recherchiere zum Zirkumpolarstrom (M4) und erstelle einen Steckbrief.

○ 1, 2a, 3a ◒ 2b, 3b–5a, 6 ● 5b Lösungshilfen ab S. 178

TERRA **EXTRA**

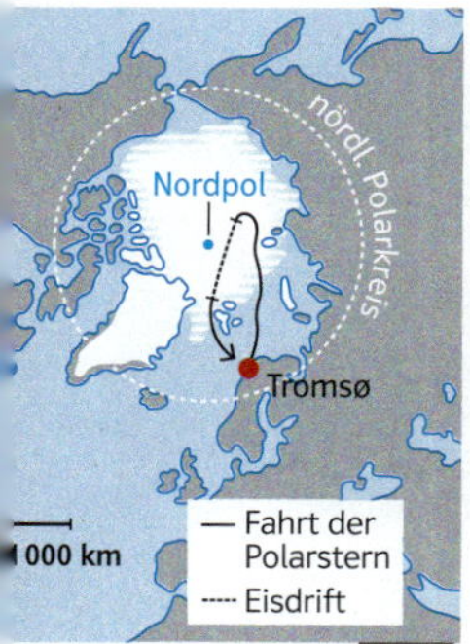

M1

M2 Arktis-Expedition „MOSAiC“

Gefangen im Eis der Arktis

Wettlauf gegen die Zeit: Der Klimawandel verändert die Arktis schneller als jeden anderen Ort der Welt. Was ist dort los? Wissenschaftlerinnen und Wissenschaftler setzen sich Gefahren aus, um der Antwort auf die Spur zu kommen.

Steckbrief der „Polarstern“
Eisbrecher
Besitzer: Bundesrepublik Deutschland
Länge: 118 m
Breite: 25 m
Gewicht: 17 000 t
Tiefgang: 11 m

Professor Markus Rex ist zufrieden. Der Saal vor ihm ist gut gefüllt. „Das Thema Klimawandel interessiert viele“, denkt der Leiter der Jahrhundert-Expedition „MOSAiC“. Und dann startet er seinen Vortrag über die bevorstehende Forschungsreise in die Arktis, deren Gelingen der ganzen Menschheit nutzen könnte. „Ziel unserer internationalen Expedition ist es, den Einfluss der Arktis auf das weltweite Klima zu verstehen“, erklärt Professor Rex. Die Arktis gilt als Wetterküche. Am Äquator nimmt die Erde Wärme auf. An den kalten Polen gibt sie die Wärme wieder ab. Doch wegen der Erderwärmung verändert sich dieser Austausch. Die Folge sind extreme Wetterereignisse wie Starkregen, Überschwemmungen, Hitze, Trockenheit oder Stürme. Sie bedrohen uns immer häufiger. Der Klimawandel muss gestoppt werden.

„Damit wir die Veränderungen besser verstehen, wird unser Forschungsschiff ‚Polarstern‘ ein Jahr durch die Arktis driften, gefangen im arktischen Eis“, sagt Professor Rex. „Auf einer riesigen Eisscholle entsteht ein Forschungscamp. An zahlreichen Stellen werden Wissenschaftler aus 20 Ländern den Ozean, das Eis, die Lufthülle der Erde und das arktische Leben untersuchen. Sie vergleichen ihre Daten und tauschen sie aus. Diese Zusammenarbeit ist bisher einmalig und aus meiner Sicht die einzige Chance, das weltweite Problem zu lösen“, bekräftigt der Professor. Das Publikum applaudiert zustimmend.

driften
auf dem Wasser treiben

Vier Monate später ist die Expedition in vollem Gang. Das Forschungsschiff treibt über den Arktischen Ozean, festgefroren an einer 2,5 mal 3,5 km großen Eisscholle. Die Schiffsschraube steht, nur ein kleiner Hilfsmotor läuft und versorgt die Besatzung mit Strom und Wärme. Um die Polarstern herum ist das Forschungscamp mit Forschungszelten, Messtürmen, Tankstellen und Unterwasserrobotern entstanden. Strom- und Datenleitungen durchziehen das Camp.

Die Wissenschaftler arbeiten nach einem engen Zeitplan. Sie gönnen sich keine Ruhepausen.

Lösungen 86t56t

Audio: Gefangen im Eis der Arktis 86t56t

M3 Forschungscamp im Eis der Arktis

Im Dezember herrscht Polarnacht, also ewige Dunkelheit. Die Besatzung ist völlig isoliert vom Rest der Welt, denn weder Eisbrecher noch Helikopter können das Camp in dieser Zeit erreichen.

Expeditionsleiter Rex steht auf der Brücke der Polarstern und hält Wache. Im Licht der Scheinwerfer, die die eisige Wildnis beleuchten, sind Forscher unterwegs. Plötzlich greift er zum Funkgerät: „Eisbären auf acht Uhr, alle zurück zum Schiff!“ Draußen fegt ein Sturm über die Scholle. Bei Windstärken von 50 km/h sind es gefühlte −50 °C, die die Forschungsarbeit besonders schwer machen. Alles dauert viel länger. Doch jetzt muss es schnell gehen. Die Eisbären könnten den Forschern den Weg zum Schiff abschneiden. Eilig starten sie die Schneemobile. Doch Jeffs Mobil sagt keinen Ton. Noch ein Versuch und noch einer. Die Bärin kommt näher. Für sie ist ein Mensch nichts anderes als Nahrung. Noch ein Versuch. Endlich das erlösende Brummen des Motors. Jeff gibt Gas und jagt davon. Ihm rasen zwei andere Expeditionsteilnehmer entgegen, die Blitzknallkörper aus Signalpistolen abfeuern. Als sie detonieren, sprintet die Bärin mit ihrem Jungen davon. Erleichterung bei Professor Rex auf der Brücke – niemand ist verletzt.

Wenn die Expedition zu Ende ist, wird die Eisbärenaktion für ein Schmunzeln sorgen. Dann liegen auch die Forschungsergebnisse vor. Professor Rex hofft, daraus konkrete Handlungsanweisungen zur Eindämmung der weltweiten Erwärmung erarbeiten zu können.

Vor dem Lesen

1 Betrachte die Bilder und lies die Überschrift. Was erwartest du?

Während des Lesens

2 Welche Inhalte sind für dich besonders interessant oder auch unklar? Notiere die Zeilenzahl, verwende ein Extrablatt.

Nach dem Lesen

3 Prüfe, ob sich deine Erwartungen erfüllt haben.

4 Diskutiere mit deinen Mitschüler/innen, was für euch unklar oder besonders interessant war.

MK **5** Recherchiere die Forschungsergebnisse der Expedition „MOSAiC“. Leite eigene Verhaltensregeln zum Klimaschutz ab.

MK **6** Der Reisebericht des Polarforschers Fridtjof Nansen (1861 – 1930) war Vorbild bei der Expeditionsplanung. Recherchiere über den Forscher und seine Verdienste und erstelle ein Lernplakat.

Lösungshilfen ab S. 178

TERRA **EXTRA**

Unterwegs in der Antarktis

Ein ständiges Leben in der Antarktis ist unmöglich. Trotzdem lockt der kalte Kontinent Forscher und Touristen aus aller Welt an. Warum?

1 Gib den Antarktisvertrag mit deinen Worten wieder (M 3).

2 Tourismus in der Antarktis
a) Werte M 1, M 2 und M 4 aus.
b) Erläutere an Beispielen, wie Polartourismus die empfindliche Natur in den Polargebieten schädigen kann.

3 Die Forschungsstation Neumayer III ist speziell an die Bedingungen der Antarktis angepasst. Erläutere diese Aussage mithilfe von M 5 und M 6.

4 Forschung in der Antarktis
a) Beschreibe die Forschungsbedingungen auf der Forschungsstation Neumayer III (M 6).
b) Nenne mindestens sechs Forschungsaufgaben.

○1, 4 ◒2, 3 Lösungshilfen ab S. 178

Jahr	Touristen
1992	6700
1998	9900
2007	46000
2017	52000
2018	56000

M1 Entwicklung des Antarktis-Tourismus

M2 Fototermin in der Antarktis

M3 **Internationaler Antarktisvertrag**

Seit 1961 gilt der Antarktisvertrag, der eine friedliche und rein wissenschaftliche Nutzung der Antarktis regelt. Er wurde von 54 Staaten der Erde unterzeichnet. Der Vertrag beinhaltet den Verzicht auf Gebietsansprüche, jeglichen Rohstoffabbau und die militärische Nutzung. Er sieht eine Nutzung für die Forschung und den Austausch der Forschungsergebnisse vor. Besonders wichtige Themen der Forschung sind der globale Klimawandel und ein steigender Nutzungsdruck auf die Antarktis durch den Tourismus.

M4 **Wenn Tourismus zur Belastung wird**

Die meisten Touristen besuchen die Polarregionen in den Sommermonaten. Doch in dieser Zeit ist das Ökosystem besonders empfindlich, da Tiere diese kurze Zeit benötigen, um sich fortzupflanzen. Jede Ruhestörung kann sich auf die Tiere negativ auswirken. Wenn sich z. B. Touristen brütenden Vögeln nähern, geraten diese in Stress und verlassen kurzzeitig ihr Gelege. Raubmöwen haben dann leichtes Spiel, um die Eier aus dem Nest zu stehlen.
In Arktis und Antarktis wachsen lediglich Moose, Flechten, Algen und Pilze. Auch sie nutzen die kurze Vegetationszeit des Sommers. Da sie jedoch nur sehr langsam wachsen und sich verbreiten können, reagieren sie sehr empfindlich auf menschliche Eingriffe. Die Unachtsamkeit von Touristen führt häufig zur Zerstörung der empfindlichen Natur. Ein einfacher Fußabdruck kann über 100 Jahre sichtbar bleiben. Eine Bananenschale braucht mehr als 70 Jahre, um zu verrotten. Für die Bewahrung der Tier- und Pflanzenwelt ist die Einhaltung von Verhaltensregeln daher zwingend notwendig.

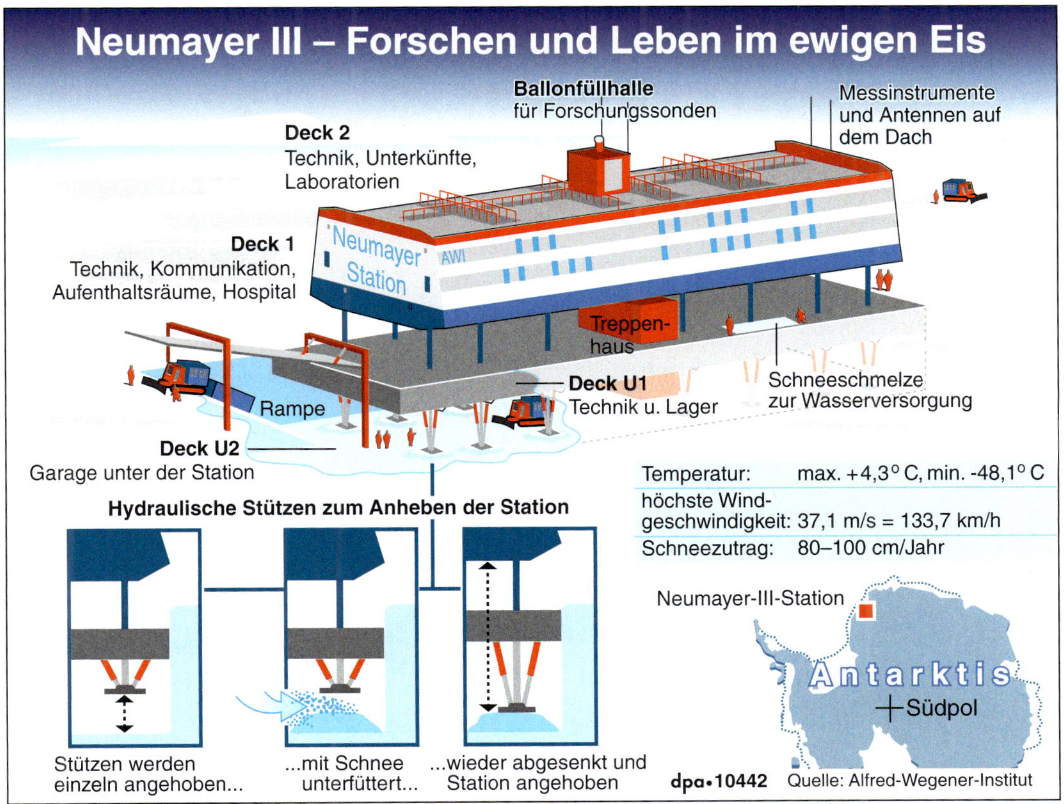

M5 Forschungsstation Neumayer III

M6

Forschung unter Extrembedingungen

Deutschland betreibt seit 2009 die Forschungsstation Neumayer III. Sie liegt in der nördlichen Antarktis auf dem Schelfeis. Das Gebäude steht auf einer Plattform und wird von 16 Stelzen getragen. Es ist mit einer hydraulischen Hebevorrichtung ausgestattet. Sie dient dazu, die Station einmal im Jahr anzuheben, damit sie nicht im Schnee versinkt. Wissenschaftler/innen forschen hier das ganze Jahr über und haben dabei keine einladenden Arbeitsbedingungen.

Bei Temperaturen von –40 °C treten im Freien ohne Handschuhe bereits nach wenigen Sekunden Erfrierungen auf. Tobende Schneestürme und im Winter eine scheinbar endlose Polarnacht sind nichts für schwache Nerven. Trotzdem ist die Antarktis ein faszinierender Lebensraum, der maßgeblich unser Klima mitbestimmt. So nimmt das Südpolarmeer große Mengen Wärme auf. Die Eisdecke der Antarktis ist der größte Süßwasserspeicher der Welt. Um die weltweiten Klimaveränderungen zu verstehen, ist die Forschung in der Antarktis von besonderer Bedeutung. Forscher/innen beobachten das Wetter, untersuchen die Zusammensetzung der Luft, das Magnetfeld der Erde, das Meereis und das Leben der Kaiserpinguine. Mithilfe von Eisbohrkernen versuchen sie, mehr über die Klimageschichte zu erfahren.

Geforscht wird auch für den Weltraum. Um in Zukunft Besatzungen auf Mars- oder Mondmissionen mit frischem Obst und Gemüse versorgen zu können, testen die Wissenschaftler seit 2017 das Gewächshaus „Eden-ISS“. Mitten in der Antarktis werden darin bei konstant 21 °C und hoher Luftfeuchtigkeit erfolgreich frischer Salat, Gurken, Tomaten, Kohlrabi und Kräuter angebaut.

Gewächshaus Eden-ISS

6

Das Weltmeer und seine Nutzung

M1 A: Blick auf eine Insel und Atolle der Malediven im Indischen Ozean B: Eine Meeresschildkröte hat sich in einem alten Fischernetz vor Teneriffa (Kanarische Inseln) im Atlantischen Ozean verfangen.

Mehr als zwei Drittel der Erdoberfläche sind von Wasser bedeckt. Das Weltmeer bildet den größten Lebensraum unseres Planeten. Es ist von entscheidender Bedeutung für das Klima und das Leben auf der Erde.

Der Mensch nutzt das Weltmeer auf vielfältige Weise, z. B. als Nahrungsquelle, als Verkehrsweg, für den Tourismus oder auch für die Stromerzeugung. Dabei zeigt sich immer mehr, wie gefährdet dieser Lebensraum ist.

B

Das kannst du bald:

- die Ozeane als vielfältige Lebensräume beschreiben
- die Gliederung des Weltmeeres beschreiben
- die Ursachen und Folgen der Überfischung erläutern
- die Kriterien einer nachhaltigen Fischerei bewerten
- die Vorteile und Nachteile von Aquakulturen erläutern
- den Rohstoffabbau und die Folgen im Meer beurteilen
- die Bedeutung des Weltmeeres für den Handel erläutern
- den globalen Wasserkreislauf und Meeresströmungen beschreiben

M1 Fangzahnfisch

M2 Tiefseeschwarzangler

Die Ozeane – vielfältige Lebensräume

Zwei Drittel der Erde sind von Wasser bedeckt. Mehr als 300 000 bisher bekannte Arten sind in unterschiedlichen Lebensräumen der Ozeane anzutreffen. Erst nach und nach wird die Welt unter Wasser erforscht.

Kaum zu glauben
Schätzungsweise 90 Prozent der Tiefseetiere können im Dunkeln leuchten. So versuchen z. B. Anglerfische, mit einer Art Laterne vor ihrem Maul Beutetiere anzulocken. Aber auch bei der Partnersuche kann das Leuchten helfen.

T1 Die Erforschung der Ozeane

Es gibt auf der Erde einen Bereich, über den man weniger weiß als über die Oberfläche des Mondes. Es ist die **Tiefsee**, der Bereich der Ozeane mit mehr als 800 m Tiefe. Dieser riesige Lebensraum ist für Menschen praktisch unzugänglich. Bei der Erforschung helfen unbemannte Tauchroboter, die kilometertief tauchen können und ihre Daten mithilfe von Glasfaserkabeln an ein Forschungsschiff übermitteln.

Wie vielfältig alle marinen, also zum Meer gehörenden Lebensräume sind, kann man an den Ergebnissen des „Census of Marine Life“ erkennen. Zehn Jahre lang (bis 2010) erfassten Wissenschaftler/innen bei diesem weltweiten Forschungsprojekt die verschiedenen Lebewesen in den Meeren. Allein in diesem Zeitraum wurden 120 000 Arten erfasst, darunter mehr als 1 200 bis dahin unbekannte Arten.

T2 In der Tiefsee

Kein Lichtstrahl dringt mehr in diese Regionen. Die Wassertemperatur beträgt maximal 5 °C. Es lastet ein Druck von 100 kg/cm² auf der Körperoberfläche der Meeresbewohner. Trotzdem ist die Vielfalt der Lebewesen in Tiefen von bis zu 10 000 m erstaunlich.

Um unter den lebensfeindlichen Bedingungen der Tiefsee überleben zu können, haben sich die Meeresbewohner perfekt an die Bedingungen angepasst. Die Körper der Meerestiere können zu 99,9 Prozent aus Wasser bestehen. Da Wasser nicht zusammengedrückt werden kann, halten sie so dem Druck in der Tiefe stand. Der Stoffwechsel der Meerestiere ist sehr langsam. Dadurch überleben sie trotz des Nahrungsmangels. Tarnung ist auch in der Finsternis der Tiefsee notwendig, deshalb sind manche Tiere durchsichtig.

M3 Ökosystem Korallenriff

M4 Abgestorbenes Korallenriff im Great Barrier Reef vor Australien

T3 Marine Vielfalt – Korallenriffe

Auch in den flacheren Teilen der Meere hat sich eine erstaunliche Lebensvielfalt entwickelt. Dazu gehören die Korallenriffe der tropischen Meere. Sie sind ein äußerst artenreicher, aber auch empfindlicher Lebensraum. Ihre Erbauer sind kleine Tiere, die Korallen. Sie ernähren sich vom Plankton der Algen. Beim Wachsen lagern die Korallen ständig Kalk ein. Sie können sich nicht bewegen und sind deshalb fest an ihren Standort gebunden.
Das bunte Aussehen der Korallen kommt von kleinen Algen, die sich als Mitbewohner in der Außenhaut eingenistet haben. Ideale Wachstumsbedingungen geben Wassertemperaturen zwischen 20 und 30 °C, sauberes Wasser und viel Sonnenlicht für die Fotosynthese der Algen. Wenn eine Koralle stirbt, dann bleibt ihr Kalkskelett übrig und wird von einer jungen Koralle überwachsen. In Jahrtausenden entstehen durch ständige Ablagerungen Riffe, die nah an der Meeresoberfläche liegen. Sie können sich über viele hundert Kilometer erstrecken. Ihre vielfältigen Verzweigungen und Höhlen bieten Schutz für viele Fische und andere Meerestiere.

← **Korallenriff und Koralleninseln** Seite 100

T4 Korallenriffe in Gefahr

Korallenriffe bilden komplexe **Ökosysteme.** Als Ökosystem bezeichnet man das Zusammenspiel von Lebewesen, Wasser, Boden, Temperatur und Licht. Doch genau dieses Zusammenspiel gerät bei vielen Korallenriffen in Gefahr. Besonders der Klimawandel ist für die Korallen ein großes Problem, denn bei höheren Meerestemperaturen produzieren Algen Stoffe, die für die Korallen giftig sind. Auch Wasserverschmutzung und Überfischung führen zur fortschreitenden Zerstörung dieser wertvollen Lebensräume.

← **Klimawandel** Seite 112, T1

1 Beschreibe den Lebensraum „Tiefsee" (T1, T2).

2 Beschreibe, wie sich Lebewesen in der Tiefsee an ihren Lebensraum anpassen (T2, Kaum zu glauben).

3 Erläutere die Lebensvoraussetzungen von Korallen (T3).

4 Erkläre, wodurch Korallenriffe gefährdet sind und warum sie absterben (T4, M4).

5 Wählt eines der beiden folgenden Themen aus und erstellt eine Präsentation dazu:
A faszinierende Tiefsee oder
B Lebensraum Korallen.

TERRA **ORIENTIERUNG**

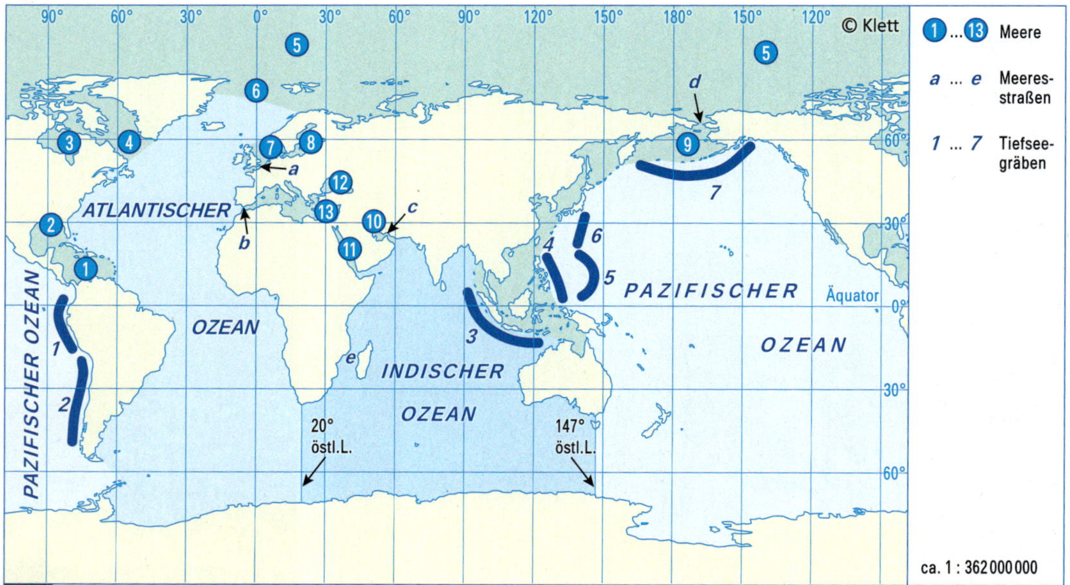

M2 Gliederung des Weltmeeres

Die Gliederung des Weltmeeres

Die endlose Weite des Meeres ist faszinierend – doch was verbirgt sich unter der Meeresoberfläche? Genauere Kenntnisse über die Gliederung und das Relief unter der Oberfläche der Ozeane gibt es erst seit den 1950er-Jahren.

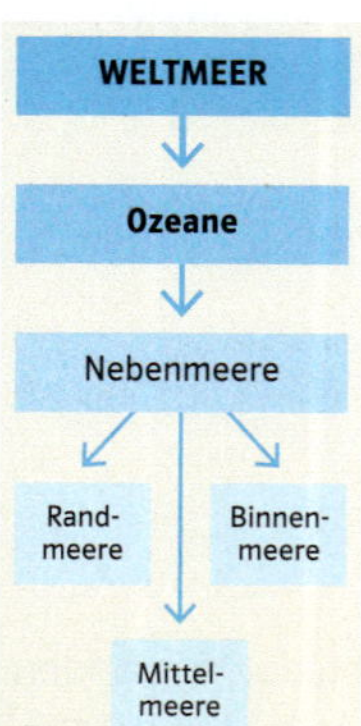

M1

T1 Die horizontale Gliederung

Als **Weltmeer** bezeichnet man die große zusammenhängende Wasserfläche, die über zwei Drittel der Erdoberfläche bedeckt. Davon nehmen die drei Ozeane den größten Teil ein. Sie werden von den Kontinenten unterteilt. Dazu kommen das Nordpolarmeer und das Südpolarmeer.

Die Ozeane kann man in Nebenmeere untergliedern. Als Nebenmeere bezeichnet man die von Festlandsflächen und Inselketten abgeschnürten Teilbereiche der Ozeane. Hierzu gehören:

- Randmeere, die am Rand eines Kontinents liegen und Zugang zum Ozean haben (z. B. Nordsee, Golf von Mexiko),
- Mittelmeere, die zwischen mehreren Kontinenten liegen (z. B. europäisches Mittelmeer oder Marmarameer), und
- Binnenmeere, die keinen oder nur einen sehr engen Zugang zum Ozean haben (z. B. Ostsee).

T2 Die vertikale Gliederung

Die Oberfläche des Meeresbodens ist ebenso vielfältig gegliedert wie die Landflächen der Erde. Die flachen Meeresteile in Küstennähe nennt man **Schelf**. Diese sind bis zu 200 m tief. An den Schelf schließt sich der Kontinentalabhang an. Er bildet den Übergang zur Tiefsee. Die Tiefsee umfasst alle Bereiche mit mehr als 800 m Wassertiefe. Große Gebirgszüge unter dem Meer, die Mittelozeanischen Rücken, unterteilen die Tiefsee in einzelne Becken.

Die tiefsten Stellen des Weltmeeres findet man in den **Tiefseegräben**. Hier werden Wassertiefen von bis zu 11 000 m erreicht.

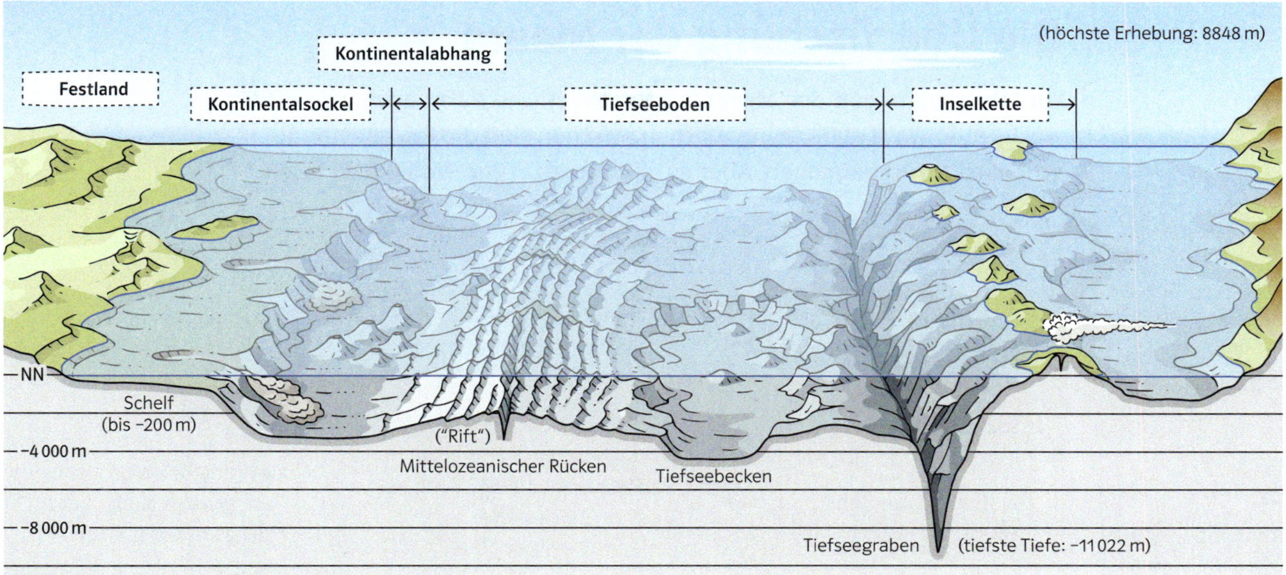

M3 Gliederung des Meeresbodens

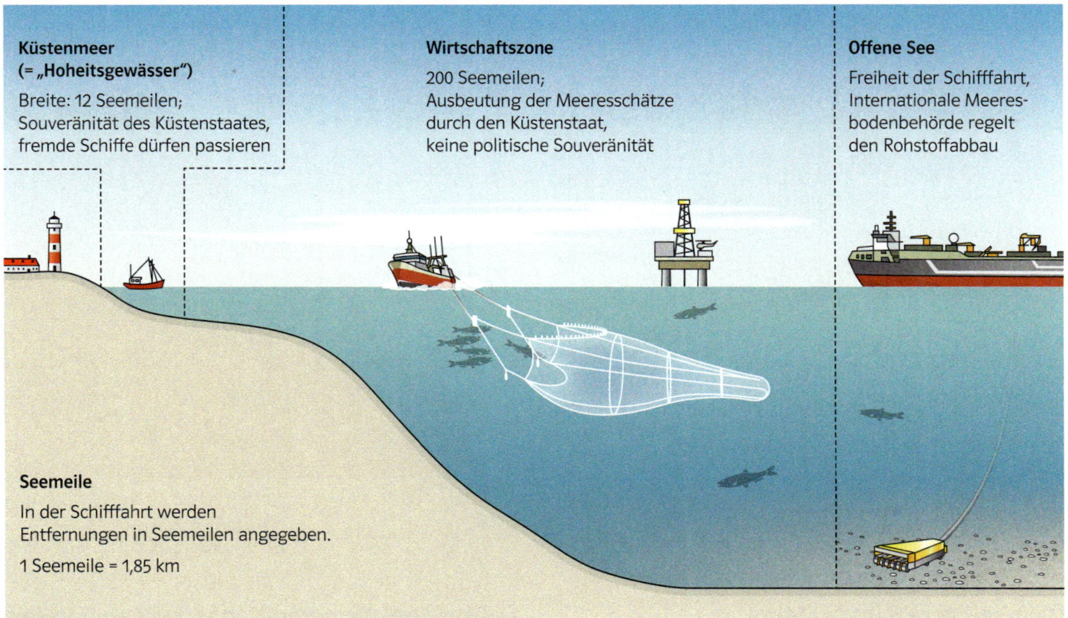

M4 Rechtsgebiete nach dem internationalen Seerecht

Aufteilung des Meeresbodens

- Schelf 7,5 %
- Kontinentalabhang 17,5 %
- Tiefseeboden 73,8 %
- Tiefseegräben 1,2 %

politische Gliederung

Auf der dritten Seerechtskonferenz wurde 1982 das Weltmeer in drei Rechtsgebiete eingeteilt und deren Nutzung geregelt. Der Meeresboden gehört grundsätzlich allen. Für den Abbau von Rohstoffen ist die UNO zuständig.

1 Arbeite mit Karte M 2 und dem Atlas. Benenne die
a) Meere **1 – 13**,
b) Meeresstraßen **a – e**,
c) Tiefseegräben **1 – 7**.

2 Lege eine Tabelle an und ordne die Nebenmeere nach Randmeeren, Mittelmeeren und Binnenmeeren (M 1, M 2, T 1).

3 Vertikale Gliederung (T 2, M 3)
a) Beschreibe die Gliederung des Meeresbodens.
b) Fertige eine einfache Skizze an und beschrifte sie.

4 Erläutere die Einteilung des Weltmeeres in drei Rechtsgebiete (M 4).

MK **5** Informiere deine Klasse über die Tieftauchrekorde von Jacques Piccard und James Cameron.

Die Überfischung der Meere

Vor Jahrzehnten galt das Meer als unerschöpfliche Nahrungsquelle für die wachsende Weltbevölkerung. Doch inzwischen sind die Fischbestände erheblich zurückgegangen. Aber es gibt Ansätze, das Problem zu lösen.

Lernen an Stationen Station 1

→ **Informationen zur Methode „Lernen an Stationen" findest du im Arbeitsanhang auf Seite 164.**

1 Beschreibe die Entwicklung des Weltfischfangs (M 2).

2 Erläutere, wie es zur Überfischung der Weltmeere gekommen ist (T 1, M 1, M 3).

3 Erkläre die Bedeutung von Fangquoten (T 2).

4 Erläutere die Kriterien des WWF für eine nachhaltige Fischerei (M 4).

NE MK **5** Überlege, was du zu einer nachhaltigen Entwicklung der Fischerei beitragen kannst (T 2, TERRA-Code).

NE MK **6** Einkaufshilfen:
a) Informiere dich näher über das MSC-Siegel (M 5, Internet).
b) Nimm Stellung zu der Aussage: „Für Verbraucher/innen ist es nicht leicht, verantwortungsbewusst Fisch einzukaufen."

○1 ◒2–4, 6a ●5, 6b   Lösungshilfen ab S. 178

M1 Schleppnetzfang

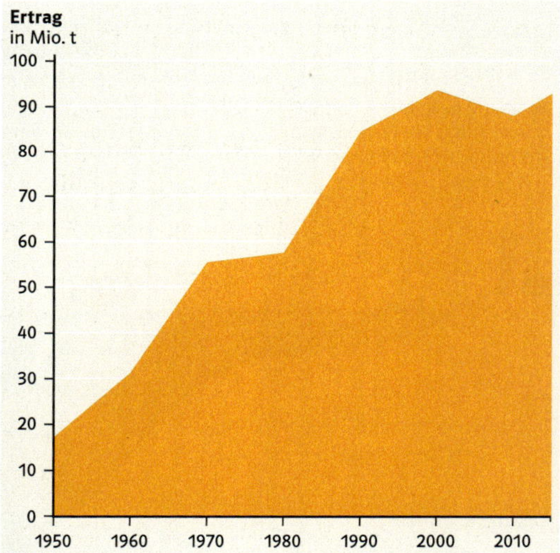

M2 Entwicklung des weltweiten Fischfangs

T1 **Volle Netze – leere Meere**

In den vergangenen Jahrzehnten wurden die Fischfanggebiete immer weiter ausgedehnt. Gründe dafür sind der gestiegene Bedarf und der technische Fortschritt. Große Fabrikfangschiffe sind mit modernster Technik ausgestattet. Sie nutzen Satelliten zum Navigieren und digitale Karten. Die Fischschwärme werden mit 3-D-Sonargeräten aufgespürt. Gefischt wird mit riesigen Netzen. Selbst die Tiefsee bleibt nicht verschont: Fische werden in bis zu 2000 m Tiefe geortet und gefangen.

Die Hightech-Fangmethoden fordern von der Natur einen hohen Preis. Erst wenn der Fang an Bord liegt, sieht der Fischer, was ins Netz gegangen ist. Vieles ist sogenannter Beifang, z. B. Jungfische anderer Arten. Dieser Beifang wird kaum genutzt.

Inzwischen hat der auf Ertragssteigerung ausgerichtete Fischfang zur **Überfischung** der Meere geführt. Es werden mehr Fische gefangen als nachwachsen. Einige küstennahe Meeresgebiete sind regelrecht leergefischt und einzelne Fischarten sind stark bedroht.

Linktipp: Fisch-Ratgeber der Verbraucherzentrale
jx2mz2

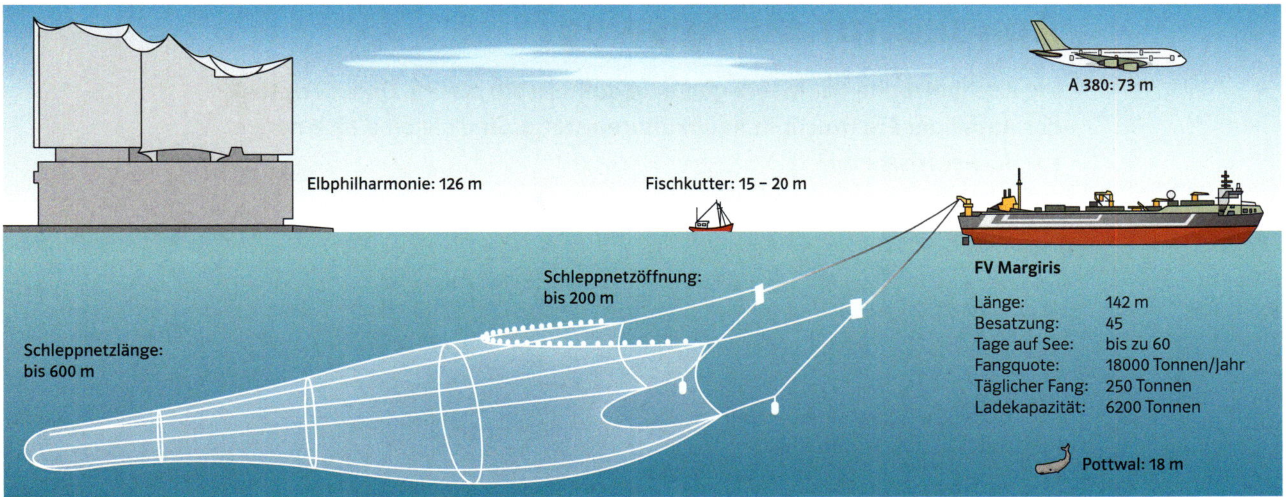

M3 Supertrawler „FV Margiris“

T2 Fangquoten als Lösung?

Die Überfischung der Meere bedeutet auf lange Sicht nicht nur, dass die Artenvielfalt bedroht ist. Vielmehr ist auch die Lebensgrundlage von vielen Küstenfischern in Gefahr. Zur Lösung des Problems legt die Europäische Union (EU) Fangquoten fest und schreibt die Maschenweite der Netze vor, um den Beifang zu reduzieren. Zum Teil spricht die EU auch Fangverbote aus.

Dennoch haben sich die Fischbestände nur vereinzelt erholt, denn der Bedarf an Fisch steigt immer weiter an. Umweltschutzorganisationen geben inzwischen Fisch-Ratgeber heraus, aus denen ersichtlich ist, welche Arten besonders bedroht sind, z.B. Kabeljau, Rotbarsch und Scholle aus dem Nordostatlantik. Die Organisationen setzen sich seit Langem für eine **nachhaltige Fischerei** ein. Dabei soll der Fischfang umweltverträglich und bestandserhaltend stattfinden.

M5 MSC-Siegel
Die internationale Organisation Marine Stewardship Council wurde 1997 gegründet, um Standards für eine nachhaltige Fischerei zu schaffen.

M4

Kriterien der Umweltschutzorganisation WWF für nachhaltige Fischerei in der EU

- Die Überfischung wird gestoppt. Fangmengen werden nach besten wissenschaftlichen Erkenntnissen festgelegt, sodass nur so viel gefischt wird, wie nachwachsen kann.
- Das Rückwurf-Verbot wird konsequent umgesetzt. Rückwürfe werden bereits beim Fang durch den Einsatz selektiver Fangmethoden vermieden. (...) Durch bessere Planung, wann und wo gefischt wird, werden Gebiete gezielt gemieden, in denen sich z. B. viel Jungfisch aufhält. Die Umsetzung des Rückwurf-Verbotes wird konsequent und umfassend kontrolliert, z. B. durch den Einsatz von Kameras an Bord. Regelverstöße werden in einem abschreckenden Maß geahndet.
- Schutzgebiete im Meer werden vor dem Einfluss schädlicher Fischereimethoden geschützt, sodass sich dort die Fischbestände erholen können, die dann außerhalb der Gebiete nachhaltige und bessere Erträge liefern.
- Langfristige Mehrjahres-Pläne für jede Fischerei in der EU werden von Vertretern aus Fischerei, Umweltschutz, Wissenschaft und Politik gemeinsam maßgeschneidert erstellt. Im Rahmen dieser Pläne werden das Prinzip des „höchstmöglichen Dauerertrages“ zur nachhaltigen Befischung und ein Ökosystem-Ansatz des Fischereimanagements fest verankert.

Rückwurf-Verbot
Die EU verbietet Fischern, (tote) Fische zurück ins Meer zu werfen, die über die erlaubten Fangquoten hinausgehen. Was gefangen wurde, muss angelandet werden und wird angerechnet.

Aquakultur als Ausweg?

Die Fischbestände der Meere gehen unaufhaltsam zurück. Dagegen steigt der Anteil der Fischzucht in Aquakulturen stetig. Sind sie eine Alternative zur Hochseefischerei?

Lernen an Stationen
Station 2

1 Beschreibe Foto M1 und erkläre den Begriff Aquakultur (T1).

2 Nenne die Vorteile, die sich durch Aquakulturen ergeben (T1).

3 Beschreibe Probleme der Aquakulturen am Beispiel der Lachszucht (T2, M4).

4 Fischfang und Aquakultur im Vergleich:
a) Nenne die Anteile der Aquakultur und des Fischfangs an der gesamten Produktion (M3).
b) Vergleiche die Entwicklung der Aquakulturen (M2) mit der des Fischfangs (S. 124, M2).

NE 5 Nenne Vorteile der Biolachswirtschaft (M5).

SP 6 Kann die Aquakultur das Problem der Überfischung lösen? Nimm Stellung zu der Frage. Nutze bei Bedarf den Sprachtipp.

○ 1–4a, 5 ◒ 4b ● 6 Lösungshilfen ab S. 178

→ Informationen zur Methode „Lernen an Stationen“ findest du im Arbeitsanhang auf Seite 164.

SP Sprachtipp

Stellung nehmen
→ Aufgabe 6

Ich bin der Meinung, dass …
- es stimmt / es stimmt nicht
- einerseits, andererseits
- weil, deshalb, damit, denn

Meine Position dazu ist …

M1 Fischfarm vor der Küste Islands

T1 **Aquakultur**

Nicht nur in den Ställen der Landwirtschaft gibt es Massentierhaltung, sondern auch in Gewässern. Im Meer, in Seen oder auch in dafür angelegten Teichen werden Fische und andere Meerestiere in großem Ausmaß gezüchtet. Man nennt dies **Aquakultur.** Über 90 Prozent der Produktion aus Aquakulturen stammen aus Asien.

Einen besonders großen Anteil an den Aquakulturen hat das sogenannte Fischfarming vor den Küsten. In Netzkäfiganlagen werden massenhaft Fische gezüchtet, z. B. Lachse und Barsche. Befürworter sehen in der Aufzucht von Meerestieren eine Möglichkeit, die Fischbestände im Meer zu schonen. Gleichzeitig kann man die Bevölkerung ausreichend mit Fisch versorgen. Fische aus Aquakultur sind

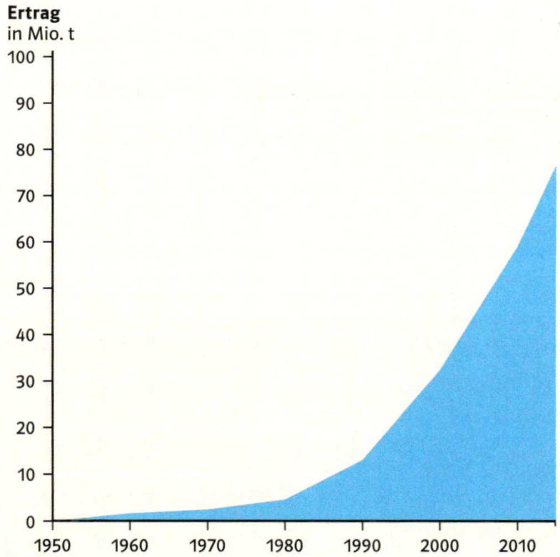

M2 Entwicklung der Aquakultur weltweit

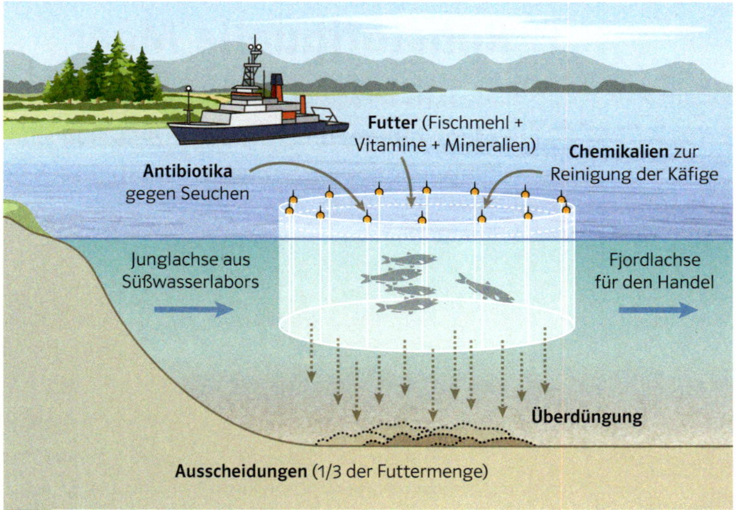

M4 Funktion einer Fischfarm

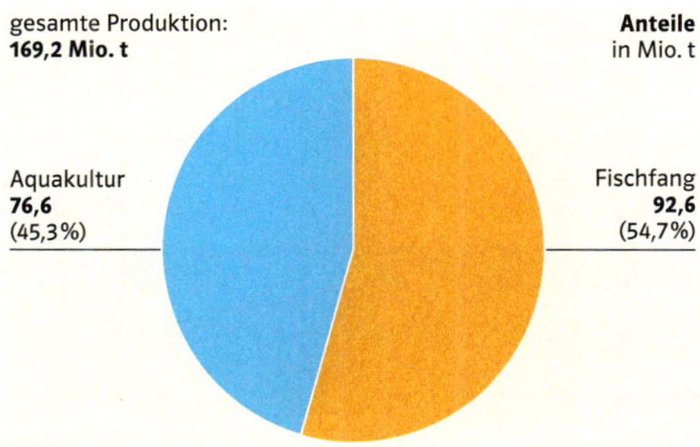

M3 Fischfang und Aquakultur im Vergleich, 2015

M5 **Eine Biolachs-Farmerin berichtet:**

Was unsere Farm hier an der Westküste Irlands einzigartig macht, ist ihre Lage im offenen Atlantik mit bester Wasserqualität. Die Wellen und die starke Strömung sind wichtig. Sie verschaffen den Lachsen die notwendige Bewegung. So setzen sie die Nahrung genau wie Wildlachse in Muskelfleisch um. Aber erst die richtige Ernährung macht den Lachs zum Biolachs. Wir verwenden kein Turbomastfutter und auch keine Medikamente oder Hormone. Fischöl und Fischmehl stammen zu 100 Prozent aus den Resten von irischem Speisefischfang. Auch Weizen wird verfüttert. Er kommt aus biologisch kontrolliertem Anbau.

Durch die starke Gezeitenströmung finden sich auf dem Meeresboden unter den Gehegen keine Futterreste und Ausscheidungen der Fische. Die Strömung erfordert aber auch eine aufwendige Vertäuung der Schwimmkäfige. Daher kontrollieren unsere Taucher regelmäßig den Zustand der gesamten Anlage. Dann ist intensive Handarbeit gefragt. Das erhöht zwar die Betriebskosten und damit den Preis für den Biolachs, aber es schafft auch Arbeitsplätze.

unabhängig von der Fangsaison verfügbar. Darüber hinaus kann man überprüfen, ob Zuchtvorgaben wie Größe, Gewicht und Alter eingehalten werden. Dies kann sich positiv auf die Qualität der Fische auswirken. Doch die Anlage von Fischfarmen in küstennahen Gewässern ist auch umstritten.

T2 Lachszucht und ihre Probleme

Lachse findet man heutzutage in jedem Supermarkt. Ähnlich wie in der industriellen Landwirtschaft wurde die Produktion in großen Lachsfarmen enorm gesteigert. Doch diese Massentierproduktion hat ihren Preis. Der Lachs ist ein Raubfisch. Für 1 t Lachs braucht man bis zu 6 t Futterpellets. Diese bestehen aus Fischmehl, Fischöl, Soja, Mais und Vitaminen. Auch Medikamente, z. B. Antibiotika, werden beigemischt, um in den vollen Schwimmkäfigen Krankheiten zu verhindern. Die Medikamente sowie verabreichte Wachstumshormone lagern sich im Gewebe der Tiere an und landen so auch im Körper der Verbraucher/innen. Futterreste und Ausscheidungen der Fische führen zur Überdüngung der Gewässer (siehe auch M 4). Die Folgen sind das Absterben von Organismen in der Umgebung und eine Gefährdung der übrigen im Wasser lebenden Tiere.

Die Bedeutung und Problematik des Rohstoffabbaus im Meer erläutern

Rohstoffquelle Meer

Rohstoffe im Meer? Da denkt man vor allem an Bohrinseln, die Erdöl und Erdgas zutage fördern. Doch inzwischen sind ganz andere Schätze in den Blickpunkt des wirtschaftlichen Interesses geraten.

Lernen an Stationen Station 3

→ Informationen zur Methode „Lernen an Stationen" findest du im Arbeitsanhang auf Seite 164.

1 Nenne Gründe, warum Rohstoffe im Meer immer interessanter werden (T1).

MK **2** Arbeite mit Karte M 2:
a) Beschreibe die Lage bedeutender Rohstoffvorkommen im Meer.
b) Lege eine Tabelle an. Trage für fünf Rohstofflagerstätten angrenzende Staaten ein.

3 Erläutere, welche Schwierigkeiten bei der Förderung von Meeresrohstoffen zu erwarten sind (T 2).

4 Beurteilt den Abbau mariner Rohstoffe aus der Sicht
A einer Meeresbiologin,
B eines Bergbauunternehmers (T 2, M 3).

MK **5** Erstelle einen Kurzvortrag über die „Black Smoker" (M 4, Internet).

○ 1, 2 a ◐ 2 b, 3, 5 ● 4 Lösungshilfen ab S. 178

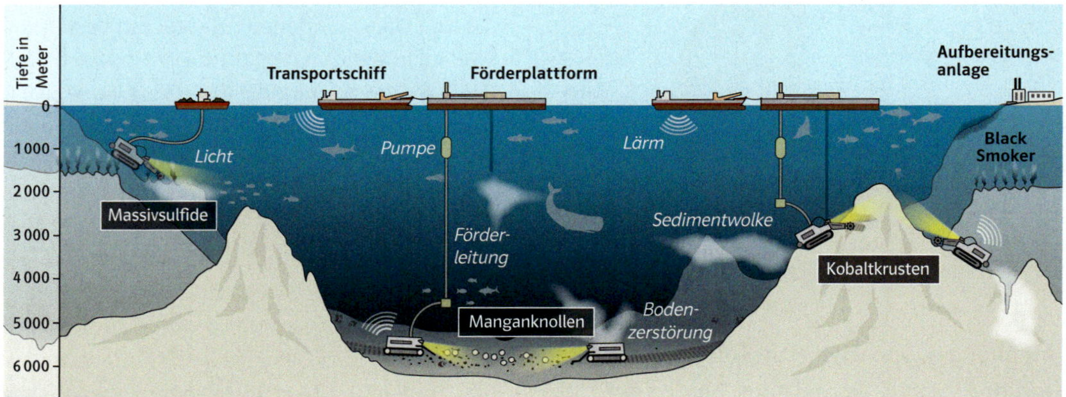

M1 Umstritten: Bergbau am Meeresboden

T1 Die Jagd hat begonnen

Ingenieure entwerfen fußballfeldgroße Maschinenparks und Unterwasserfabriken in 3000 m Tiefe. Immer mehr Länder interessieren sich für die Schätze im Meeresboden, auch wenn die Förderung sehr teuer und aufwendig ist. Aber die Preise für Rohstoffe steigen und an Land werden sie knapper.

Metallhaltige Mineralien kommen im Meeresboden in drei Formen vor:
- als kartoffelgroße Manganknollen,
- als Kobaltkrusten an den Seiten von Unterwasservulkanen,
- als Ablagerungen an heißen mineralienreichen Tiefseequellen (Massivsulfide).

T2 Auswirkungen auf Ökosysteme

Meeresbiologen befürchten, dass durch den marinen Bergbau bislang unberührte Naturräume, insbesondere im Tiefseebereich, zerstört werden. Abbaugeräte wirbeln Bodensedimente auf, sodass eine Trübungswolke entsteht. Je länger sie besteht, desto größer sind die negativen Auswirkungen auf die Bildung von Plankton.

Nicht auszuschließen ist, dass es beim Abbau von Lagerstätten zu Verwerfungen im Meeresboden kommt, wodurch Erdbeben und Tsunamis ausgelöst werden könnten. Deshalb vergibt die Internationale Meeresbodenbehörde Lizenzen für den Abbau von Rohstoffen.

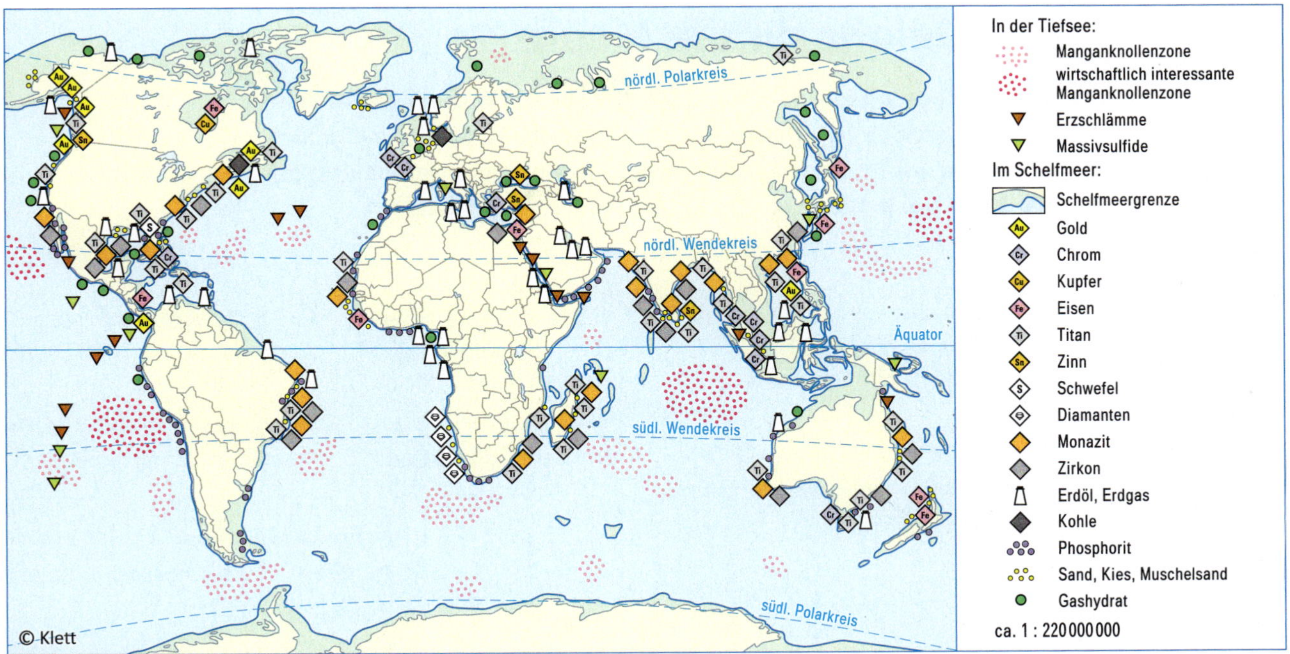

M2 Marine Rohstoffvorkommen

M3 **Manganknollen – Rohstoffe der Zukunft?**

Manganknollen sind grauschwarze, kartoffelgroße Klumpen, die in Tiefen zwischen 4 000 und 6 000 m auf dem Meeresboden zu finden sind. Sie wachsen extrem langsam (max. 5 mm in einer Million Jahren) durch verschiedene chemische Prozesse. Die Klumpen bestehen bis zu einem Drittel aus verschiedenen Metallen, vor allem Mangan und Eisen, außerdem Nickel, Kobalt und Kupfer. All diese Stoffe werden in der Metallindustrie benötigt. Man vermutet, dass die Vorkommen so umfangreich sind, dass sie den Weltbedarf der enthaltenen Metalle für ein Jahrhundert decken könnten. Allerdings ist derzeit noch nicht bekannt, wie man die Manganknollen wirtschaftlich fördern kann. Und auch die Auswirkungen einer Förderung auf die Tierwelt des Ozeans müssen noch geklärt werden.

Manganknolle

M4 **Schatzkammer Black Smoker**

In der Nähe einer Magmakammer unter der Erdoberfläche wird das über Risse und Spalten bis zu 3 km in die Erdkruste eindringende Wasser auf über 300 °C erhitzt. Durch den hohen Druck verdampft das Wasser nicht. Durch chemische Prozesse werden die Minerale der Gesteine angegriffen. Dabei lösen sich vor allem Eisen, Kupfer, Zink und Mangan aus den Gesteinen. Wenn das Wasser aus den bis zu 25 m hohen kegelförmigen „Schornsteinen“ austritt und sich mit dem 2 °C kalten Meerwasser vermischt, werden die gelösten Mineralien als feine Teilchen ausgefällt. Dabei entsteht die Rauchwolke mit seiner typischen schwarzgrauen Färbung. Die Mineralien lagern sich als Erzschlämme am Meeresboden ab und schichten sich auf.

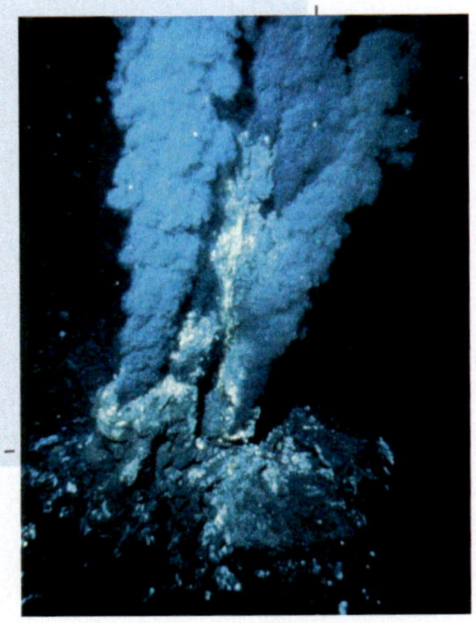

Öl – Gefahr für die Meere

Wir verbrauchen Erdöl in riesigen Mengen. Es steckt in vielen Produkten, wir verwenden es zum Heizen und als Treibstoff. Erdöl wird mit großen Tankern zu uns transportiert. Doch wenn so ein Tanker verunglückt oder eine Bohrinsel in Brand gerät, sind die Folgen dramatisch.

Lernen an Stationen
Station 4

→ Informationen zur Methode „Lernen an Stationen“ Seite 164

1 Erläutere, warum besonders die Küsten bei Ölunglücken betroffen sind (T2, M5).

2 Beschreibe die Auswirkungen einer Ölkatastrophe für die Küsten (T2, T3).

3 Beurteile die Ausmaße des Bohrinsel-Unglücks 2010 im Golf von Mexiko (M1, M2, M4).

4 Erläutere die Schutzmaßnahme der „Doppelhülle“ (M3).

5 Bewerte abschließend die Gefahren der Erdöl-Förderung im Meer.

NE 6 Erkläre den Begriff „Energiewende“ (Internet, T1).

○2 ◒1, 4, 6 ●3, 5 Lösungshilfen ab S. 178

Obwohl es über zehn Jahre her ist, hat sich die Natur von dem Unglück noch nicht erholt. Im Jahr 2010 explodierte die Bohrplattform „Deepwater Horizon“ im Golf von Mexiko. 87 Tage lang strömten aus dem offenen Bohrloch etwa 800 000 t Rohöl ins Meer. Es war das schlimmste Ölunglück in der Geschichte der USA.

M1 Eine der schwersten Ölkatastrophen war der Brand auf der Ölplattform „Deepwater Horizon“ 2010.

Reserven
bei Rohstoffen die bekannten Vorkommen, die mit heutigen Technologien wirtschaftlich abgebaut werden können (d.h. Aufwand und Kosten lohnen sich)

T1 Energiehunger der Welt

Der Energiebedarf wächst. Obwohl der Anteil erneuerbarer Energien (wie Sonnenenergie, Windkraft und Biogas) steigt, stammt noch immer ein Großteil der gewonnenen Energie aus fossilen Rohstoffen wie Erdöl, Erdgas und Kohle. Erdöl ist der weltweit wichtigste Energierohstoff und für die Weltwirtschaft unentbehrlich. An Land gehen die Reserven langsam zur Neige, deshalb werden immer neue Lagerstätten erschlossen. Etwa ein Drittel des geförderten Öls stammt aus dem Weltmeer.

T2 Gefährliches Öl

Der nützliche und wertvolle Rohstoff stellt aber auch eine Gefahr dar, wenn er aus Tankern oder Bohrlöchern in die Umwelt gelangt. Welche Folgen hat ein Tankerunglück auf See oder ein Leck an Bohrstellen? Einige Bestandteile des Öls verdunsten auf der Wasseroberfläche. Aus dem Rest bildet sich ein klumpiges Wasser-Öl-Gemisch. Es entsteht ein Ölteppich, der durch Wind und Meeresströmungen die Küste erreichen kann. Für die Meeresküsten kann das katastrophale Folgen haben.

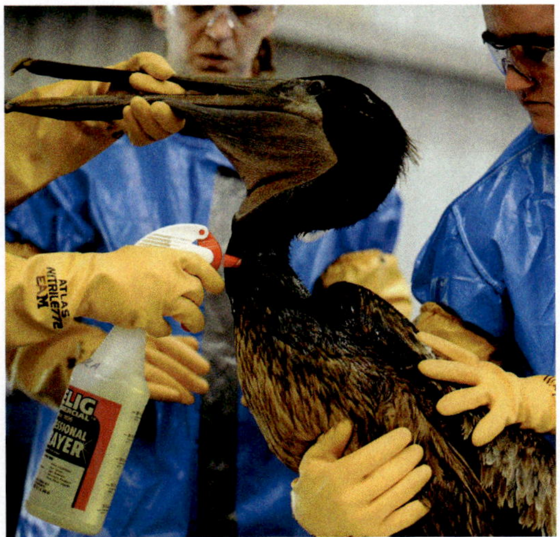

M2 Tierschützer/innen reinigen einen von Öl verschmutzten Pelikan. Florida, 2010

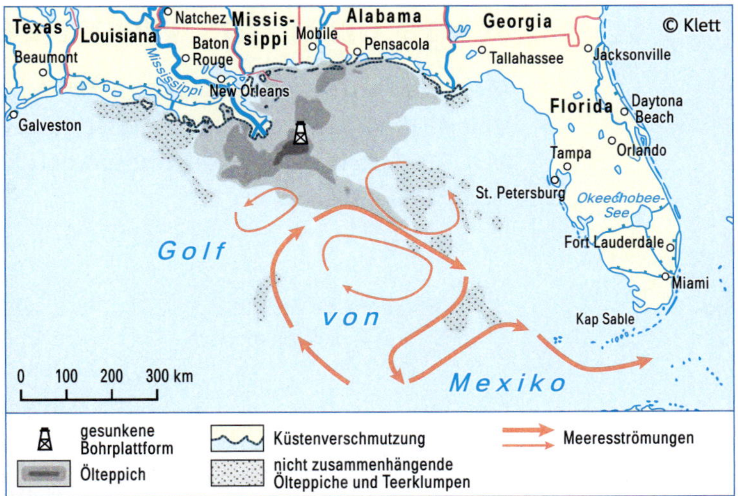

M4 Ölkatastrophe im Golf von Mexiko 2010

T3 Ölkatastrophen im Meer und die Folgen

Nach einem Tankerunglück vor der spanischen Küste im Jahr 2002 wurden 250 km Küste verseucht. Über 60 000 t giftiges Schweröl liefen ins Meer. Seevögel, Fische und andere Tiere wurden getötet. Auch die Menschen waren stark betroffen. Fischer verloren ihre Arbeit, Aquakulturen wurden vernichtet, Touristen blieben fern. Bis das ökologische Gleichgewicht wiederhergestellt ist, kann es Jahrzehnte dauern. Ganz vermeiden lassen sich derartige Katastrophen nicht. Aber mehr Sicherheit versprechen doppelwandige Schiffe und verschärfte Vorschriften für Bohrinseln.

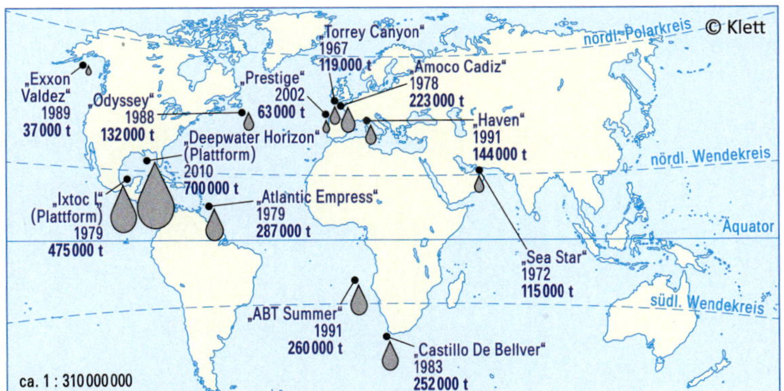

M5 Die größten Ölkatastrophen im Weltmeer

M3 **Schiffe mit Doppelhülle**

Seit 1996 müssen alle neuen Tanker mit einem Transportgewicht von mehr als 5 000 t mit einer zweiten Schiffswand ausgestattet sein. Das hat die Internationale Seeschifffahrts-Organisation (IMO) nach dem Unglück der „Exxon Valdez" 1989 im Golf von Alaska beschlossen. Eine Doppelhülle kann verhindern, dass größere Ölmengen austreten. Nach dem schweren Unfall des Tankers „Erika" 1999 vor der französischen Küste verschärfte die IMO ihre Vorschriften: Seit 2015 dürfen nur noch Doppelhüllentanker das Weltmeer befahren.

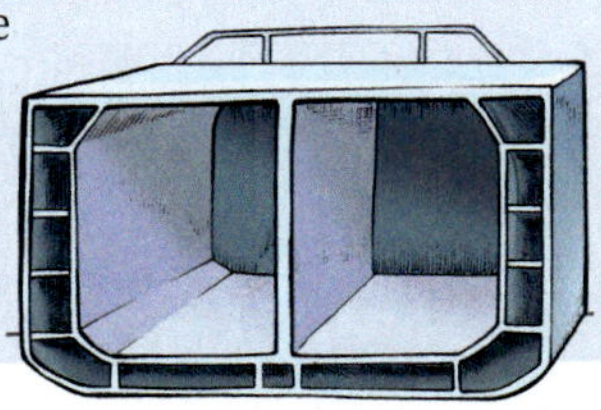

Wege über das Weltmeer

Wir kaufen Fernseher aus Südkorea, Turnschuhe aus China, Hemden aus Malawi. Umgekehrt gehen aus Deutschland viele Produkte in die ganze Welt. All diese Waren müssen transportiert werden. Dafür sorgen wahre Giganten der Meere.

Lernen an Stationen
Station 5

→ Informationen zur Methode „Lernen an Stationen“ findest du im Arbeitsanhang auf Seite 164.

1 Erläutere die Bedeutung des Meeres als Transportweg (T1, T2).

MK 2 Arbeite mit Karte M 2 und dem Atlas:
a) Beschreibe die Seewege von China und den USA nach Europa.
b) Erstelle eine Route für eine Fracht von Hamburg nach Los Angeles.

3 Bewerte die Bedeutung der Kanäle (M 2, M 3).

SP 4 Werte Tabelle M 4 aus:
a) Ordne den Hafenstädten ihre Staaten zu (Atlas).
b) Finde Erklärungen für die Ergebnisse aus Aufgabe 4 a.

MK 5 Recherchiert die Maße eines 20-Fuß-Containers. Tipp: Ihr könnt die Größe des Containers mithilfe eines Bindfadens im Klassenraum verdeutlichen.

MK 6 Vergleiche das Kreuzfahrtschiff „Symphony of the Seas“ mit dem Containerschiff „MSC Gülsün“ (Internet).

○2 a ◒1, 2 b, 4–6 ●3 Lösungshilfen ab S. 178

M1 Containerschiff im Hamburger Hafen

T1 Das Meer als Transportweg

Im Hamburger Hafen: Ein riesiges Containerschiff wird entladen. Aus anderen Frachtschiffen wird Eisenerz herausgeholt oder Erdöl gepumpt. Ohne Schiffe würde unser Welthandel nicht funktionieren. Wenn man vom Gewicht ausgeht, werden 90 Prozent der Waren auf dem Seeweg transportiert. Das ist vergleichweise günstig und die Frachtkosten sinken durch den Bau immer größerer Schiffe noch weiter. 1968 konnten die größten Schiffe etwa 750 Container aufnehmen. Heute fahren wahre Giganten über die Meere. 400 m lange Schiffe können bis zu 23 500 Container laden.

T2 Wachsender Schiffsverkehr

Der Welthandel hat in den letzten Jahrzehnten stark zugenommen und mit ihm auch der Warentransport. Heute werden jährlich über elf Milliarden Tonnen Güter über die Ozeane transportiert. Vor 20 Jahren waren es nur 3,7 Milliarden Tonnen.

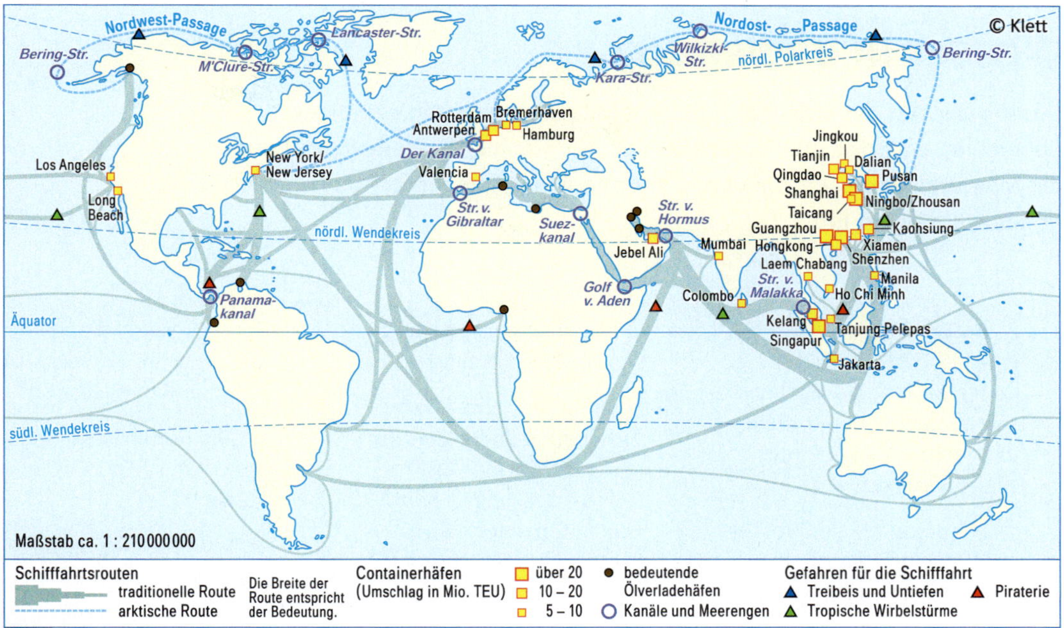

M2 Wichtige Handelswege und Überseehäfen

M3 **Kürzere Wege durch Kanäle**

Kanäle verbinden Flüsse, aber auch Ozeane miteinander. Das verkürzt die Seewege enorm und spart viel Zeit. Zu den weltweit wichtigsten Kanälen gehören der Suezkanal und der Panamakanal. Im Jahr 2018 fuhren durch den Suezkanal 18 174 Schiffe. Sie zahlten für die Durchfahrten insgesamt 5,9 Milliarden US-Dollar. Den Panamakanal passierten im gleichen Jahr über 12 000 Schiffe. Die Einnahmen für das Land Panama beliefen sich auf 2,6 Milliarden US-Dollar. Doch die Ausgaben lohnen sich für die Schiffseigner. Wenn ein Schiff von Singapur nach Rotterdam durch den Suezkanal fährt, ist die Strecke um 6 430 km kürzer. Der Panamakanal erspart einem Schiff zehn Tage Seefahrt.

Suezkanal

Rang	Hafen	Umschlag in Mio. TEU
1	Shanghai	43,3
2	Singapur	37,2
3	Ningbo-Zhoushan	27,5
4	Shenzhen	25,8
5	Guangzhou	22,8
6	Pusan	22,0
7	Qingdao	21,0
8	Hongkong	18,4
9	Tianjin	17,3
10	Rotterdam	14,8
17	Hamburg	9,3

M4 Die größten Containerhäfen der Welt 2019

SP Sprachtipp

Tabelle auswerten
→ Aufgabe 4

In der Tabelle sind … dargestellt.

In der linken Spalte steht … In der Mitte … Die rechte Spalte zeigt …

Der größte/kleinste Hafen …

Es fällt auf, dass …

Im Vergleich zu …

Unter den zehn größten Häfen …

TEU
Twentyfoot-Equivalent Unit = Standardcontainer mit festgelegten Maßen,
1 TEU = 20-Fuß-Container

Wasser in Bewegung

Das Wasser auf der Erde steht niemals still, sondern ist in ständiger Bewegung. Wichtige Antriebskräfte sind der globale Wasserkreislauf und die Meeresströmungen. Sie haben enorme Auswirkungen auf das Wetter und das Klima der Erde.

Lernen an Stationen
Station 6

→ Informationen zur Methode „Lernen an Stationen" findest du im Arbeitsanhang auf Seite 164.

MK SP **1** Beschreibe den Wasserkreislauf (M1, T1, TERRA-Code). Beginne bei der Verdunstung über den Ozeanen und fahre gegen den Uhrzeigersinn fort.

2 Erläutere, wie der Wasserkreislauf unser Wetter beeinflusst (T1).

3 Erkläre die Entstehung von Meeresströmungen (T2).

MK **4** Arbeit mit dem Atlas:
a) Benenne die Meeresströmungen in M2.
b) Liste auf, welche Kontinentseiten unter dem Einfluss kalter oder warmer Meeresströmungen stehen. Benenne dabei die Strömungen. Beispiel: Südwestküste Afrikas – Benguelastrom

5 „Die Namib ist ein Kind des Ozeans." Erkläre diese Aussage (T3).

6 Beurteile die Aussage: „Der Golfstrom ist Europas Warmwasserheizung."

○1, 4 ◒2, 3, 5 ●6 Lösungshilfen ab S. 178

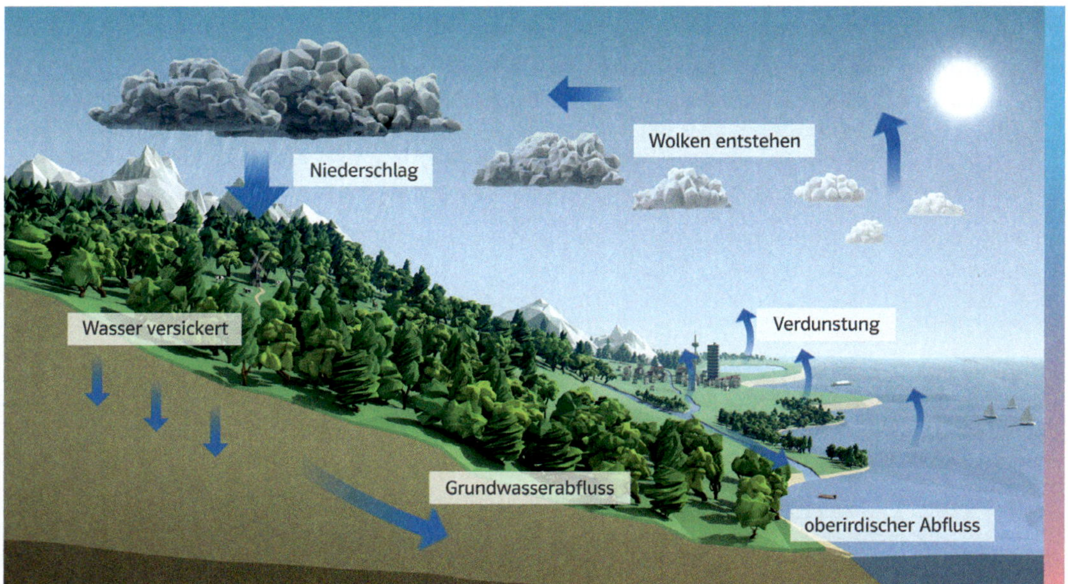

M1 Der Wasserkreislauf

T1 Der Wasserkreislauf der Erde

Das meiste Wasser verdunstet an der Oberfläche der Ozeane und steigt auf. Mit zunehmender Höhe sinkt die Temperatur. Durch die Abkühlung geht das Wasser vom dampfförmigen in den flüssigen Zustand über. Das nennt man **Kondensation.** Der Grund dafür ist, dass kalte Luft weniger Wasserdampf aufnehmen kann als warme Luft. Es entstehen Wolken. Wenn die Wasserteilchen zu schwer werden, fallen sie als Niederschlag auf die Erdoberfläche. Das Wasser sammelt sich in Seen und Flüssen oder es versickert. Nach und nach fließt es über die Flüsse und das Grundwasser zurück ins Meer. All diese Vorgänge zusammen bilden den **Wasserkreislauf.** Der „Motor" dieses Kreislaufs ist die Sonne. Die Temperaturen bestimmen, wie viel Wasser verdunstet.

Erklärfilm: Wasserkreislauf
jx2mz2

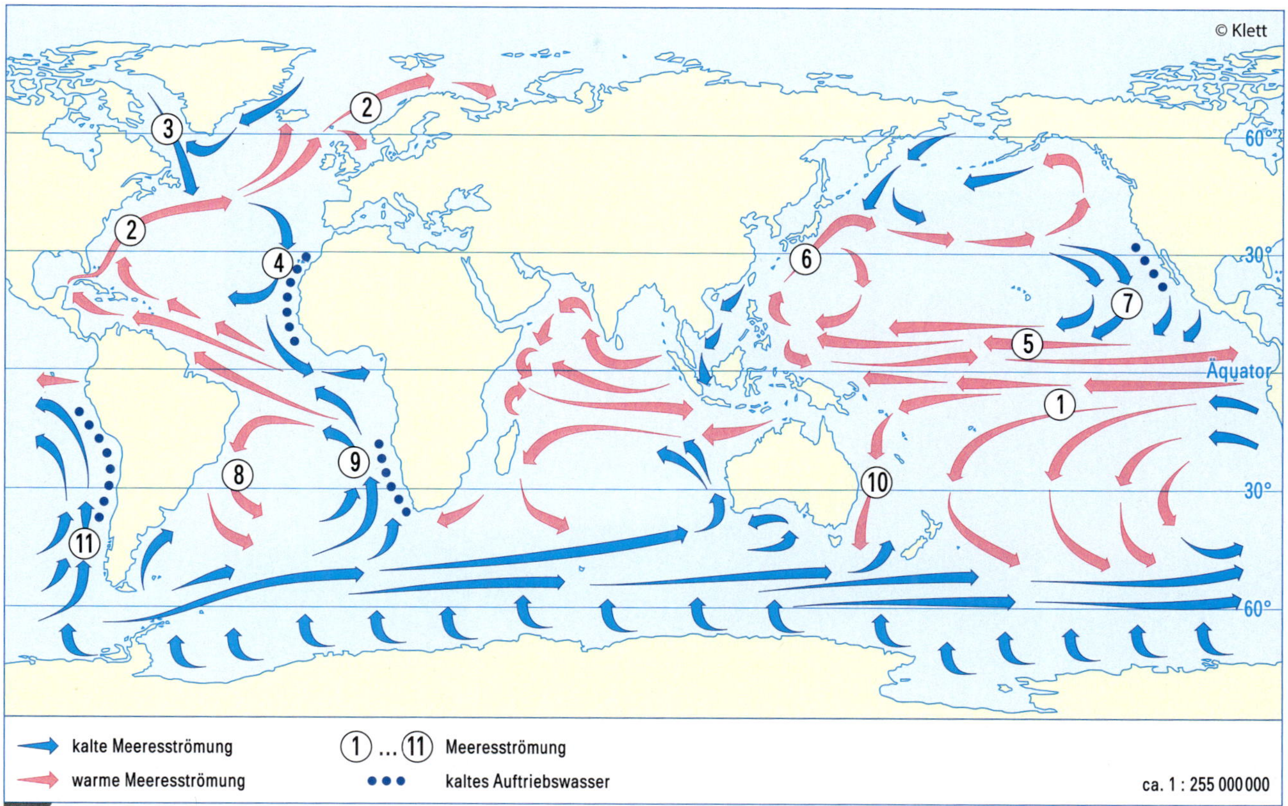

M2 Meeresströmungen

Die größte Umverteilung von Wasser geschieht in der Atmosphäre. Winde transportieren Wasserdampf und Wolken über weite Strecken. So kann es auch in Gegenden regnen, in denen es normalerweise trocken ist.

T2 Die Meeresströmungen

Unterschiedliche Kräfte setzen das Wasser der Ozeane in Bewegung. Dabei entstehen **Meeresströmungen.** Für die Entstehung von oberflächennahen Strömungen ist hauptsächlich der Wind verantwortlich. Für Meeresströmungen in der Tiefe sind Druckunterschiede eine treibende Kraft. Je tiefer ein Meer ist, desto höher ist der Druck auf den Meeresboden. Um Druckunterschiede auszugleichen, fließt Wasser von Gebieten mit höherem Druck zu Gebieten mit niedrigerem Druck. Somit entsteht eine Tiefenströmung. Druckunterschiede werden aber z.B. auch durch Wind, der Wasser an die Küste drückt, oder durch Verdunstung hervorgerufen.

T3 Einfluss auf das Klima

Die Ozeane der Erde und die Meeresströmungen haben enorme Auswirkungen auf das Klima: Zum Beispiel sorgt der Golfstrom für mildes Klima an Europas Westküste, während es an der gegenüberliegenden Ostküste Amerikas deutlich kühler ist. Meeresströmungen können sogar Küstenwüsten verursachen: Aus den Gewässern der Antarktis gelangt der kalte Benguelastrom vor die Südwestküste Afrikas. Er sorgt dafür, dass sich dort keine Wolken bilden. Dadurch fallen auch keine Niederschläge. Die Wüste Namib ist also eine Folge dieser Meeresströmung. Jahrzehntelang können in dieser extrem trockenen Region die Niederschläge ausbleiben. In Küstennähe ist es aber oft neblig und deshalb können dort speziell angepasste Tiere und Pflanzen überleben. Sehr reich dagegen ist das Leben im kalten Benguelastrom selbst. Nährstoffreiches Tiefenwasser wird nach oben befördert, das Plankton lockt zahlreiche Fische an.

TERRA **TRAINING**

Wichtige Begriffe
Aquakultur
Kondensation
Meeresströmungen
nachhaltige Fischerei
Ökosystem
Schelf
Tiefsee
Tiefseegraben
Überfischung
Wasserkreislauf
Weltmeer

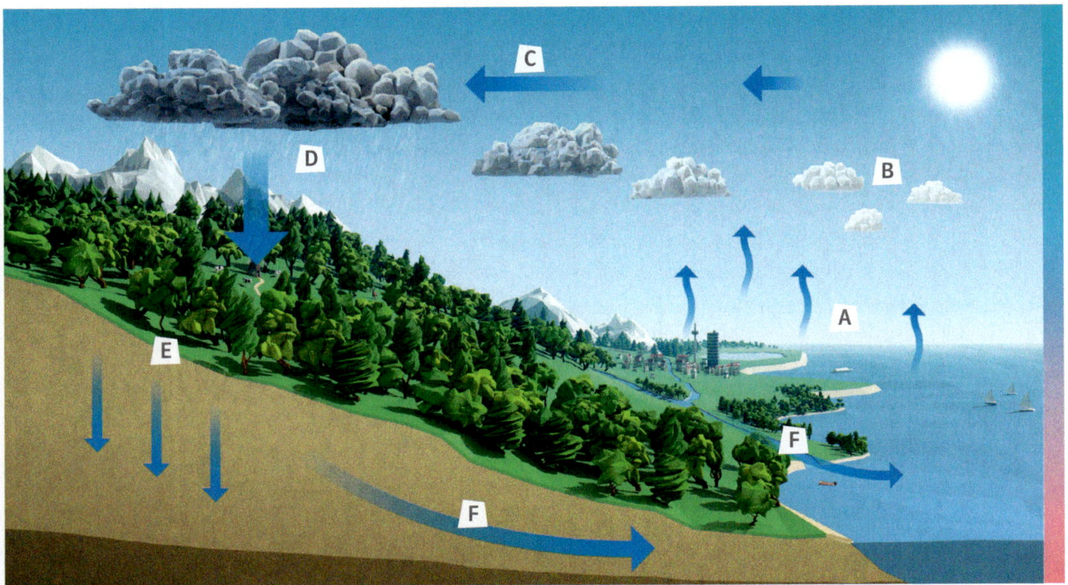

M1 Der Wasserkreislauf

Sich orientieren

1 Ozeane gesucht

a) Nenne die Ozeane der Erde.

b) An welchen Ozeanen liegt ...
- Afrika,
- Amerika,
- Australien,
- Europa,
- Asien?

2 Nebenmeere

a) Ordne die Meere Marmarameer, Nordsee und Ostsee den Begriffen Binnenmeer, Mittelmeer und Randmeer zu.

b) Begründe mithilfe von Atlaskarten, warum man sie jeweils so bezeichnet.

3 Kanäle verbinden

Vervollständige die Sätze.

a) Der Suezkanal verbindet das ... mit dem ...

b) Der Panamakanal verbindet den ... mit dem ...

Kennen und verstehen

4 Internationales Seerecht

Eric fragt: „Wem gehört eigentlich das Meer?“ Antworte ihm mithilfe der Grafik M 4 auf Seite 123.

5 Wasserkreislauf

Grafik M1: Beschreibe die Vorgänge, die sich hinter den Buchstaben A bis F verbergen.

6 Kennst du die Begriffe?

a) anderes Wort für Fischzucht

b) Bereich in den Ozeanen unter 800 m Tiefe

c) begehrter Rohstoff vom Meeresboden

d) Zusammenspiel von Lebewesen, Wasser, Boden, Temperatur und Licht

7 Richtig oder falsch?

Verbessere die falschen Aussagen und schreibe alle richtig auf.

a) Ein Randmeer ist nur durch einen schmalen Zugang mit einem anderen Meer verbunden.

b) Der Kontinentalabhang bildet den Übergang von der Küste zur Tiefsee.

c) Meeresströmungen entstehen, wenn Wasser mit niedrigerem Druck zu Wasser mit höherem Druck fließt.

d) Zur Hochseefischerei gehören alle Schiffe, die wochenlang unterwegs sind und große Mengen gefangener Fische sofort an Bord verarbeiten.

e) Überfischung bedeutet, dass genau die Fischarten gefangen werden, von denen es noch genügend gibt.

M2 Mindmap zum Weltmeer

f) Eine nachhaltige Fischerei verbietet den Fischfang auf hoher See.
g) Die Verschmutzung der Weltmeere wird kaum durch die Schifffahrt und Ölplattformen verursacht.

8 Bilderrätsel
Löse die Bilderrätsel und erkläre die Bedeutung für das Thema Weltmeer.

a) 

b) 

c) 

9 Gefahr für die Meere
Erläutere, warum man es als „Katastrophe“ bezeichnet, wenn viel Öl ins Meer gelangt.

Methoden anwenden
10 Mindmap erstellen
a) Übertrage die Mindmap M 2 in deinen Hefter oder in ein digitales Mindmap-Tool (z. B. auf Mind-Map-online.de oder in FreeMind). Vervollständige sie.
b) Arbeitet zu zweit: Erläutert euch die Mindmap gegenseitig.

Beurteilen und bewerten
11 Meeresströmungen
„Die Ozeane haben keinen Einfluss auf das Klima.“ Bewerte die Aussage. Begründe dein Urteil.

12 Wähle eine der folgenden Aussagen aus und nimm Stellung dazu:
A „Meere sind eine unerschöpfliche Rohstoffquelle.“
B „Aquakulturen sind die Lösung für das Problem der Überfischung der Meere.“

13 Nachhaltige Fischerei
Beurteile die Notwendigkeit einer nachhaltigen Fischerei anhand deiner Kenntnisse zum Weltmeer und mithilfe der Karikatur M 3.

M3 „Last Blue Tuna“

Ursachen und Folgen des Meeresspiegelanstiegs erläutern

TERRA
EXTRA

Der Meeresspiegel steigt

Fast ganz New York liegt unter Wasser. Nur die Freiheitsstatue und das One World Trade Center ragen noch aus den Fluten des Meeres heraus. Fiktion oder drohende Wirklichkeit?

1 Arbeite mit Bild M1:
a) Beschreibe das abgebildete Szenario.
b) Formuliere mögliche Konsequenzen für die Stadt New York.

2 Erläutere Ursachen und Folgen des Meeresspiegelanstiegs (T1, T2).

3 Erläutere, warum die Erderwärmung Auswirkungen auf die Stürme hat (T2, T3).

4 Nimm Stellung zu einer der folgenden Aussagen:
A „Der Anstieg des Meeresspiegels betrifft uns nicht.“ (M2, M5)
B „Der Meeresspiegelanstieg betrifft nur die armen Länder.“ (M2 – M5)

MK **5** Informiere dich über aktuelle Deichbaumaßnahmen in den Niederlanden, z.B. am „Afsluitdijk“ (Abschlussdeich) zwischen Noord-Holland und Friesland.

○1a ◒2, 3, 5 ●1b, 4 Lösungshilfen ab S.178

M1 New York: Szenario des Meeresspiegelanstiegs

← **Klimawandel** Seite 112/113

Weltklimarat
Der Klimarat der Vereinten Nationen (förmlich IPCC: Intergovernmental Panel on Climate Change) forscht nicht selbst, sondern fasst die weltweiten wissenschaftlichen Daten zum Klimawandel zusammen, wertet sie aus und stellt sie verständlich dar.

T1 Der Meeresspiegelanstieg

Der Weltklimarat prognostiziert durch die Erderwärmung einen Meeresspiegelanstieg von etwa einem Meter bis zum Ende des 21. Jahrhunderts. Dies hätte verheerende Auswirkungen für die etwa 2,8 Milliarden Menschen, die weniger als 100 km von der Küste entfernt leben. Für jeden Zentimeter, den das Meer ansteigt, geht bis zu ein Meter Küstenland unwiederbringlich verloren.

Vor allem Länder mit flacher Küstenregion, z.B. entlang der gesamten Nordseeküste oder in Südostasien, sowie küstennahe Megastädte wie Rio de Janeiro, Mumbai, Bangkok oder Shanghai wären von Überflutung bedroht. Auswirkungen sind auch auf die landwirtschaftliche Produktion zu befürchten. Allein in Bangladesch würde ein Anstieg des Meeresspiegels um einen Meter die Reisproduktion um die Hälfte verringern.

T2 Warum der Meeresspiegel ansteigt

Ursache für den Meeresspiegelanstieg ist vor allem das Abschmelzen der großen kontinentalen Eisschilde der Antarktis und Grönlands infolge des Klimawandels. Die Erwärmung des Meerwassers verändert außerdem seine Dichte: Wärmeres Wasser lässt den Meeresspiegel durch die Vergrößerung seines Volumens zusätzlich ansteigen. Langfristige Prognosen gehen sogar davon aus, dass die Erwärmung Einfluss auf die globalen Meeresströmungen wie den Golfstrom haben kann.

T3 Häufigere und stärkere Stürme

Wenn sich die tropischen Meere stärker aufheizen, hat das Auswirkungen auf die Stürme. Durch die stärkere Verdunstung wird mehr Energie freigesetzt. So können z.B. Wirbelstürme, die über warmen Meeren entstehen (Hurrikane), stärker werden und mehr Niederschläge bringen. Untersuchungen belegen, dass die Hurrikan-Energie in den letzten Jahren um 70 Prozent zugenommen hat. Die zerstörerische Kraft eines Sturms an der Küste wird deutlich größer. Ebenso könnten sich die Zeiten zwischen Überflutungs- und Sturmereignissen verkürzen.

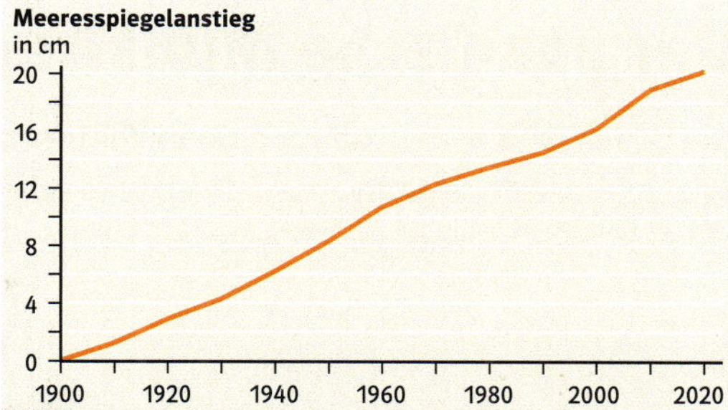

M4 Der Anstieg des Meeresspiegels seit 1900

Kaum zu glauben
Wenn alle Gletscher und Polkappen abschmelzen würden, dann käme es zu einem Anstieg des Meeresspiegels von etwa 70 m.

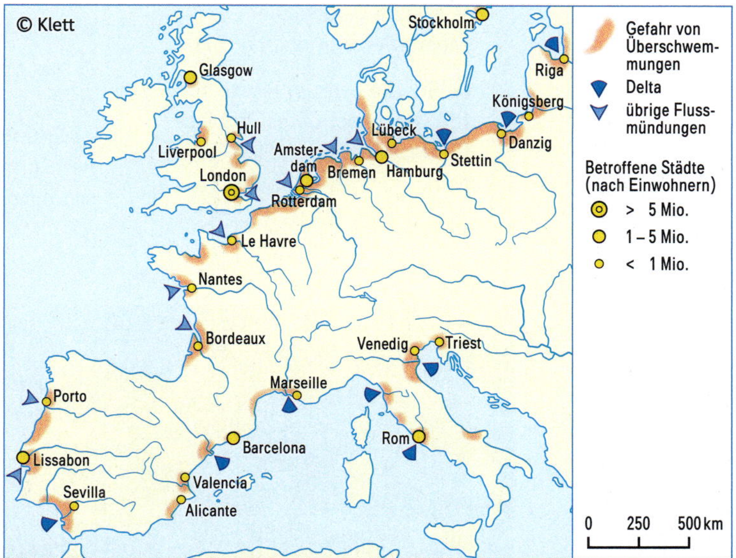

M5 Gefährdete Küsten bei ansteigendem Meeresspiegel

M2 **Auswirkungen auf Europa**

Auch in Europa wären große Küstenregionen überschwemmungsgefährdet. Kein Mensch weiß heute, wie viele Milliarden Euro für Deiche, Umsiedlungen, die Entsalzung von Trinkwasserbrunnen usw. künftig gebraucht werden. Deutschland hat bereits begonnen, seine Deiche zu verstärken und zu erhöhen. Das kostet allein im Bundesland Schleswig-Holstein fast 70 Millionen Euro jährlich. Deutschland als reiches Land kann sich das leisten. Aber wie ist das in ärmeren Ländern?

M3 **Ärmere Länder trifft es am meisten**

Im Viertel Artex am Rand der Stadt Malabon auf den Philippinen ist die Überschwemmung bereits zum Dauerzustand geworden. Die Philippinen gehören zu den Ländern, die von einem Meeresspiegelanstieg besonders betroffen sein werden, da die Inseln sehr flach sind. Schätzungen gehen davon aus, dass bei einem Anstieg des Meeresspiegels um einen Meter 15 Millionen Menschen ihre Heimat verlieren würden.

Überschwemmung in Malabon auf den Philippinen

TERRA EXTRA

Der pazifische Müllstrudel

Das Meer schien viele Jahrzehnte die einfachste Möglichkeit zu sein, Müll und Schadstoffe loszuwerden. Doch was scheinbar verschwindet, taucht als Alarmzeichen an der Meeresoberfläche wieder auf.

1 Beschreibe die Fotos M2 und M3.

2 Nenne Verursacher der Meeresverschmutzung (T1).

3 Erkläre, warum Plastikabfälle ein besonderes Problem für das Meer darstellen (T1, M4).

4 Mikroplastik (M6)
a) Erkläre den Begriff.
b) Erläutere die Gefahr, die von Mikroplastik ausgeht.

5 Meeresverschmutzungen (M5)
a) Erläutere die verschiedenen Formen der Meeresverschmutzung.
b) Wähle drei Ursachen aus und stelle jeweils eine mögliche Maßnahme dar, um das Problem zu lösen.

NE **6** Bewerte die Maßnahmen zum Ocean Cleanup (M7).

NE **7** Müll im Meer: Führt ein Planspiel durch (Linktipp).

○1, 2 ◒3–5 ●6, 7 Lösungshilfen ab S.178

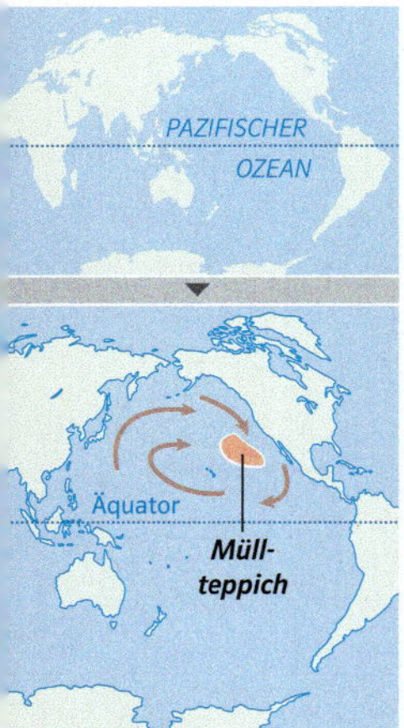

M1 Müllteppich im Nordpazifik

M2 Plastikmüll im Ozean

M3 Einsiedlerkrebs im Plastikabfall

T1 Ein neuer Kontinent aus Müll

Ein Teil der Meeresverschmutzung lässt sich auf die Schifffahrt zurückführen, doch 80 Prozent entstehen an Land. Hauptverursacher sind Industrie und Landwirtschaft, aber auch Müll hat einen hohen Anteil. Jährlich gelangen etwa zehn Millionen Tonnen Müll in die Meere, z. B. über die Flüsse. Kunststofferzeugnisse und Verpackungen aus Plastik sind sehr schädlich für das Ökosystem Meer. Sie enthalten Giftstoffe und Plastik braucht mehrere Hundert Jahre, bis sich das Material zersetzt. So wächst im Pazifischen Ozean ein „achter Kontinent" heran. Seine Größe entspricht der Mitteleuropas und er besteht aus Millionen Tonnen von Müll, überwiegend aus Plastik.

M4 **Plastikenten schwimmen übers Meer**
Aufmerksam geworden ist man auf das Problem des Plastikmülls in den Ozeanen eher zufällig. 1992 verlor ein Frachter im Chinesischen Meer einen Container mit 29 000 Plastikenten. 2007 wurden einige Enten an der Ostküste der USA entdeckt. Die Meeresströmungen hatten die Enten durch den Pazifik über die Arktis bis in den Atlantik getrieben.

Kaum zu glauben
Wenn der Mülleintrag ins Meer so weitergeht, gibt es 2050 im Weltmeer mehr Plastik als Fische.

Lösungen jx2mz2

Linktipp: Planspiel Müll im Meer jx2mz2

Wie gelangen Pestizide, Öl und Müll ins Meer?

Landwirtschaft und Fischerei
- Pestizide versickern im Grundwasser oder gelangen über Flüsse ins Meer
- Stickstoff und Phosphor von künstlichen Düngern sowie Gülle gelangen ins Grundwasser oder direkt ins Meer
- Folien von Gewächshauskulturen werden ins Meer geweht
- Entsorgung von Netzen und anderen Gerätschaften

Aktivitäten des Menschen an Land
- Einleitung von unterschiedlich gereinigtem Abwasser in Flüsse bzw. ins Meer
- Abgase des Verkehrs (Kohlenmonoxid, Schwefeldioxid, Stickoxide)
- kleine Plastikpartikel von Kosmetika und Hygieneprodukten
- Verschmutzung der Strände durch Müll der Touristen

Schifffahrt
- Reinigung von Tanks und Einleitung von Öl
- „Verklappung" von Problemmüll und giftigen Chemikalien im Meer
- Tankerunglücke

Ölplattformen
- Einleitung von ölhaltigem Produktionswasser
- austretendes Erdöl bei der Förderung
- in ausgedienten Plattformen verbleibende Schadstoffe

Industrie
- gasförmige Schadstoffe (Emissionen) gelangen in die Luft, werden durch Niederschlag ausgewaschen und ins Meer transportiert
- industrielle Abwässer werden in die Flüsse geleitet und dann ins Meer transportiert

M5 Ursachen der Meeresverschmutzung

M6

Mikroplastik

Nahezu unsichtbar, aber extrem gefährlich ist Mikroplastik. Die Kunststoffpartikel sind kleiner als 5 mm und blieben aufgrund der geringen Größe lange unbeachtet. Zum einen sind die kleinen Teilchen das Grundmaterial für die Plastikproduktion. Sie befinden sich aber auch in Kleidungsfasern, in Kosmetika und Hygieneprodukten. Zum anderen entsteht Mikroplastik, weil Plastik im Wasser nicht biologisch abgebaut wird, sondern lediglich zerrieben und zersetzt wird. Das immer kleiner werdende Plastik bleibt so über Jahrhunderte im Meer. Inzwischen wurde Mikroplastik in Fischmägen gefunden. Und so gelangt es über die Nahrungskette wieder zum Menschen.

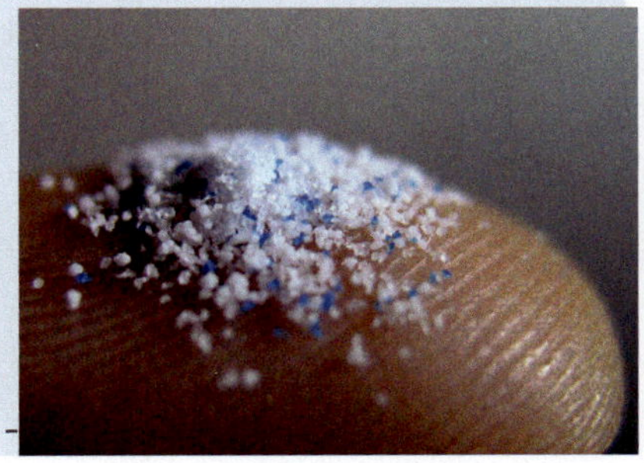

M7

Meere und Flüsse einfach reinigen?

Das Projekt „Ocean Cleanup"

Ein Großteil des Plastikmülls im Pazifik gelangt über nur zehn Flüsse in Afrika und Asien dorthin. Beispielsweise spült der Jangtsekiang jedes Jahr mehr als 300 000 t Plastik ins Chinesische Meer. Wäre es da nicht wunderbar, wenn man den Müll einfach von den Flüssen und Meeren abfischen könnte? Das dachte sich jedenfalls der Niederländer Boyan Slat mit seiner Stiftung Ocean Cleanup.
Der für Millionen von Dollar entwickelte Ozean-Filter besteht aus Röhren, die mehrere Hundert Meter lang sind und im Halbkreis schwimmen. Sie sollen an der Meeresoberfläche treibende Plastikteile einkreisen, während Versorgungsschiffe den Müll einsammeln und recyceln. Auf Flüssen in Malaysia und Indonesien sind außerdem sogenannte Interceptors im Einsatz. Diese Müllschlucker sind etwa so groß wie überlange Lkw und sammeln den Müll mit ihren schwimmenden Fließbändern ein. Ein Interceptor könnte bis zu 50 t Müll am Tag schaffen.
Doch Umweltschützer/innen warnen bereits vor negativen Begleiterscheinungen. So weisen die Deutsche Stiftung Meeresschutz und Wissenschaftler/innen des Alfred Wegener Instituts in Bremerhaven darauf hin, dass die Superfilter auch große Mengen Mikroorganismen von der Wasseroberfläche abschöpfen und damit die Biodiversität in den empfindlichen Ökosystemen gefährden. Effektiver würden Organisationen weltweit den Müll bereits von den Stränden sammeln, denn an die Küsten wird der Müll ohnehin schnell wieder getrieben. Andere Wissenschaftler betonen, dass ein funktionierendes Abfallmanagement und Gesetze am wichtigsten wären, die verhindern, dass Müll in die Flüsse und Meere gelangt. Aber das ist evtl. nicht so beeindruckend wie die gigantische Technik auf hoher See.

7

Räume unter die Lupe nehmen

A

B

M1 A: Tourismus im Mount Kenia National Park, am zweithöchsten Berg Afrikas B: Plakat in Malawi zum Kampf gegen Aids C: Tuareg auf einem Markt in Niger

Wie leben eigentlich die Menschen in Kenia? Warum ist das Land für Touristen so attraktiv? Mithilfe einer Raumanalyse bekommst du Antworten auf diese und ähnliche Fragen. Betrachte Räume auch unter anderen Fragestellungen und vertiefe deine Kenntnisse, z. B.: Wie hat sich das Leben der Tuareg in der Sahara und im Sahel verändert? Welche Auswirkungen hat die Krankheit Aids auf das südliche Afrika?

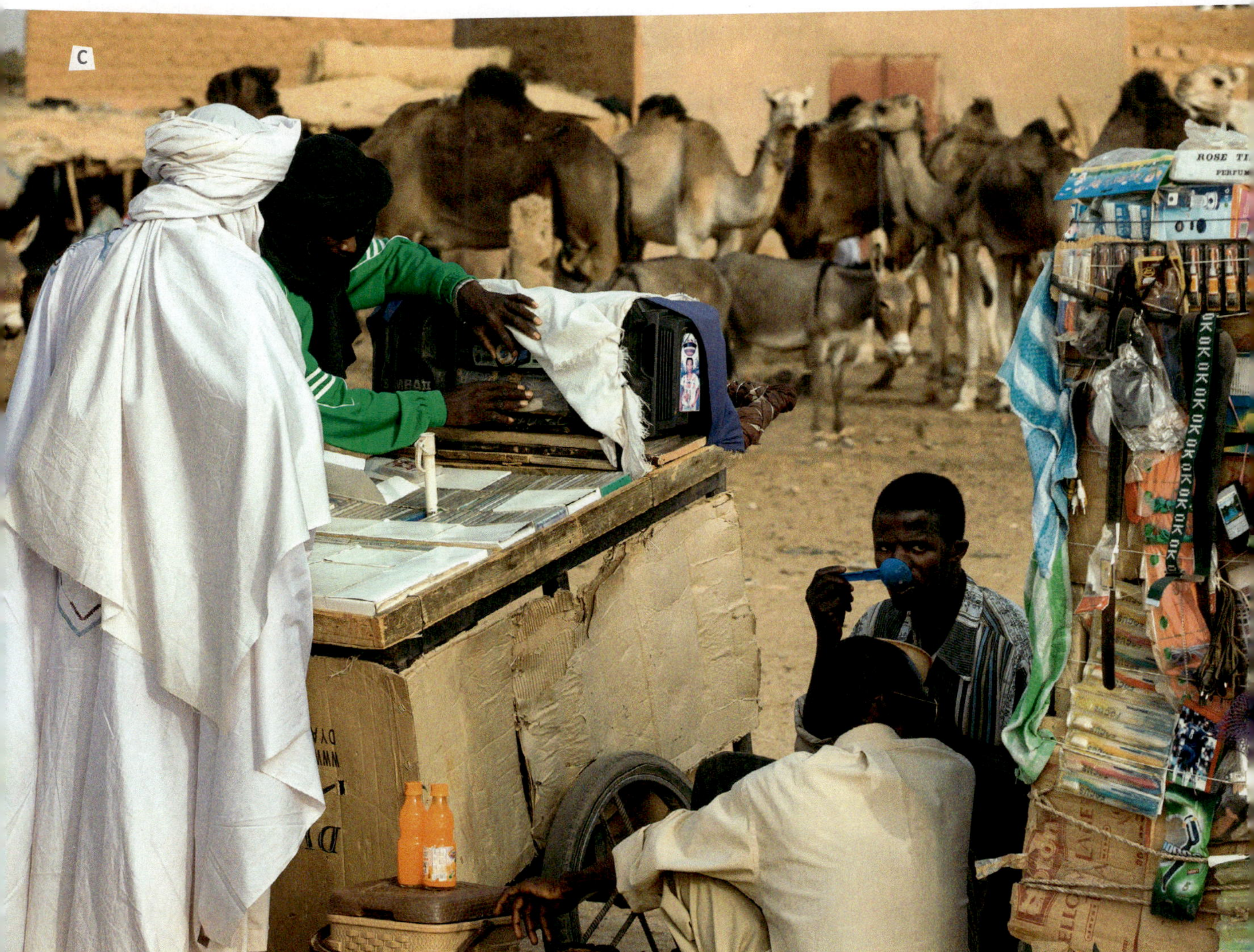

C

Das kannst du bald:

- eine Raumanalyse durchführen und das Ergebnis präsentieren
- Kenia mit einer Leitfrage zum Tourismus erschließen
- den Wandel in der Lebensweise der Tuareg in der Sahara und im Sahel untersuchen
- die Auswirkungen von HIV und Aids auf das südliche Afrika beschreiben
- Aktivitäten im Kampf gegen HIV und Aids beschreiben

TERRA **METHODE**

Wahlbereich 1

→ **Wahlbereich 2** Die Tuareg zwischen Tradition und Moderne Seite 148/149

→ **Wahlbereich 3** Aids im südlichen Afrika Seiten 150–153

M1 Stadtzentrum von Nairobi

M2 Auf einer Teeplantage in Kenia

Einen Raum mit einer Leitfrage erschließen

Wenn Geographen einen Raum analysieren, wollen sie meist alles über den Raum wissen und herausfinden, wie die verschiedenen Faktoren wie Klima, Relief, Wirtschaft usw. zusammenhängen. Mithilfe einer Leitfrage kannst du dich auf einen Teilbereich beschränken.

← **Vegetationszonen Afrikas** Seite 38/39

← **Savannen** Seite 42/43

T1 Das Raumbeispiel Kenia

Kenia liegt in Ostafrika an der Küste des Indischen Ozeans. Der Äquator verläuft mitten durch das Land. Die Landschaften Kenias lassen sich außer einer schmalen Küstenebene in zwei Großregionen gliedern: Im Osten und Norden überwiegen Savannenlandschaften, die vor allem durch ihren Tierreichtum mit großen Herdenwanderungen von Zebras, Gnus und Antilopen bekannt sind. Große Teile der Savannen sind Nationalparks oder Naturschutzgebiete, die von vielen Touristen aus aller Welt besucht werden. Im Westen erstreckt sich ein Hochland, dessen höchster Berg der Mount Kenia mit 5199 m ist. Im Hochland liegt auch die Hauptstadt Nairobi auf 1 800 m Höhe. Ganz Kenia gehört zur Zone des tropischen Wechselklimas, das von Regenzeiten und Trockenzeiten geprägt ist.

1. Schritt: Leitfrage formulieren

Gut geeignet ist eine Frage, die einen bestimmten Aspekt in den Mittelpunkt stellt. Die Leitfrage regt dazu an, diesen Aspekt von mehreren Seiten zu beleuchten.

*Beispiel für eine Leitfrage:
Wie wirkt sich der Tourismus in Kenia auf den Raum und auf das Leben der Menschen aus?*

2. Schritt: Sich einen Überblick verschaffen

Ordne den Untersuchungsraum geographisch ein. Beschreibe seine Lage im größeren Raum (Kontinent, Klimazone, Nachbarstaaten ...).

Kenia liegt in Ostafrika in der Zone des tropischen Wechselklimas. Der Äquator verläuft mitten durch das Land. Die Nachbarstaaten sind ...

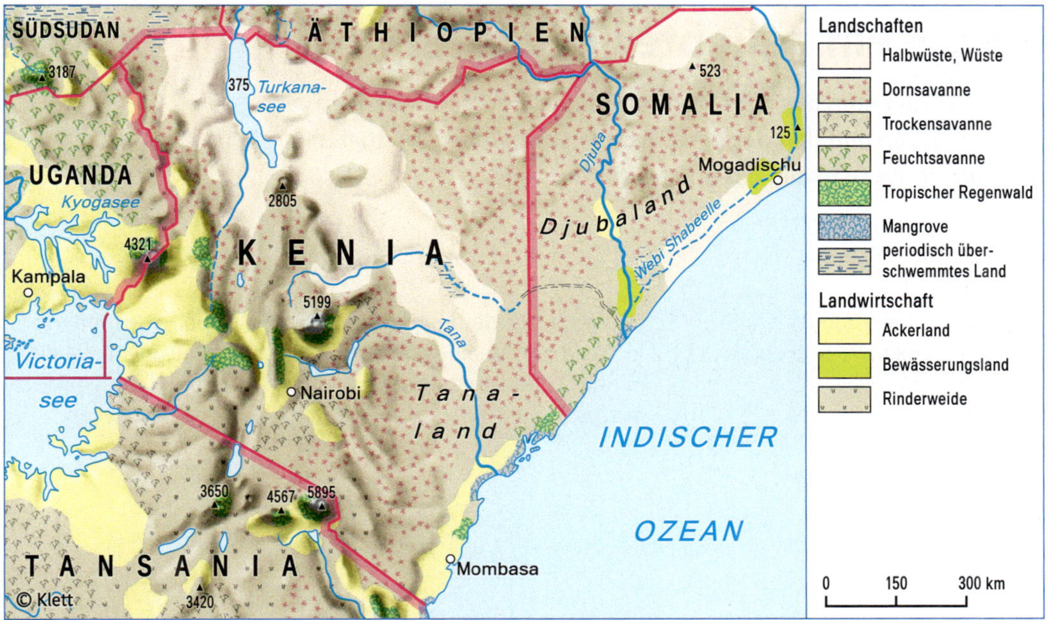

M3 Vegetationszonen und Landschaften in Kenia

3. Schritt: Material sammeln und sichten

- Suche im Internet und anderen Medien nach Informationen zu dem Raum.
- Verschaffe dir einen groben Überblick über die einzelnen Quellen: Helfen sie dir, die Leitfrage zu beantworten? Wenn ja, speichere die Webseiten zunächst als Lesezeichen ab und notiere dir die Seiten aus Büchern usw.
- Schau dir deine ausgewählten Quellen genauer an und notiere die Informationen, die du verwenden möchtest. Gib jeweils auch die Quelle der Informationen an (Webadresse; bei Büchern den Verfasser, Buchtitel und die Seite).
- Stelle das Material nach bestimmten Gesichtspunkten zusammen, z. B. positive Auswirkungen, negative Folgen, Wechselwirkungen ... Bilder, Tabellen, Grafiken und Karten sagen dabei oft mehr aus als Texte.

4. Schritt: Die Leitfrage beantworten

Beantworte die Leitfrage mithilfe der ausgewählten Materialien und erarbeite eine übersichtliche Darstellung deiner Ergebnisse.

5. Schritt: Die Ergebnisse präsentieren

Stelle deine Ergebnisse anderen in einer selbst gewählten Form vor, z. B. als Computerpräsentation, als Vortrag, als Lernplakat ...

Kenia

- Unabhängigkeit: 1963, vom Vereinigten Königreich (Großbritannien)
- Staatsform: Republik
- Amtssprachen: Swahili, Englisch
- Hauptstadt: Nairobi
- Fläche: 580 367 km²
- Einwohnerzahl: 47 564 000 (2019)
- BIP (2019): 79,5 Milliarden US-Dollar
- Erwerbstätige nach Wirtschaftsbereichen: Landwirtschaft: 61 %, Industrie: 7 %, Dienstleistungen: 32 %

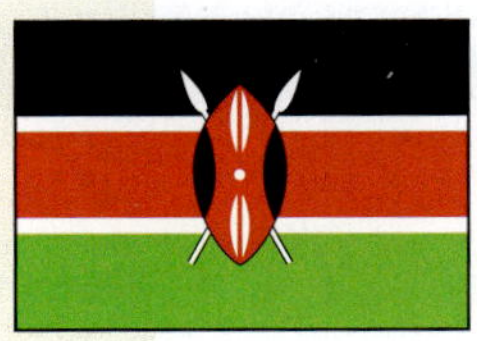

M4 Steckbrief Kenia

MK **1** Führe eine fragengeleitete Raumanalyse zu Kenia durch. Leitfrage: Wie wirkt sich der Tourismus in Kenia auf den Raum und auf das Leben der Menschen aus? Nutze die Materialien der S. 144–147 und weitere Quellen.

Eine Raumanalyse zum Thema „Tourismus in Kenia" durchführen

Kenia – ein beliebtes Reiseziel

Kenia lockt Touristen aus aller Welt mit seinen Traumstränden am Indischen Ozean und den riesigen Savannen mit großen Wildtieren. Tourismus bringt Geld ein, hat aber auch Nachteile.

Wahlbereich 1

1 Führe eine fragengeleitete Raumanalyse zu Kenia durch. Leitfrage: Wie wirkt sich der Tourismus in Kenia auf den Raum und auf das Leben der Menschen aus? Folge den Schritten auf S. 144/145 und nutze die Materialien der S. 144–147 und weitere Quellen.

1 Lösungshilfen ab S. 178

→ **Wahlbereich 2** Die Tuareg zwischen Tradition und Moderne Seite 148/149

→ **Wahlbereich 3** Aids im südlichen Afrika Seiten 150–153

Lodge ursprünglich eine einfache Unterkunft in der Natur, heute auch teils eine luxuriöse Form von Hotelappartment

Kenia

Rundreise von Nairobi bis Malindi
- 14-tägig inkl. Flug
- 4-Sterne-Lodges inkl. Frühstück

Frühbucher-Vorteil
pro Person ab **2.499 €**

jetzt buchen

Ihre Reise-Highlights:
- 7 Safaris in 3 Nationalparks: Samburu, Nakuru & Masai Mara
- kleine Gruppen im Geländewagen plus Guide
- ein Ballonflug mit atemberaubender Aussicht
- UNESCO-Weltnaturerbe: kenianische Seenlandschaft
- Besuch bei den Massai
- Entspannung pur: Baden am Pool und im Indischen Ozean

M1 Angebot für eine Reise nach Kenia

T1 Tourismus – wichtiger Wirtschaftsfaktor

Der Tourismus hat sich in Kenia in den letzten Jahrzehnten gut entwickelt. 2017 betrugen die Einnahmen 1,38 Milliarden Euro. Die Reiseangebote in das ostafrikanische Land werden daher laufend erweitert. An der Küste am Indischen Ozean entstehen neue Ferienanlagen für Strandurlauber und im Landesinneren in den Nationalparks werden neue Lodges für Safariabenteurer gebaut. Kenia investiert jährlich etwa 14 Prozent seines Bruttoinlandsproduktes in Tourismuseinrichtungen. Der Tourismus sorgt zum Teil auch für mehr Naturschutz, denn wo viele Touristen sind, gibt es weniger Wilderer.

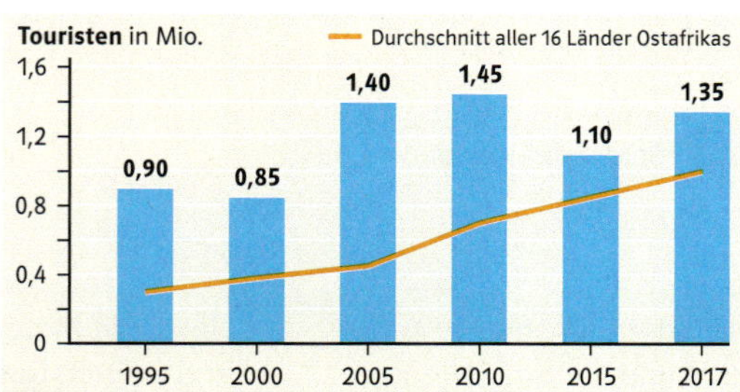

M2 Touristenankünfte in Kenia (in Millionen)

M3 Ausblick von einer Lodge in Kenia

M4 Touristen besuchen ein Massai-Dorf.

T2 **Der Tourismus verändert Kenia**

Die Ausweitung des Tourismus führt aber auch zu Interessenkonflikten mit den Bestrebungen des Naturschutzes und der einheimischen Bevölkerung. In den Nationalparks werden z. B. viele Jeep-Safaris angeboten, die die Tierwanderungen beeinflussen können.

Das Tourismusgeschäft erhöht die Abhängigkeit Kenias von finanzstarken Urlaubern aus aller Welt. Und trotz der großen Bemühungen um die Touristen ist der Nutzen für das gesamte Land bisher nur gering. Das meiste Geld verdienen die Reiseveranstalter in den Herkunftsländern der Touristen und die Fluggesellschaften. Auch die meisten Unterkünfte gehören ausländischen Hotelkonzernen. Führungspositionen im Tourismus sind nur selten von Einheimischen besetzt. Die meisten Kenianer finden nur geringer bezahlte Jobs in Hotels und Restaurants, als Fremdenführer oder Safaribegleiter.

Da die meisten Urlauber auch in der Ferne nicht auf ihre vertrauten heimischen Gewohnheiten verzichten wollen, müssen viele Produkte aus den Industrieländern importiert werden. Auch der große Bedarf an Elektroenergie für die Touristenzentren ist kostspielig. Das verschlingt wiederum einen Großteil der Einnahmen aus dem Tourismusgeschäft.

M5 **Folgen des Tourismus für die Massai**

Die Massai sind eine der bekanntesten Volksgruppen in Ostafrika. Ihr Leben wird durch den Tourismus in Kenia besonders stark beeinflusst. Ursprünglich lebten die Massai als Halbnomaden von Ackerbau und Viehzucht in den Savannengebieten. Durch die Ausweitung der Tourismusgebiete und Nationalparks mussten viele ihre einstigen Lebensräume verlassen. Straßen und Lodge-Anlagen der Tourismusveranstalter zerschneiden das Weideland für ihre Tierherden. Da die älteren Massai aufgrund ihrer traditionellen Lebensweise kaum die Schule besucht haben, können sie ihre Interessen nur schlecht vertreten. Auch die jüngeren Massai haben bis heute nur teilweise Schulunterricht, da es nicht genug Schulen in ihren verstreut liegenden Siedlungsgebieten gibt.

Die Massai in den betroffenen Regionen haben sich an die neuen Bedingungen angepasst. Sie verkleinern ihre Rinderherden und nutzen stattdessen die Touristen als Einnahmequelle. Sie stellen ihre Kultur mit Tänzen und Gesang dar, führen Touristen durch ihre Siedlungen und stellen sich für Fotos zur Verfügung. Dazu verkaufen sie Schnitzereien oder andere Souvenirs, die sie längst nicht mehr alle selbst hergestellt haben. Auf diese Weise ändert sich die Kultur der Massai immer mehr.

Halbnomaden
Bei einem Volk von Halbnomaden bleibt ein Teil der Familien sesshaft und betreibt Ackerbau. Der andere Teil betreibt Weidewirtschaft und zieht mit dem Vieh durch wechselnde Weidegebiete.

Die Tuareg zwischen Tradition und Moderne

Wer sich Hunderte Kilometer weit in die Wüste wagt, muss sich gut auskennen. Die Tuareg haben sich über Jahrhunderte an die extremen Bedingungen angepasst. Doch ihre Lebensweise musste sich stark wandeln. Die Rockband Tamikrest drückt diesen Wandel in ihren Songtexten aus.

Wahlbereich 2

1 Beschreibe das ursprüngliche Leben der Tuareg (M 2, T 1).

2 Nenne Ursachen für die Veränderungen (T 2, T 3).

3 Beschreibe das heutige Leben der Tuareg (T 4, M 3, M 4).

MK **4** Recherchiere Projekte der Städtepartnerschaft zwischen Timbuktu und Chemnitz (M 4, TERRA-Code).

MK **5** Die Band Tamikrest (M 5, TERRA-Code)
a) Erstelle einen Steckbrief der Band.
b) Beschreibe, welche Botschaft die Musiker vermitteln möchten.
c) Schau dir das Musikvideo zu „Djanegh etoumast" im Internet an. Überlege, welches Bild der Wüste die Musiker im Videoclip vermitteln.

○1–3, 5b ◒4, 5a ●5c Lösungshilfen ab S.178

← **Wahlbereich 1**
Raumanalyse zum Tourismus in Kenia
Seite 144–147

→ **Wahlbereich 3**
Aids im südlichen Afrika
Seite 150–153

← **Wüstenformen**
Seite 40/41

M2 Kamelkarawane der Tuareg

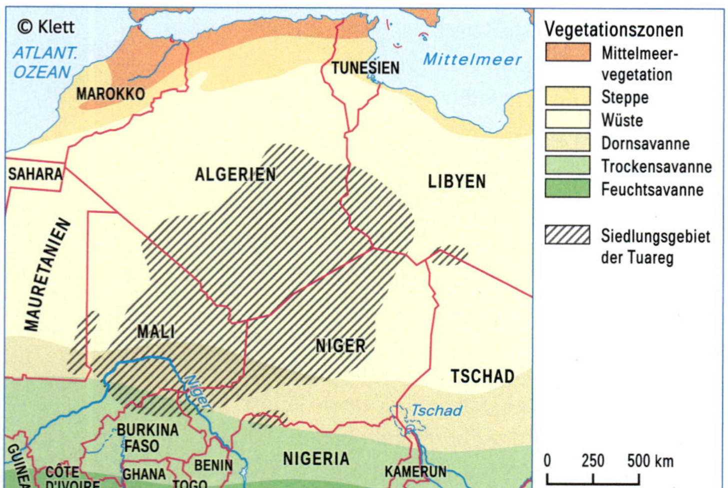

M1 Siedlungsgebiete der Tuareg in Nordafrika

T1 Das traditionelle Leben der Tuareg

Über Jahrhunderte zogen die Tuareg mit ihren Kamelkarawanen viele Hundert Kilometer zwischen den Oasen der Sahara und den Märkten im Sahel hin und her. Sie lebten als Nomaden, angepasst an die extremen Bedingungen der Wüste. Sie hatten keinen festen Wohnsitz, sondern zogen von Weideplatz zu Weideplatz. Die Männer waren Transporteure und Händler. Sie tauschten Salz gegen Hirse, Datteln und andere Waren des täglichen Bedarfs. Die Frauen blieben manchmal monatelang mit den Kindern und Viehherden allein.

T2 Kämpfe der Vergangenheit

Im 19. und 20. Jahrhundert mussten die Tuareg immer wieder darum kämpfen, nach ihrer Tradition leben zu dürfen und als freies Volk anerkannt zu werden. Im 19. Jahrhundert leisteten sie heftigen Widerstand gegen die Kolonialmacht Frankreich. Erst 1917 wurde ein Friedensvertrag geschlossen. Mit dem Ende der Kolonialherrschaft 1960 wurde ihr Siedlungsgebiet zwischen den nun unabhängigen Staaten Mali, Niger und Algerien aufgeteilt. Doch die willkürlich gezogenen Ländergrenzen erschwerten die nomadische Lebensweise und den Zusammenhalt der Tuareg-Gesellschaft.

Linktipp: Städtepartnerschaft Chemnitz – Timbuktu
rq3m4i

Linktipp: Homepage von Tamikrest
rq3m4i

M3 Handel in Timbuktu

T3 Zum Wandel gezwungen

Durch Ansiedlungsprogramme wurden die Tuareg gezwungen, ein sesshaftes oder halbnomadisches Leben zu führen. So hatte die jeweilige Regierung eine bessere Kontrolle über die Bevölkerung. Als sich die Tuareg dagegen wehrten, wurden sie von den Regierungen unterdrückt und verfolgt. Neben den politischen Verfolgungen bedrohten jahrelange Dürre und wirtschaftliche Benachteiligungen ihre Existenz. Wassermangel zerstörte immer größere Weidegebiete und die Tauschbedingungen für Waren verschlechterten sich.

T4 Das Leben der Tuareg heute

Heute sind in den nordafrikanischen Ländern alle großen Oasen untereinander und mit den Küstenstädten verbunden. Die Regierungen ließen viele Straßen durch die Wüste bauen. Es gibt auch regelmäßige Busverbindungen. Lastwagen haben den Gütertransport übernommen, sodass Kamelkarawanen kaum noch benötigt werden. Die Lebensweise der etwa eine Million Tuareg hat sich insgesamt stark verändert. Viele haben einen Beruf erlernt. Manche arbeiten als Händler und Handwerker. In einigen Oasen sind riesige Hotelkomplexe mit Swimmingpools, Tennis- und Golfplätzen entstanden. Hier finden die Tuareg Arbeitsmöglichkeiten als Reiseführer, als Jeep-Fahrer oder sie arbeiten im Hotel.

M4 **Timbuktu – das Leben in der Stadt**

Timbuktu war einst eine Oase mit einem Brunnen. Aufgrund seiner zentralen Handelslage haben sich zahlreiche Bevölkerungsgruppen in Timbuktu niedergelassen, so auch die Tuareg. Für sie war es schon immer ein wichtiger Handelsplatz. In den 1990er-Jahren kam es unter den Tuareg immer wieder zu Aufständen. Sie überfielen wichtige Handelsstädte, auch Timbuktu, und erhoben immer wieder den Anspruch, diese Stadt zu regieren. Die Rebellion wurde 1996 mit einer symbolischen Waffenverbrennung beendet. Heute leben die Tuareg mit vielen weiteren Bevölkerungsgruppen gleichberechtigt in Timbuktu. Die Stadt zählt mehr als 30 000 Einwohner. Straßen tragen keine Namen und es gibt keine Straßenschilder. Doch die Bewohner wissen, wo es langgeht. Sie haben den Stadtplan im Kopf und kennen ihre Märkte, Geschäfte, die Schmieden, Töpfereien und Stoffläden. Moscheen und Friedhöfe sind wichtige Orientierungspunkte.

Im Rahmen einer Partnerschaft unterstützt die Stadt Chemnitz Timbuktu. Sie finanziert Schulmaterialien und Hilfstransporte mit medizinischen Geräten und Hilfsmitteln. Eine Solaranlage für das Regionalkrankenhaus wurde bereitgestellt und installiert.

M5 **Die Wüste „rockt“**

Unter dem Motto „Eine Wüste beherbergt uns, eine Sprache vereint uns, eine Kultur verbindet uns“ macht die Band Tamikrest seit 2006 durch ihre Musik und Songtexte auf die Unterdrückung der Tuareg aufmerksam. Ihre Musik ist eine Mischung aus traditionellen Melodien und Rhythmen der Tuareg sowie westlichem Rock und Pop. Tamikrest bedeutet in Tamaschek, der Sprache der Tuareg, so viel wie „Bündnis“ oder „Treffpunkt“. Die Gründungsmitglieder der Band, Ousmane Ag Mossa und sein Schulfreund Cheick Ag Tiglia, stammen aus dem Nordosten Malis. Ihre Kindheit und Jugend waren vom Bürgerkrieg geprägt. Wie viele andere verloren sie Familienmitglieder und Freunde während der Tuareg-Aufstände in den Jahren 1990 bis 1995. Als 2006 erneut Unruhen ausbrachen, beschlossen sie, sich dem bewaffneten Kampf nicht anzuschließen. Stattdessen gründeten sie die Band mit Musikern aus Mali, Niger, Algerien und Frankreich.

Im Jahr 2014 wurde Tamikrest bei den Songlines Music Awards als beste Gruppe ausgezeichnet. Auch mit ihrem Album „Tamotäit“ von 2020 vermittelt die Band Hoffnung auf einen positiven Wandel als zentrale Botschaft. Damit möchte Tamikrest auch auf Deutschland-Tour gehen.

Auswirkungen von HIV/Aids und aktuelle Entwicklungen beschreiben

Aids im südlichen Afrika

Das südliche Afrika ist weltweit am stärksten betroffen von Aids. Gleichzeitig gab es hier in den letzten Jahren weltweit den größten Fortschritt bei der Bekämpfung der Pandemie. Erfahre mehr über Ursachen, Auswirkungen und Aktionen gegen Aids.

Wahlbereich 3

1 Erkläre den Unterschied zwischen HIV und Aids (T1).

2 Wie stark sind Ost- und Südafrika betroffen? Vergleiche die Zahlen mit den Zahlen der anderen Regionen (M1). Lege dazu eine Tabelle an:

	Aids-Tote	…	…	…
Ost-/Süd-afrika				
…				

3 Beschreibe, wie sich die Zahlen der Neuinfektionen und der Toten in Ost- und Südafrika in den letzten Jahren verändert haben (M2, M3).

4 Beschreibe drei Auswirkungen von Aids für Süd- und Ostafrika (T3).

5 Begründe, warum HIV in Ost- und Südafrika stark verbreitet ist (T4).

○3, 4 ◒1, 2, 5 Lösungshilfen ab S.178

← **Wahlbereich 1** Raumanalyse zum Tourismus in Kenia Seite 144–147

← **Wahlbereich 2** Die Tuareg zwischen Tradition und Moderne Seite 148/149

Pandemie
großer Ausbruch einer Krankheit. Dabei stecken sich Menschen über Ländergrenzen und Kontinente hinweg mit dieser Krankheit an. HIV ist ein Beispiel für eine Pandemie. Ein anderes Beispiel ist Covid-19.

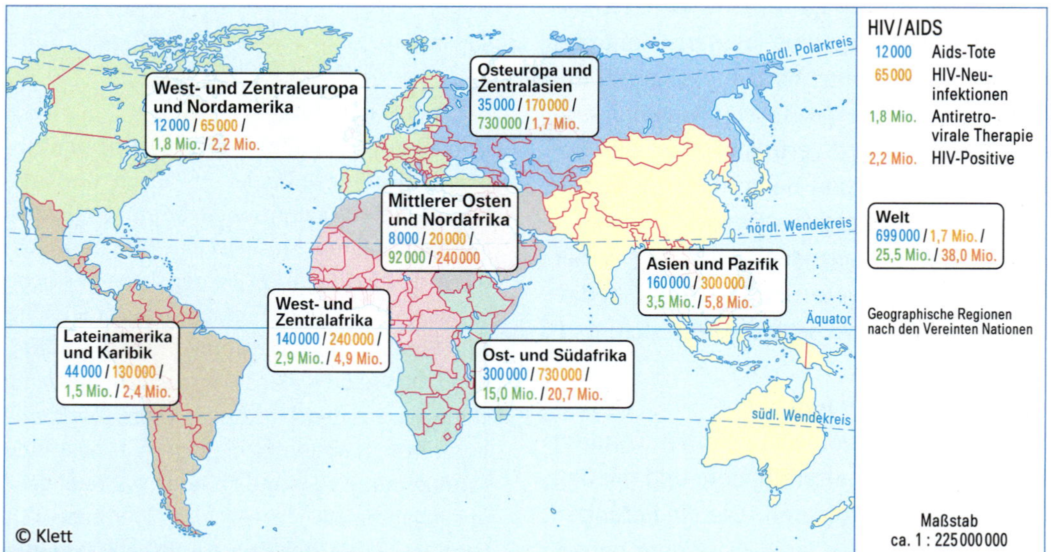

M1 Weltweite Verbreitung von HIV/Aids 2019

Schon gewusst?
Man kann mit HIV infiziert sein, ohne an Aids zu erkranken.

→ **ART** Seite 152

T1 Was ist HIV? Was ist Aids?
Als HIV bezeichnet man ein menschliches Virus, das die körpereigenen Abwehrkräfte schädigt. Wenn man sich mit dem HI-Virus angesteckt hat, aber nicht behandelt wird, kann der Körper Krankheitserreger nicht mehr gut bekämpfen. Im schlimmsten Fall bekommt man dann lebensbedrohliche Erkrankungen, z.B. schwere Lungenentzündungen. Dann spricht man von Aids.

Nehmen Menschen mit HIV regelmäßig sogenannte antiretrovirale Medikamente (ART) ein, ist die Virusmenge im Blut sehr gering. Das verhindert den Ausbruch von Aids. HIV ist also sehr gut behandelbar.
Doch bis heute ist HIV nicht heilbar und es gibt keine Impfung, die vor der Ansteckung schützt.

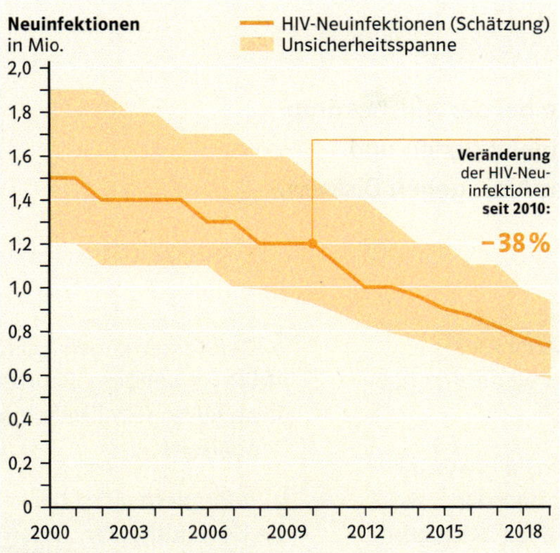

M2 HIV-Neuinfektionen in Ost- und Südafrika (2000–2019)

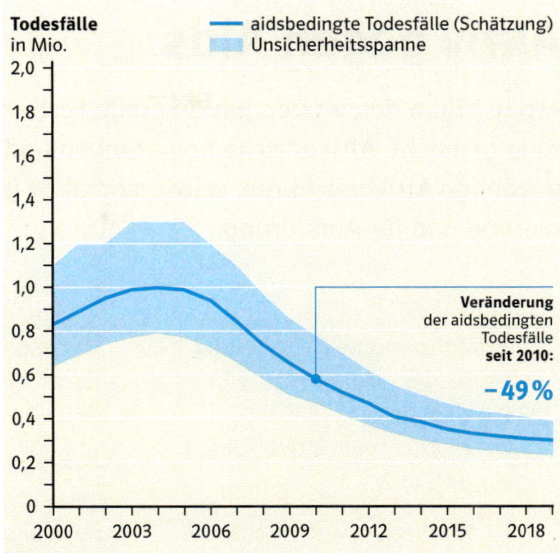

M3 Aidsbedingte Todesfälle in Ost- und Südafrika (2000–2019)

Am häufigsten erfolgt die Ansteckung beim Geschlechtsverkehr. Auch HIV-infiziertes Blut ist ansteckend. Das gilt z.B., wenn Spritzen von mehreren Menschen gemeinsam benutzt werden. Babys von Müttern mit HIV können sich während der Schwangerschaft, der Geburt und beim Stillen anstecken.

T2 HIV/Aids im südlichen Afrika

Regionen südlich der Sahara sind weltweit am stärksten von der HIV-Pandemie betroffen, besonders Ost- und Südafrika. Hier leben zurzeit fast 21 Millionen Menschen mit einer HIV-Infektion. Das sind etwas mehr als die Hälfte aller HIV-Infizierten weltweit.
Im Jahr 2019 sind 300 000 Menschen in Ost- und Südafrika infolge von Aids gestorben. Die allgemeine Lebenserwartung ist in einigen Ländern aufgrund der hohen Verbreitung von Aids stark gesunken. Seit Beginn der Pandemie in den 1980er-Jahren wurden Millionen von Kindern zu Waisen, weil ihre Eltern an den Folgen der Krankheit gestorben sind. Viele Familien haben Aids-Waisen aufgenommen.

T3 Auswirkungen der Pandemie

Von HIV/Aids sind vor allem junge Erwachsene betroffen. Dadurch ist die industrielle und landwirtschaftliche Produktion in den betroffenen Ländern stark zurückgegangen. Somit ist auch ihr Wirtschaftswachstum gering. Lehrer und Ärzte fehlen, weil sie nicht mehr arbeiten können oder gestorben sind.
Seit 2010 hat sich die Zahl der Todesfälle in Ost- und Südafrika aber fast halbiert und weitaus weniger Menschen stecken sich neu mit dem Virus an.

T4 Warum ist HIV im südlichen Afrika so verbreitet?

Eine wichtige Rolle spielt die hohe Anzahl von HIV-Infizierten, die nicht von ihrer Infektion wissen und andere anstecken.
Ein Problem ist auch die hohe Mutter-Kind-Ansteckung. Ohne Behandlung werden bis zu 40 Prozent der Kinder HIV-infizierter Mütter auch infiziert. Zum Vergleich: Mit einer ART-Behandlung werden weniger als ein Prozent der Kinder mit dem Virus infiziert. Für viele afrikanische Staaten waren die Kosten für ART aber lange zu hoch, sodass sich HIV auf zahlreiche Babys übertrug.
Die Regierungen haben auch unterschiedlich schnell gehandelt. Im Staat Südafrika konnte sich HIV auch deshalb so schnell ausbreiten, weil es lange keine staatliche Unterstützung für ART gab und Aufklärung vernachlässigt wurde. Das hat sich ab dem Jahr 2008 geändert. In Uganda beispielsweise wurde HIV von Anfang an entschieden bekämpft.

Was schützt vor einer HIV-Infektion?
- Kondome
- saubere Spritzen und Spritzenzubehör
- Auch das Risiko, dass HIV-infizierte Schwangere ihre Babys anstecken, lässt sich sehr stark senken. Voraussetzung dafür ist, dass die Mütter von der Infektion wissen und behandelt werden.

Aktiv gegen Aids

Afrika hat in den letzten Jahren große Fortschritte bei der Aidsbekämpfung gemacht. Afrikanische Regierungen und Organisationen und unzählige Afrikaner/innen selbst sind aktiv gegen Aids, gegen Diskriminierung und für Aufklärung.

Wahlbereich 3

← **Wahlbereich 1** Raumanalyse zum Tourismus in Kenia Seite 144 – 147

← **Wahlbereich 2** Die Tuareg zwischen Tradition und Moderne Seite 148/149

1 Medizinische Behandlung
a) Erkläre, was ART ist (T2, Randspalte).
b) Nenne drei positive Folgen von ART (T2).

2 Beschreibe, welche Erfolge es in Botsuana bei der Aidsbekämpfung gibt (M3).

3 Beschreibe, wofür sich Nkosi Johnson eingesetzt hat (M2).

4 Mit einer Serie etwas gegen Aids tun? Begründe, warum „Shuga“ dazu beitragen kann, dass sich HIV weniger verbreitet (T3, M4).

5 Der Kampf gegen Aids in Afrika ist vielfältig. Beurteile diese Aussage mithilfe dieser Doppelseite.

MK **6** Informiere dich über die Bedeutung der „Roten Schleife“.

○1 b, 2 ◒1 a, 3, 4, 6 ●5 Lösungshilfen ab S. 178

Die Antiretrovirale Therapie (ART) ist die erste medikamentöse Behandlung gegen Aids. Durch ART ist die Zahl der Todesfälle sehr stark gesunken. ART hilft, das Immunsystem so zu stabilisieren, dass aidsbedingte Erkrankungen nicht auftreten oder heilen können. Dafür müssen die Medikamente regelmäßig eingenommen werden. HIV selbst ist nicht heilbar.

M1 Schönheitswettbewerb „Youth positive“ („Jugend positiv“) in Uganda gegen die Diskriminierung von Jugendlichen mit HIV

T1 Erfolge bei der Aidsbekämpfung

Innerhalb weniger Jahre hat sich die Zahl der HIV-bedingten Todesfälle in Ost- und Südafrika fast halbiert. Auch die Zahl der Menschen, die sich neu mit HIV infiziert haben, ist sehr stark gesunken (Seite 151, M2 und M3). Die Erfolge sind jedoch regional unterschiedlich verteilt. In einigen Ländern gingen die Neuinfektionen besonders stark zurück, z. B. in Südafrika und Uganda. In anderen Ländern haben sich mehr Menschen neu infiziert, z. B. in Madagaskar und Südsudan.

T2 Staatliche Handlungsprogramme

Seit der Jahrtausendwende gibt es in mehreren Ländern Afrikas Programme, bei denen antiretrovirale Medikamente (ART) kostenlos ausgegeben werden. Diese wirken lebensverlängernd. Die von HIV/Aids betroffenen Menschen können ihren Alltag wieder aufnehmen und ihren Beruf ausüben. ART verringert außerdem das Risiko, andere Menschen anzustecken. Dadurch kann die Zahl der Neuinfektionen gesenkt werden. In Ost- und Südafrika bekamen im Jahr 2019 etwa 73 Prozent aller HIV-Infizierten ART. Zum Vergleich: In West- und Zentraleuropa und Nordamerika bekamen etwa 82 Prozent aller HIV-Infizierten ART.

Nkosi Johnson war ein südafrikanisches Kind mit HIV und Aids. Er kam bereits mit HIV auf die Welt und ist im Alter von zwölf Jahren gestorben. Nkosi Johnson wurde weltweit bekannt, als er auf der Internationalen Aids-Konferenz im Jahr 2000 eine Rede gehalten hat. Da war er elf Jahre alt. Seine Rede wurde weltweit im Fernsehen übertragen.

Nkosi Johnson hat sich dafür eingesetzt, dass HIV-positiven Müttern die notwendigen Medikamente zur Verfügung gestellt werden, damit sich ihre Babys nicht anstecken. Nkosi Johnson kämpfte für Gleichberechtigung und Akzeptanz von Menschen mit HIV und Aids. Zusammen mit seiner Adoptivmutter hat er „Nkosi's Haven" gegründet. Die Nichtregierungsorganisation unterstützt Mütter und Kinder, die von HIV/Aids betroffen sind.

M2 Nkosi Johnson, ein berühmter Kämpfer gegen Diskriminierung von HIV-Infizierten aus Südafrika

M5

M3 **Die Beispiele Botsuana und Tansania**

In Botsuana gibt es seit 2001 ein staatliches Therapieprogramm für HIV/Aids-Patienten. Es heißt MASA, was auf Setsuana „Morgendämmerung" bedeutet. Alle HIV-Infizierten, deren Gesundheitszustand kritisch zu werden droht, können kostenlos ART bekommen. In den ersten elf Jahren hat sich so die Zahl der Neuansteckungen mehr als halbiert. Nur noch etwa zwei von 100 Babys haben sich bei ihrer Mutter angesteckt. Zuvor waren etwa drei von zehn Kindern von HIV-positiven Müttern auch HIV-positiv.
Die durchschnittliche Lebenserwartung ist in Botsuana ebenfalls wieder angestiegen. Zuvor hatte Aids die Lebenserwartung seit den 1990er-Jahren sinken lassen.

Ein anderes Beispiel ist Tansania. Dort hat die Regierung im Jahr 2004 ein nationales Behandlungsprogramm begonnen. In den ersten fünf Jahren hatten schon rund 235 000 Menschen durch das Programm lebensverlängernde Medikamente erhalten. 2017 wurde das Programm ausgeweitet. Nun sollen alle Tansanier, die HIV-positiv getestet wurden, kostenlos ART bekommen. Das sind rund 1,2 Millionen Menschen.

M4 Wie erreicht man junge Leute am besten? Konferenz zur afrikanischen MTV-Serie „Shuga" über Liebe, HIV und Verantwortung (2018)

T3 Aufklärung

Eine wichtige Rolle bei der Eindämmung von HIV spielt auch Aufklärung. Staatliche und nicht-staatliche Kampagnen beraten und bieten HIV-Tests an. Viele Initiativen sind gegen Diskriminierung und für einen offenen Umgang mit HIV-Infektionen aktiv, z. B. „Nkosi's Haven" in Südafrika (M 2) oder die Selbsthilfeorganisation TASO in Uganda.
Ein anderes Beispiel ist die Serie „Shuga" (M 4). Sie erzählt von Liebe, Gefühlen und sexuellen Beziehungen unter Jugendlichen in Zeiten von HIV. Die Serie ist ein großer Hit geworden und Teil einer Multimedia-Kampagne für verantwortungsbewusstes Sexualverhalten und gegen Diskriminierung. Die Staffeln spielen in Kenia, Nigeria und Südafrika.

TASO (The Aids Support Organisation) ist eine Selbsthilfeorganisation. Sie wurde 1987 in Uganda gegründet und hat mittlerweile über 80 000 Mitglieder. TASO bietet in ganz Uganda Aids-Tests, Beratung, psychologische und medizinische Betreuung an und macht Präventionsarbeit.

8

Arbeitsanhang

In diesem Arbeitsanhang findet ihr wertvolle Hilfen für die selbstständige Arbeit im Geographieunterricht.

Afrika und Australien in Zahlen

Afrika

Fläche:	30 221 532 km² (22 % der Landfläche der Erde)
Bevölkerung:	1 338 000 000 Einw. (17,1 % der Erdbevölkerung)
Anzahl der Staaten:	54
städtische Bevölkerung:	43 %

Die flächengrößten Staaten

Algerien	2 382 000 km²
Demokratische Republik Kongo	2 267 000 km²
Libyen	1 760 000 km²
Niger	1 267 000 km²
Mali	1 220 000 km²

Die bevölkerungsreichsten Staaten

Nigeria	195 900 000 Einw.
Äthiopien	109 200 000 Einw.
Ägypten	98 400 000 Einw.
Demokratische Republik Kongo	84 100 000 Einw.
Südafrika	57 800 000 Einw.

Die höchsten Berge

Kilimandscharo	5 895 m
Mount Kenia	5 199 m
Ruwenzori	5 109 m

Die längsten Flüsse

Nil	6 671 km
Kongo	4 357 km
Niger	4 184 km

Die größten Seen

Victoriasee	69 484 km²
Tanganjikasee	32 893 km²
Malawisee	23 300 km²

Die größte Insel

Madagaskar	587 295 km²

Australien und Ozeanien

Fläche:	8 500 000 km² (5,7 % der Landfläche der Erde)
Bevölkerung:	43 000 000 Einw. (0,55 % der Erdbevölkerung)
Anzahl der Staaten:	16
städtische Bevölkerung:	86 %

Die flächengrößten Staaten

Australien	7 692 000 km²	25 000 000 Einw.
Papua-Neuguinea	462 840 km²	8 251 000 Einw.
Neuseeland	263 000 km²	4 900 000 Einw.
Salomonen	28 450 km²	653 000 Einw.
Fidschi	18 270 km²	884 000 Einw.

Die höchsten Berge

Puncak Jaya (Papua-Neuguinea)	5 029 m
Mount Cook (Neuseeland)	3 764 m
Mount Kosciuszko (Australien)	2 230 m

Die längsten Flüsse

Darling (Australien, periodisch wasserführend)	2 844 km
Murray (Australien)	2 375 km
Fly (Papua-Neuguinea)	1 120 km

Die größten Inseln

Neuguinea	687 000 km²
Neuseeland (Nordinsel)	113 729 km²
Neuseeland (Südinsel)	150 437 km²
Tasmanien	68 400 km²

Klimastationen

		J	F	M	A	M	J	J	A	S	O	N	D	Jahr
Afrika														
Algier, 59 m	°C	12	13	15	16	20	23	26	27	25	21	17	14	19
Algerien (Nordküste)	mm	110	83	74	41	46	17	2	4	41	80	128	135	762
In Salah, 273 m	°C	13	15	20	24	30	34	37	36	33	27	20	14	25
Algerien (Sahara)	mm	3	2	0	0	0	0	0	0	1	0	4	3	13
Al Kufrah, 381 m	°C	12	15	19	23	28	30	30	31	28	25	19	14	23
Libyen	mm	0	1	0	0	0	0	0	1	0	0	0	0	2
Kairo, 33 m	°C	12	13	16	20	24	27	27	27	25	22	18	14	20
Ägypten (Nil-Delta)	mm	5	5	5	3	3	0	0	0	0	3	3	5	32
Niamey, 223 m	°C	25	27	31	34	33	31	28	27	28	30	28	25	29
Niger (Sahel)	mm	0	0	3	6	38	71	139	201	94	14	1	0	567
Ouagadougou, 316 m	°C	25	28	31	33	31	29	27	26	27	29	28	26	28
Burkina Faso	mm	0	3	8	19	84	118	193	265	153	37	2	0	882
Lagos, 2 m	°C	27	29	29	28	28	27	26	26	26	27	28	28	27
Nigeria (Südküste)	mm	28	41	106	145	268	443	273	63	128	193	75	30	1 793
Enugu, 233 m	°C	26	28	29	28	27	26	26	26	26	26	27	26	27
Nigeria	mm	19	15	81	209	195	166	182	190	182	246	53	23	1 561
Addis Abeba, 2 450 m	°C	14	16	17	17	17	16	14	14	15	14	14	13	15
Äthiopien	mm	13	38	66	86	86	135	279	300	191	20	15	5	1 234
Daressalam, 14 m	°C	27	28	27	27	26	24	24	24	24	24	26	27	26
Tansania (Küstentiefland)	mm	71	81	142	300	188	28	28	28	36	58	69	79	1 108
Kisangani, 460 m	°C	26	26	26	26	26	25	25	25	25	25	25	25	25
D. R. Kongo	mm	95	115	152	181	167	115	100	186	174	228	177	114	1 804
Kinshasa, 320 m	°C	26	26	27	27	26	24	23	23	25	26	26	26	25
D. R. Kongo	mm	135	146	196	196	157	8	3	3	30	119	221	142	1 356
Nairobi, 1 820 m	°C	18	19	19	19	18	17	16	16	17	18	18	18	18
Kenia	mm	37	62	120	210	160	40	18	24	30	58	110	85	954
Harare, 1 492 m	°C	21	21	20	19	16	14	14	15	19	22	22	21	19
Simbabwe	mm	184	194	120	26	14	4	1	2	8	29	92	148	822
Walfischbai, 7 m	°C	19	19	19	18	17	16	14	14	14	15	17	18	17
Namibia	mm	0	0	3	3	0	0	0	0	0	0	0	0	6
Durban, 15 m	°C	24	24	24	22	20	18	17	18	19	21	22	23	21
Südafrika (Ostküste)	mm	117	135	152	91	66	46	43	46	71	130	119	132	1 148
Johannesburg, 1 753 m	°C	20	20	19	16	13	10	10	13	16	18	19	20	16
Südafrika	mm	137	112	99	40	23	6	11	10	23	64	117	127	769
Kapstadt, 12 m	°C	22	22	21	18	16	14	13	13	14	17	19	21	18
Südafrika	mm	13	15	23	48	94	112	91	84	58	41	28	20	632
Australien														
Darwin, 31 m	°C	29	28	29	29	28	26	25	26	28	29	30	29	28
Nordküste	mm	389	343	244	104	15	3	3	3	13	51	119	249	1 536
Perth, 59 m	°C	23	23	22	19	16	14	13	13	14	16	19	22	18
Südwestküste	mm	8	10	20	43	130	180	170	143	86	56	20	15	881
Sydney, 44 m	°C	22	22	21	18	15	13	12	13	15	18	19	21	17
Südostküste	mm	90	114	122	140	127	121	118	73	71	70	71	70	1 187
Antarktis														
Südpol, 2 800 m	°C	−29	−40	−54	−59	−57	−57	−59	−59	−59	−51	−39	−28	−49
US-Station	mm													

Die Klimazonen der Erde

Klimazonen
Gliederung nach E. Neef

Polare Klimazone
- Polarklima

Subpolare Klimazone
- subpolares Klima

Gemäßigte Klimazone
- Seeklima der Westseiten
- Übergangsklima
- sommerwarmes Kontinentalklima
- kühles Kontinentalklima
- gemäßigtes Klima der Ostseiten

Subtropische Klimazone

- Winterregenklima der Westseiten
- subtropisches Klima der Ostseiten

Passatklimazone

- trockenes Passatklima
- feuchtes Passatklima; beregnete Außenseiten

Zone des tropischen Wechselklimas

- tropisches Wechselklima

Äquatoriale Klimazone

- Äquatorialklima

Klimate der Hochgebiete

- Höhenstufen der Klimate

Klimate der Trockengebiete

Maßstab ca. 1 : 120 000 000

Strukturdaten

Land	Fläche 2019 in 1000 km²	Einwohner 2019 in Millionen	Natürliches Bevölkerungswachstum 2018 in %	Geburtenrate 2018 in %	Sterberate 2018 in %	Lebenserwartung 2019 in Jahren	Anteil der Bevölkerung jünger als 15 Jahre 2019 in %	Anteil der Bevölkerung älter als 64 Jahre 2019 in %	Städtische Bevölkerung 2019 in %	[4] Wirtschaftsleistung je Einwohner 2019 in US-$	[3] Erwerbstätige in der Industrie 2019 in % der Erwerbstätigen insgesamt	[3] Erwerbstätige in Dienstleistungen 2019 in % der Erwerbstätigen insgesamt	[3] Anteil der Industrie am BIP 2019 in %	[3] Anteil der Dienstleistungen am BIP 2019 in %	Arbeitslose 2019 in %	[2] Energieverbrauch je Einwohner 2019 in kg Öleinheiten	Analphabeten 2017 in %	[1] Anteil unterernährter Menschen an der Bevölkerung 2019 in %	Einwohner je Arzt 2017	Internet-Nutzer 2019 je 1000 Einwohner
Europa																				
Albanien	27	2,9	0,6	1,3	0,7	78	17	14	61	5353	20	43	20	49	12	806	1,9	3,6	813	696
Belgien	30	11,5	0,2	1,1	1,0	82	17	19	98	46421	21	78	19	70	6	4789		<2,5	327	904
Bosnien-Herzegowina	51	3,3	-0,1	0,9	1,0	77	15	17	49	6109	32	52	24	56	18	2272	1,5	<2,5	445	699
Bulgarien	109	7,0	-0,6	0,9	1,5	75	15	21	75	9828	30	63	22	61	4	2652	1,7	3,0	240	679
Dänemark	42	5,8	0,2	1,1	0,9	81	16	20	88	60170	18	79	21	65	5	2922		<2,5	254	980
Deutschland	349	83,1	-0,3	0,9	1,2	81	14	22	77	46445	27	72	27	63	3	3561		<2,5	237	881
Estland	43	1,3	-0,3	1,0	1,3	78	16	20	69	23723	30	67	22	62	5	4749	0,3	<2,5	224	895
Finnland	304	5,5	0,1	1,1	1,0	82	16	22	85	48783	22	74	24	60	7	6159		<2,5	263	896
Frankreich	548	67,1	0,3	1,2	0,9	83	18	20	81	40494	20	77	17	70	8	3594		<2,5	316	833
Griechenland	129	10,7	-0,3	0,8	1,1	82	14	22	79	19583	15	73	15	68	17	2090	2,1	<2,5	185	757
Großbritannien	242	66,8	0,3	1,2	0,9	81	18	19	84	42330	18	81	17	71	4	2559		<2,5	354	925
Irland	69	4,9	0,7	1,4	0,7	82	21	14	63	78661	19	77	35	57	5	2772		<2,5	310	845
Italien	294	60,3	-0,2	0,9	1,1	83	13	23	71	33228	26	70	21	66	10	2471	0,8	<2,5	250	744
Kroatien	56	4,1	-0,4	0,9	1,2	78	15	21	57	14936	27	67	20	59	7	2090	0,6	<2,5	322	791
Lettland	62	1,9	-0,5	1,0	1,5	75	16	20	68	17829	24	70	19	65	7	2405	0,1	<2,5	307	861
Litauen	63	2,8	-0,5	1,0	1,5	76	15	20	68	19602	26	67	25	61	6	2727	0,2	<2,5	157	816
Luxemburg	2	0,6	0,4	1,2	0,7	82	16	14	91	114705	12	87	11	79	5	6291		<2,5	348	971
Montenegro	13	0,6	0,2	1,2	1,0	77	18	15	67	8909	19	73	16	59	15	1768	1,2	<2,5	360	735
Niederlande	34	17,3	0,2	1,1	0,9	82	16	20	92	52331	16	82	18	70	3	4096		<2,5	282	933
Norwegen	365	5,3	0,4	1,2	0,8	83	17	17	83	75420	19	79	29	58	3	5049		<2,5	344	980
Österreich	83	8,9	-0,0	1,0	1,0	82	14	19	59	50138	25	71	26	63	5	3695		<2,5	195	878
Polen	306	38,0	-0,1	0,9	1,1	78	15	18	60	15693	32	59	29	58	3	2713	0,2	<2,5	421	845
Portugal	92	10,3	-0,2	0,8	1,1	81	13	22	66	23252	25	69	19	66	6	2142	3,9	<2,5	195	753
Rumänien	230	19,4	-0,3	0,9	1,2	75	16	19	54	12920	30	48	28	58	4	1757	1,2	<2,5	330	737
Russland	16377	144,4	-0,3	1,1	1,3	73	18	15	75	11585	27	68	32	54	5	5396	0,3	<2,5	250	826
Schweden	407	10,3	0,3	1,2	0,9	83	18	20	88	51615	18	80	22	65	6	4570		<2,5	197	945
Schweiz	40	8,6	0,2	1,1	0,8	84	15	19	74	81994	20	77	26	71	5	2776		<2,5	236	931
Serbien	87	6,9	-0,5	0,9	1,4	76	16	19	56	7412	27	57	26	51	13	2203	1,7	4,6	252	774
Slowakei	48	5,5	-0,0	1,0	1,0	77	16	16	54	19266	36	62	29	58	6	3190	0,3	6,1	293	829
Slowenien	20	2,1	-0,1	0,9	1,0	81	15	20	55	25946	33	61	29	57	4	3305	0,3	<2,5	326	831
Spanien	500	47,1	-0,0	0,9	0,9	83	15	20	81	29600	20	76	20	68	14	2655	1,6	<2,5	261	907
Tschechische Republik	77	10,7	-0,1	0,9	1,1	79	16	20	74	23495	37	60	31	57	2	4030		<2,5	243	809
Ukraine	579	44,4	-0,4	1,0	1,4	72	16	17	69	3659	25	61	23	54	9	2005	0,2	3,5	329	589
Ungarn	91	9,8	-0,4	0,9	1,3	76	14	20	72	16732	33	63	25	56	3	2733	0,8	<2,5	295	804
Weißrussland	203	9,5	-0,3	1,0	1,3	74	17	15	79	6663	30	59	31	49	5	3718	0,2	<2,5	225	828
Amerika																				
Argentinien	2737	44,9	0,9	1,7	0,8	77	25	11	92	9912	21	78	23	54	10	1825	1,0	3,8	270	743
Bolivien	1083	11,5	1,5	2,2	0,6	71	31	7	70	3552	19	50	25	51	3	816	4,2	15,5	656	438
Brasilien	8358	211,0	0,7	1,4	0,7	76	21	9	87	8717	20	71	18	63	12	1365	6,8	<2,5	558	675
Chile	744	19,0	0,7	1,3	0,6	80	19	12	88	14896	22	69	29	59	7	2058	3,6	3,5	980	823
Ecuador	248	17,4	1,3	1,8	0,5	77	28	7	64	6184	18	52	32	52	4	840	7,2	8,8	517	573

[1] Diese Kennziffer wird von der FAO nicht für entwickelte Staaten ausgewiesen. [2] 1 kg Öleinheit = Energie von 1 kg Erdöl (etwa 10 000 Kalorien). Mit dieser Maßeinheit kann man verschiedene Energiearten untereinander vergleichen. [3] Der Anteil der Landwirtschaft ergibt sich, indem man die Anteile der Industrie und Dienstleistungen addiert und von 100 subtrahiert.
k.A. = keine Angaben.

Guatemala	107	16,6	2,0	2,5	0,5	74	34	5	51	4620	19	50	22	63	2	843	19,9	16,1		650
Haiti	28	11,3	1,5	2,3	0,8	64	33	5	56	1272	7	65	23	54	14	408	38,8	48,2		325
Honduras	112	9,7	1,7	2,2	0,5	75	31	5	58	2575	20	50	27	58	5	616	12,8	13,8	1757	317
Kanada	9094	37,6	0,1	1,0	0,9	82	16	18	81	46195	19	79			6	7848		<2,5	404	910
Kolumbien	1110	50,3	1,0	1,6	0,6	77	23	9	81	6429	20	63	26	58	10	795	4,9	5,5	516	650
Kuba	104	11,3	0,2	1,1	0,9	79	16	16	77		17	66			2	918	0,3	<2,5	132	618
Mexiko	1944	127,6	1,3	1,8	0,5	75	26	7	80	9946	26	61	31	60	3	1395	4,6	7,1	445	701
Peru	1280	32,5	1,2	1,8	0,6	77	25	8	78	6978	15	57	30	55	3	781	5,6	6,7	806	600
USA	9147	328,2	0,4	1,2	0,8	79	19	16	82	65298	20	79	19	80	4	6742		<2,5	393	873
Venezuela	882	28,5	1,3	1,9	0,5	72	27	8	88		17	75			9	1368	4,9	31,4		720
Afrika																				
Ägypten	995	100,4	2,4	2,9	0,5	72	34	5	43	3019	28	49	36	50	11	946	28,8	4,7	1294	573
Algerien	2382	43,1	1,7	2,2	0,4	77	31	7	73	3974	31	59	37	46	12	1440	18,6	2,8	593	596
Äthiopien	1000	112,1	2,9	3,6	0,8	66	40	4	21	856	10	24	25	37	2	386	48,2	19,7	13351	186
Burkina Faso	274	20,3	2,8	3,7	0,9	61	45	2	30	787	34	41	26	45	6		58,8	19,2	12498	160
Ghana	228	30,4	2,3	3,0	0,7	64	37	3	57	2202	22	49	32	44	4	325	21,0	6,5	7687	390
Kenia	569	52,6	1,6	2,3	0,7	66	39	2	28	1817	7	38	16	43	3	527	18,5	23,0	6537	226
Kongo Dem Rep	2267	86,8	2,3	3,3	0,9	60	46	3	45	581	10	25	41	35	4	348	22,0	k.A.	13523	86
Libyen	1760	6,8	1,4	1,7	0,4	73	28	4	80	7686	22	59			19	2641	9,0	k.A.	493	218
Mali	1220	19,7	3,4	4,3	1,0	59	47	2	43	879	8	30	21	33	7		64,5	5,1	8011	130
Marokko	446	36,5	1,3	1,8	0,5	76	27	7	63	3204	22	44	25	51	9	565	26,2	4,3	1403	744
Niger	1267	23,3	3,2	4,4	1,2	62	50	3	17	554	7	18	20	36	0	142	65,0	k.A.	24333	53
Nigeria	911	201,0	2,6	3,5	1,0	54	44	3	51	2230	12	53	27	50	8	836	38,0	12,6	2696	420
Ruanda	25	12,6	2,4	3,0	0,6	69	40	3	17	820	9	29	19	49	15		26,8	35,6	7662	218
Sambia	743	17,9	2,9	4,1	1,2	64	44	2	44	1305	11	40	35	55	11	700	13,3	k.A.	6893	143
Südafrika	1213	58,6	1,1	2,0	0,9	64	29	5	67	6001	23	72	26	61	28	2305	13,0	5,7	1134	562
Tansania	886	58,0	2,8	3,5	0,8	65	44	3	35	1122	7	28			2	360	20,0	25,0		250
Tunesien	155	11,7	1,1	1,7	0,6	77	24	9	69	3317	33	54	23	62	16	983	18,1	<2,5	785	667
Asien																				
Bangladesch	130	163,0	1,3	1,9	0,5	72	27	5	37	1856	21	40	30	53	4	257	26,1	13,0	1739	129
China, VR	9388	1397,7	0,4	1,2	0,8	77	18	11	60	10262	28	46	39	54	4	2350	3,2	<2,5	494	543
Indien	2973	1366,4	1,1	1,9	0,7	69	27	6	34	2100	26	32	25	49	5	668	25,6	14,0	1179	345
Indonesien	1812	270,6	0,9	1,6	0,7	72	26	6	56	4136	22	49	39	44	5	994	4,3	9,0	2368	477
Irak	434	39,3	2,6	3,0	0,4	70	38	3	71	5955	22	60	50	49	13	1638	14,4	23,7	1445	494
Iran	1629	82,9	1,2	1,7	0,5	76	25	6	75		31	51	32	56	11	3112	11,9	4,7	640	700
Israel	22	9,1	1,3	1,8	0,5	83	28	12	93	43592	17	82			4			<2,5	234	868
Japan	365	126,3	−0,2	0,8	1,0	84	13	28	92	40247	24	72			2	3334		<2,5	410	846
Kasachstan	2700	18,5	0,9	1,8	0,8	73	29	8	58	9812	20	64	33	56	5	4807	0,2	<2,5	326	819
Korea, Republik	97	51,7	0,2	0,8	0,6	83	13	15	81	31846	25	70	33	57	4	5763		k.A.	552	962
Malaysia	329	31,9	1,4	1,9	0,5	76	24	7	77	11414	27	63	37	54	3	2911	5,1	3,0		842
Pakistan	771	216,6	1,5	2,2	0,6	67	35	4	37	1285	25	38	18	54	4	514	40,9	12,3	1041	171
Philippinen	298	108,1	1,7	2,3	0,6	71	30	5	47	3485	19	57	30	61	2	556	3,2	14,5	1712	430
Saudi-Arabien	2150	34,3	1,2	1,6	0,3	75	25	3	84	23140	25	73	47	50	6	6041	4,7	4,8	389	957
Singapur	1	5,7	0,5	0,9	0,4	83	12	12	100	65233	15	84	24	70	4	6101	2,7	k.A.	440	889
Syrien	184	17,1	1,7	2,1	0,4	72	31	5	55		27	63			8	609	13,9	k.A.	759	343
Taiwan	36	23,6	0,1	0,8	0,7	81	3	17	79	25893	34	59	37	61	4	4661	1,1	3,5		862
Thailand	511	69,6	0,3	1,1	0,8	77	17	12	51	7807	23	46	33	59	1	2039	6,2	9,3	1246	667
Türkei	770	83,4	0,9	1,5	0,6	77	24	9	76	9127	26	55	27	56	13	1762	3,8	<2,5	556	740
Vietnam	310	96,5	0,9	1,5	0,6	75	23	8	37	2715	28	35	34	42	2	866	5,0	6,4	1244	687
Australien																				
Australien	7692	25,4	0,5	1,2	0,7	83	19	16	86	55060	20	78	25	66	5	5362		<2,5	281	865
Neuseeland	263	4,9	0,6	1,3	0,8	82	20	16	87	42084	20	75	20	73	4	4068	0,0	<2,5	289	908

[4] Gemeint ist das Bruttoinlandsprodukt (BIP) = Maß für die wirtschaftliche Leistung eines Landes; misst den Wert der im Inland hergestellten Waren und Dienstleistungen, soweit diese nicht vorher für die Produktion anderer Waren und Dienstleistungen verwendet werden. Quellen (Stand 2020): Global Energy Statistical Yearbook 2020, Grenoble/Singapur; International Energy Agency, Paris; The World Bank, Washington; Statistisches Bundesamt, Wiesbaden; International Labour Organization, Genf; World Health Organization, Genf; International Telecommunication Union, Genf; Food and Agriculture Organization of the United Nations, Rom; Central Intelligence Agency, Langley; National Statistics, Republic of China (Taiwan), Taipeh

Methoden im Überblick

Einen Geohefter anlegen und führen
(Band 5, S. 10/11)

1. Schritt: Den Ordner anlegen
Für den Geohefter brauchst du folgende Materialien: einen Ringordner oder Schnellhefter, einige Blätter liniertes, kariertes und unliniertes Papier. Sinnvoll sind auch Trennstreifen. Wenn du sie einheftest, ragen sie etwas über die anderen Blätter hinaus. Du beschriftest die Trennstreifen und kannst so alles schnell finden.

2. Schritt: Ein Deckblatt gestalten
Das erste Blatt in deinem Geohefter ist das Deckblatt. Auf diesem notierst du das Fach „Geographie“, deinen Namen, deine Klasse, das Schuljahr und den Namen deiner Schule. Du kannst das Deckblatt dann weiter gestalten, indem du ein Foto aufklebst oder selbst etwas darauf zeichnest.

3. Schritt: Das Inhaltsverzeichnis anlegen
Die zweite Seite deines Geohefters ist das Inhaltsverzeichnis. Damit findest du schnell einzelne Themen und Materialien wieder. So erstellst du dir ein Inhaltsverzeichnis: Als Überschrift schreibst du „Inhaltsverzeichnis“. Darunter legst du eine Tabelle mit einer breiten Spalte und zwei schmalen Spalten an. Die Überschrift der breiten Spalte lautet „Thema“, über den zwei schmalen Spalten steht „Datum“ und „Seite“.

4. Schritt: Den Hauptteil gestalten
Im Hauptteil kannst du, wenn gewünscht, einen persönlichen Teil gestalten. Außerdem sammelst du alles, was zum Geographie-Unterricht gehört. Das sind Aufgabenlösungen, deine Notizen aus dem Unterricht und die Hausaufgaben. In den Geohefter kommen natürlich auch alle weiteren Materialien, z. B. Arbeitsblätter. Vielleicht findest du in Zeitungen oder Zeitschriften zu manchen Themen interessante Bilder oder Texte. Auch diese gehören in deinen Hefter. Nutze die Trennstreifen zur Abgrenzung der einzelnen Themen.

5. Schritt: Testteil gestalten
Hier sammelst du Tests und Ähnliches, wie z. B. den Atlasführerschein oder Urkunden über die Teilnahme an Geographie-Wettbewerben. Du kannst auch selbst überprüfen, was du gelernt hast. Dafür gibt es zu allen Themen dieses Schulbuches Bögen zur Selbsteinschätzung, die du aus dem Internet herunterlädst (TERRA-Code auf den grünen Trainingsseiten). Zusätzlich kannst du die Ergebnisse der Trainingsseiten abheften. Verabrede mit deiner Lehrerin oder deinem Lehrer, wann du deinen Geohefter jeweils vorlegst.

Wie du mit dem Atlas arbeitest
(Band 5, S. 22/23)

Bestimmte Karten auffinden
Die schnellste Möglichkeit, eine bestimmte Karte zu finden, bietet die Kartenübersicht ganz vorn im Atlas. Die Einrahmung des gesuchten Kontinents ist mit einer Seitenzahl versehen, auf der du die gesuchte Karte findest. Außerdem enthält jeder Atlas ein Inhaltsverzeichnis. Darin kannst du verschiedene Karten, z. B. zu Sachsen, Deutschland, den Kontinenten und der Welt, finden.

1. Schritt: Karte suchen
Schlage das Inhaltsverzeichnis auf und suche nach der gewünschten Karte, z. B. Deutschland – Tourismus und Naturschutz – Tourismus, Karte 48.1.

2. Schritt: Karte prüfen
Schlage die Seite im Atlas auf. Prüfe, ob die Karte die gesuchten Informationen enthält. Wenn im Inhaltsverzeichnis mehrere Karten angegeben sind, schlage diese ebenfalls auf.

Geographische Objekte auffinden

Jeder Atlas enthält auf den letzten Seiten ein Verzeichnis geographischer Namen von Orten, Flüssen, Seen, Meeren, Bergen usw. Die geographischen Namen sind alphabetisch geordnet. Du nutzt dieses Register in folgender Weise:

1. Schritt: Objekte im Register suchen

Suche zuerst das geographische Objekt im Register. Hinter dem Namen stehen zwei Angaben: Atlasseite und Feld im Gitternetz. Beachte: Wenn der Ort auf einer der Gitternetzlinien liegt, werden im Register beide angrenzenden Felder angegeben. Liegt z. B. der gesuchte Punkt auf der Linie zwischen B und C, dann ist die Angabe der Spalte BC. Auch bei größeren geographischen Objekten, z. B. Flüssen oder Staaten, sind mehrere Felder im Gitternetz angegeben.

2. Schritt: Feld im Gitternetz finden

Schlage die Atlasseite auf und suche das angegebene Feld im Gitternetz. Dafür suchst du am oberen oder unteren Rand den Buchstaben und am seitlichen Rand die Ziffer. Folge den Linien mit deinen Zeigefingern. Wenn sich deine Finger treffen, hast du das Feld gefunden. Suche anschließend innerhalb des Feldes nach dem geographischen Objekt.

3. Schritt: Lage beschreiben

Wenn du das gesuchte geographische Objekt gefunden hast, kannst du aus der Karte Informationen entnehmen und die Lage beschreiben.

Ein Bild beschreiben

(Band 5, S. 38/39)

1. Schritt: Sich orientieren

Informiere dich über den Ort. Oft stehen direkt unter dem Bild erste Informationen. Nutze einen Atlas und finde heraus, in welchem Land und in welcher Region der Ort liegt. Notiere auch, zu welcher Jahreszeit und Tageszeit das Bild vielleicht aufgenommen wurde.

2. Schritt: Beschreiben

Unterteile das Bild. Eine Möglichkeit ist die Gliederung in Vordergrund, Mittelgrund und Hintergrund. Zeichne eine Skizze, in der die Gliederung deutlich wird. Betrachte nun die drei Bildteile und beschreibe sie.

3. Schritt: Fragen an das Bild stellen

Stelle Fragen an das Bild, z. B.: Welche ...? Wo ...? Was ...? Wie ...? Notiere die Antworten in ganzen Sätzen.

4. Schritt: Kernaussagen formulieren

Äußere wichtige Aussagen des Bildes oder schreibe sie auf.

Entfernungen bestimmen

(Band 5, S. 48/49)

Entfernungen mit dem Lineal bestimmen

1. Schritt: Start und Ziel auf einer Karte finden

Bestimme einen Startort und einen Zielort. Suche im Atlas-Register oder Inhaltsverzeichnis eine geeignete Karte und schlage sie auf. Suche die Orte auf der Karte.

2. Schritt: Entfernung messen

Miss mit einem Lineal auf der Karte die Entfernung zwischen zwei Orten. Das entspricht der Luftlinie.

3. Schritt: Entfernung an der Maßstabsleiste ablesen oder errechnen

Halte das Lineal an die Maßstabsleiste der Karte an und lies die Entfernung ab. Sollte die gemessene Entfernung zwischen zwei Orten länger sein als die Maßstabsleiste, dann halte das Lineal entsprechend oft an die Maßstabsleiste an. Vergiss dann nicht, die Meter bzw. Kilometer zu addieren.

Gekrümmte Strecken ermitteln

Außer mit dem Flugzeug, legst du selten ganz gerade Strecken zurück. Straßen und Flüsse verlaufen meist kurvig. Die Strecken sind also länger als die Luftlinie. Die tatsächliche Länge solcher gekrümmten Strecken ermittelst du, indem du einen Faden entlang der Krümmung legst und dann gestrafft an die Maßstabsleiste. Sollte die gemessene Entfernung länger sein als die Maßstabsleiste, dann hältst du den Faden entsprechend oft an die Maßstabsleiste und addierst anschließend die Meter bzw. Kilometer.

Methoden im Überblick

Lernen an Stationen

(Band 5, S. 58/59)

1. Schritt: Arbeitsregeln erstellen
Bevor ihr mit der Arbeit beginnt, lest bitte die Regeln, wie ihr euch während der Arbeit an den Stationen verhalten sollt.
- Ich störe nicht.
- Gespräche führe ich leise.
- Wenn eine Station besetzt ist, suche ich mir eine andere.
- Ich beende die begonnene Station.
- Mit den Materialien gehe ich sorgsam um.
- Ich kennzeichne erledigte Aufgaben auf meinem Stationszettel.
- Wenn ich mit der Aufgabe fertig bin, verlasse ich die Station ordentlich.
- Bei Problemen frage ich leise meine Mitschüler/innen um Rat.

Ihr könnt weitere Regeln vereinbaren.

2. Schritt: Stationen gestalten
Baut das Klassenzimmer so um, dass Stationsarbeitsplätze entstehen. Kennzeichnet sie mit Stationsschildern und legt das nötige Informations- und Arbeitsmaterial aus.
Legt alle Lösungen an einer Kontrollstation ab (d.h. auf einem der Tische).

3. Schritt: Stationszettel anfertigen
Erstellt einen persönlichen Stationszettel, um zu kontrollieren, welche Stationen ihr bereits bearbeitet habt.

4. Schritt: An den Stationen arbeiten
Löst die Aufgaben vollständig und überprüft an der Kontrollstation, ob die Lösungen richtig sind. Berichtigt mit einer anderen Farbe! Haltet die wichtigsten Aussagen auf dem Stationszettel fest. Wenn noch Zeit ist, löst eine Extraaufgabe.
Bearbeitet die Stationen in vier bis fünf Unterrichtsstunden.

5. Schritt: Ergebnisse überprüfen und kritisch betrachten
Präsentiert anderen eure wichtigsten Aussagen zu jeder Station. Betrachtet eure eigenen Ergebnisse kritisch:
- Was ist mir schwergefallen?
- Was fand ich interessant?
- Wie könnte ich meinen Arbeitsstil noch verbessern?

Eine Profilskizze zeichnen

(Band 5, S. 72/73)

1. Schritt: Reliefmerkmale erkennen
Bei einem Profil handelt es sich um den Querschnitt einer Landschaft, um den inneren Aufbau zu erkennen. Betrachte das Bild der Landschaft genau und erfasse wesentliche Merkmale der Oberfläche. Achte dabei besonders auf Höhenunterschiede und Änderungen im Verlauf der Relieflinie (Relief = Oberflächenformen der Erde).

2. Schritt: Profillinie skizzieren
Eine Skizze ist eine vereinfachte Darstellung der Wirklichkeit, die aber die wesentlichen Merkmale enthalten muss.
Um die Profillinie zu skizzieren, benötigst du ein Blatt Papier und einen spitzen Bleistift. Du kannst auch Transparentpapier nutzen. Lege das Blatt Papier unmittelbar neben oder auf das Bild. So kannst du die Größenverhältnisse besser einschätzen. Skizziere nun die Profillinie. Achte auf Höhen- und Seitenabstände.

3. Schritt: Skizze beschriften
Beschrifte die Oberflächenformen in deiner Skizze und schreibe einen geeigneten Titel dazu.
Nutze weitere Materialien, um die einzelnen Oberflächenformen auch richtig benennen zu können. Schlage unbekannte Begriffe nach. So kannst du auch besser verstehen, warum sich die Küstenformen an der Ostsee so stark voneinander unterscheiden.

Eine thematische Karte auswerten
(Band 5, S. 102/103)

1. Schritt: Raum und Inhalt erkennen
Welcher Raum ist dargestellt? Welches Thema hat die Karte?
2. Schritt: Die Legende der Karte lesen
Welche Bedeutung haben die Signaturen (Farben, Linien und Symbole)? Welchen Maßstab hat die Karte?
3. Schritt: Karteninhalt beschreiben
Welche Unterschiede in der Verteilung der Signaturen kannst du beobachten? Erkennst du Regelmäßigkeiten oder Besonderheiten?
4. Schritt: Karteninhalt erklären
Welche Ursachen hat die unterschiedliche Verteilung der Signaturen? Nutze evtl. weitere Karten oder andere Informationsquellen zur Erklärung.

Tabellen lesen und Diagramme auswerten
(Band 5, S. 106/107)

Tabellen lesen
1. Schritt: Sich orientieren
Lies ab: den Titel bzw. das Thema, evtl. die Einheit und den Zeitraum.
2. Schritt: Lesen und Inhalte klären
Jede Tabelle hat einen Tabellenkopf und eine Vorspalte: Den Inhalten, die in der Vorspalte aufgelistet sind, werden andere Punkte des Tabellenkopfes gegenübergestellt.
3. Schritt: Zahlen vergleichen
Betrachte die Zahlen einer Zeile oder einer Spalte und werte sie aus. Achte auf besonders große und kleine Werte.
4. Schritt: Aussagen formulieren
Formuliere die wichtigsten Aussagen der Tabelle. Vielleicht hast du auch schon eine Idee, wie du die veränderten Zahlen erklären kannst. Achte auf Entwicklungen wie Wachstum, Rückgang, Stillstand, Schwankung.

Diagramme auswerten
1. Schritt: Sich orientieren
Nenne das Thema sowie den Ort und den Zeitraum, für die das Diagramm Angaben macht.
2. Schritt: Beschreiben
Formuliere die wichtigsten Aussagen der Darstellung, vor allem höchste und niedrigste Werte oder eine Entwicklung, die du ablesen kannst.
3. Schritt: Erklären
Versuche nun, typische Zusammenhänge aus dem Diagramm herauszulesen. Erkläre diese auch mithilfe anderer Informationsquellen. Was kannst du am Ende nur vermuten?

Eine Exkursion durchführen
(Band 5, S. 138/139)

1. Schritt: Exkursion vorbereiten
Wohin soll es gehen? Legt gemeinsam mit eurer Lehrerin oder eurem Lehrer fest, an welchen Ort die Exkursion führen soll. Wählt z. B. aus zwischen einer Stadtexkursion, einer Exkursion aufs Land oder in die Natur.
Bildet kleine Arbeitsgruppen – das erleichtert euch später die Bewältigung der Aufgaben. Vereinbart Verhaltensregeln.
Welche Aufgaben sollt ihr erfüllen? Macht euch vor der Exkursion genau mit den Arbeitsaufträgen vertraut und sprecht ab, was zu tun ist.
Welche Materialien braucht ihr dazu? Legt alle benötigten Materialien rechtzeitig vor der Exkursion bereit. Achtet auf Vollständigkeit.
2. Schritt: Exkursion durchführen und Arbeitsaufträge erfüllen
Erledigt alle Aufgaben. Beobachtet genau und macht euch Notizen. Fertigt Fotos an, um das Gesehene zu dokumentieren.
3. Schritt: Ergebnisse auswerten
Wertet die Untersuchungsergebnisse entsprechend der Aufgabenstellung aus. Achtet auf Vollständigkeit, Sauberkeit und Anschaulichkeit. Diskutiert Unklarheiten untereinander, fragt nach oder recherchiert zusätzlich.
4. Schritt: Präsentation vorbereiten
Legt fest, wie ihr eure Ergebnisse präsentieren wollt – z. B. als Fotosammlung, Plakat, Exkursionsbericht oder auch als digitale Pinnwand.

Methoden im Überblick

Eine Kartierung durchführen
(Band 5, S. 144/145)

Eine Einkaufsstraße kartieren
Ihr schlüpft in die Rolle von Stadtplanern und erhebt bestimmte Daten vor Ort, z. B. wie Gebäude genutzt werden. Anschließend wertet ihr diese Daten grafisch aus.

1. Schritt: Fragestellung formulieren
Bestimmt im Vorfeld, welche Frage ihr beantworten möchtet, z. B.: Wie werden die Häuser in der Einkaufsstraße genutzt?

2. Schritt: Daten vor Ort sammeln
Legt fest, welche Gebäude ihr kartieren wollt. Fertigt nun auf kariertem Papier eine Skizze an. Lauft die Breite der Häuser ab und zeichnet sie in den Block. Fünf Meter entsprechen zwei Kästchen. Zeichnet auch die Stockwerke ein. Ein Stockwerk entspricht zwei Kästchen. Notiert, wie die einzelnen Stockwerke genutzt werden. Ein Blick auf das Klingelschild hilft.

3. Schritt: Daten auswerten und ordnen
Überlegt nun, wie ihr die einzelnen Nutzungsarten sinnvoll zusammenfassen könnt. Entwickelt daraus eine Legende mit verschiedenen Farben bzw. Signaturen.

4. Schritt: Die Kartierung fertigstellen
Zeichnet eure Skizze aus Schritt 2 ordentlich und sauber auf ein neues Blatt. Vergesst nicht, die Hausnummern sowie den Straßennamen anzugeben. Gestaltet eure Kartierung farbig entsprechend der Legende.

Eine Befragung durchführen
(Band 5, S.148/149)

1. Schritt: Zielsetzung klären
Überlegt euch, was ihr mit der Befragung herausfinden möchtet und wen ihr befragen wollt.

2. Schritt: Fragebogen erstellen
Überlegt, welche Fragen für eure Zielsetzung sinnvoll sind. Formuliert eure Fragen und nummeriert sie in der richtigen Reihenfolge. Erstellt den Fragebogen mithilfe eines Computerprogramms und druckt genügend Exemplare aus.

3. Schritt: Befragung durchführen
Stellt einen Zeitplan für die Befragung auf und sprecht alle Befragungstermine ab. Führt die Befragung in der verabredeten Zeit durch.

4. Schritt: Befragung auswerten
Ist die Befragung beendet, nummeriert die Fragebögen. Tragt die Ergebnisse zusammen und erstellt Diagramme oder Tabellen. Hakt die Fragebögen ab, die ihr schon ausgewertet habt. Formuliert Ergebnisse.

5. Schritt: Ergebnisse präsentieren
Präsentiert die Ergebnisse als Wandzeitung, als Bericht für die Schülerzeitung oder auf eurer Schulhomepage.

6. Schritt: Befragung auswerten
Prüft, ob durch eure Befragung alle Fragen geklärt sind oder ob sich sogar neue Fragen ergeben haben. Überlegt: Was ist bei der Befragung gut oder schlecht gelaufen? Was solltet ihr beim nächsten Mal besser machen?

Eine Kartenskizze zeichnen
(Band 5, S.152/153)

1. Schritt: Kartenausschnitt festlegen und Objekte auswählen
Suche im Atlas eine geeignete Karte. Lege Transparentpapier oder eine Folie auf und hefte beides mit Büroklammern fest. Zeichne darauf einen rechteckigen Rahmen, etwa zehn Zentimeter breit. Er begrenzt den Kartenausschnitt deiner Skizze.

2. Schritt: Flüsse einzeichnen
Zeichne als erstes die größeren Flüsse mit einem blauen Farbstift nach. Dabei kannst du die kleinen Flussbiegungen begradigen.

3. Schritt: Gebirge einzeichnen
Wähle für Gebirge einen braunen Farbstift. Damit markierst du zunächst die Grenze zwischen den Großlandschaften. Male die Flächen des Mittelgebirgslandes hellbraun an. Hebe dann die einzelnen Gebirge durch kräftigere Brauntöne hervor.

4. Schritt: Grenzen und Städte markieren
Markiere mit einem roten Stift die Landesgrenzen und Städte. Kennzeichne unterschiedlich große Städte entsprechend.

5. Schritt: Karte beschriften
Beschrifte nun deine stumme Karte. Übertrage dazu die Namen aus dem Atlas. Verwende für Städte einen schwarzen Farbstift, für Gebirge einen braunen und für Flussnamen einen blauen Farbstift.

6. Schritt: Karte beschreiben
Betrachte deine Kartenskizze und beschreibe sie.

Ein Klimadiagramm auswerten

(Band 6, S. 30/31)

1. Schritt: Ort einordnen
Lies den Namen und die Höhe der Messstation ab.

2. Schritt: Temperaturwerte ablesen
Lies die mittlere Jahrestemperatur ab. Ermittle den kältesten und den wärmsten Monat.

3. Schritt: Jahresschwankung der Temperaturen berechnen
Berechne die Jahresschwankung der Temperatur, das heißt die Temperaturdifferenz zwischen dem wärmsten und dem kältesten Monat.

4. Schritt: Niederschlagswerte ermitteln
Lies den mittleren Jahresniederschlag ab und ermittle die Monate mit dem höchsten und dem niedrigsten Niederschlag.

5. Schritt: Temperaturverlauf und Niederschlagsverteilung beschreiben
Beschreibe den Temperaturverlauf und die Verteilung der Niederschläge im Jahresverlauf.

Ein Rollenspiel durchführen

(Band 6, S. 78/79)

1. Schritt: Situation erfassen
Macht euch mit der Situation vertraut. Worum geht es? Wertet dazu alle vorhandenen Materialien aus.

2. Schritt: Rollen verteilen
Stellt Rollenkarten her, auf denen ihr kurz die Person beschreibt und ihre Argumente notiert. Bestimmt für jede Interessengruppe einen Rollenspieler als Vertreter.

3. Schritt: Rollenspiel durchführen
Die Rollenspieler spielen nun die gegebene Situation. Dabei solltet ihr beachten, dass ihr nicht eure eigene Meinung vertretet, sondern die der darzustellenden Interessengruppe. Alle anderen Mitspieler beobachten alles ganz genau und können sich ebenfalls zu Wort melden.

4. Schritt: Rollenspiel auswerten
Diskutiert das Verhalten und die Argumente der Rollenspieler. Haben sie die Situation so dargestellt, wie ihr sie selbst erfasst habt? Was hat euch besonders überzeugt? Wie habt ihr euch in euren Rollen gefühlt? Was habt ihr dabei gelernt?

Eine Mindmap erstellen

(Band 6, S. 114/115)

1. Schritt: Informationen sammeln
Notiere dir zu deinem Thema alles, was dir einfällt bzw. was du recherchiert hast. Beschränke dich auf Stichworte oder kurze Wortgruppen.

2. Schritt: Begriffe ordnen
Nun beginnst du, die aufgeschriebenen Begriffe zu ordnen. Suche Oberbegriffe, denen du deine Gedanken zuordnen kannst. Dabei hilft es dir, wenn du eine Tabelle anlegst.

3. Schritt: Mindmap erstellen
Schreibe den zentralen Begriff in die Mitte.
Oberbegriffe als Äste: Zeichne mit einer neuen Farbe nun von der Mitte nach außen die Äste. Schreibe die Oberbegriffe so auf die Äste, dass man die Begriffe gut lesen kann.
Unterbegriffe als Zweige: Zeichne mit einer dritten Farbe an die Äste dünnere Zweige. Beschrifte auch diese mit den Begriffen, die zu den Oberbegriffen gehören. Du kannst die Anschaulichkeit erhöhen durch Symbole, Bilder, Farben …

Methoden im Überblick

Ein Satellitenbild auswerten
(Band 6, S. 126/127)

1. Schritt: Die Lage beschreiben
Ermittle mithilfe des Atlas die Lage des Gebietes. Lege die Nordrichtung des Bildausschnittes fest.

2. Schritt: Das Satellitenbild beschreiben
Suche auf dem Satellitenbild Merkmale, die du im Atlas wiederfindest, z. B. Flüsse, Straßen, Städte, Küstenlinien, Eisenbahnlinien, landwirtschaftlich genutzte Flächen, Inseln. Gliedere das Bild nach verschiedenen Kriterien. Unterscheide dabei z. B. Land- und Wasserfläche, bebaute Fläche gegenüber Feld-, Wald- und Wasserflächen.

3. Schritt: Den Bildinhalt deuten
Stelle Beziehungen zwischen den einzelnen Bildelementen her und suche nach Zusammenhängen, z. B. zwischen Verkehrswegen und einzelnen Nutzungen. Ermittle mithilfe anderer Informationsquellen Ursachen für die in Schritt 2 beschriebene Verteilung.

4. Schritt: Informationen zuordnen
Erstelle einen Text oder einen Vortrag zum Satellitenbild, in dem du das Foto ausführlich erläuterst. Dazu kannst du dir auch eine Skizze anlegen. Lege dazu eine Folie auf das Satellitenbild und zeichne mit dem Folienstift deutlich erkennbare Umrisse nach. Unterscheide Gebiete mit ähnlichen Strukturen. Lege Grenzen zwischen den Räumen fest und trage diese als dünne Linien auf der Folie ein. Lege eine Farblegende an. Trage einige wichtige Orientierungshilfen in die Skizze ein.

Sich im Internet informieren
(Band 6, S. 136/137)

1. Schritt: Suchmaschine aufrufen
Es gibt viele Suchmaschinen. Beispiele dafür sind Startpage, Google, Bing oder DuckDuckGo. Rufe im Internetbrowser eine Suchmaschine auf. Achte darauf, dass du vor der Suche den Suchbereich eingrenzt, zum Beispiel auf „deutschsprachige Seiten“ oder „Seiten aus Deutschland“. Du kannst auch gezielt nach Bildern, Karten, Satellitenbildern oder Videos suchen.

2. Schritt: Geeignete Suchbegriffe eingeben
Überlege dir zu deinem Thema einen oder mehrere Suchbegriffe. Gib den Begriff in die Suchmaschine ein.

3. Schritt: Ergebnisse prüfen
Dieser Schritt ist der wichtigste und gleichzeitig der schwierigste. Du musst selbst feststellen, ob die Treffer auf dem Bildschirm weiterhelfen. So befinden sich am Beginn oft Werbeanzeigen, die zu den Stichworten passen. Da du dich erst einmal neutral informieren möchtest, solltest du weiter nach unten scrollen bis zu den Seiten ohne Werbeanzeigen.

4. Schritt: Ergebnisse bewerten
Welche Ergebnisse sind für die Beantwortung deiner Frage hilfreich? Reichen die Ergebnisse aus? Lies die Informationen auf deiner Ergebnisseite und prüfe, welche Informationen gut zu deiner Suche passen. Möglicherweise kannst du hier schon einige Seiten ausschließen. Betrachte nicht nur die erste Ergebnisseite, sondern schau dir auch die nächste und die übernächste Seite an. Gute Ergebnisse stehen nicht unbedingt am Anfang.
Achte auf die Web-Adressen. Wenn man sich eher neutral über etwas informieren möchte oder möglichst aktuelle Informationen braucht, bieten sich Lexika, Statistik-Seiten oder offizielle Seiten an, z. B. Wikipedia oder die Seiten des Statistischen Bundesamtes oder von Ministerien und Ämtern.

5. Schritt: Gezielt Seiten besuchen und speichern
Gehe nun zu den ausgewählten Seiten und mache dir Notizen, die zu deiner Suche passen. Wenn die Seite sehr gut passt und du sie noch einmal besuchen möchtest, speichere sie im Browser als Lesezeichen.

Eine Profilskizze von Afrika zeichnen

(Band 7, S. 10/11)

1. Schritt: Karte besorgen

Kopiere oder drucke eine physische Karte von Afrika aus. Auf dieser Karte sollen die Höhenunterschiede sichtbar sein.

2. Schritt: Start- und Zielpunkt für das Profil festlegen

Suche den Startpunkt und Zielpunkt laut Aufgabenstellung. Zeichne eine Strecke zwischen dem Startpunkt und dem Zielpunkt in die Karte ein. Dies ist deine Profillinie.

3. Schritt: Strecke in Abschnitte teilen

Suche die Stellen, an denen sich auf der Karte die Farben ändern. Hier ändert sich die Form der Oberfläche. Markiere die Stellen auf der Karte mit einem Stift.

4. Schritt: Koordinatensystem anlegen

Lege ein Koordinatensystem auf Millimeterpapier an. Beschrifte die x-Achse, indem du die Maßstabsleiste der Karte dort abträgst. Beschrifte die y-Achse, im Nullpunkt beginnend, mit Höhenangaben entsprechend der Legende.

5. Schritt: Profilpunkte eintragen

Übertrage mit einem Zirkel die Abstände von der Profillinie auf die x-Achse und ziehe eine Senkrechte durch diese Werte. Lies für jeden Abschnitt die entsprechende Höhe in der Legende ab. Suche die Höhenwerte auf der y-Achse und zeichne durch diese Punkte eine kurze Waagerechte. Verbinde die entstandenen Schnittpunkte. Beschrifte deine Profillinie.

Ein Klimadiagramm auswerten: Regenzeit und Trockenzeit erklären

(Band 7, S. 34/35)

Regenzeit und Trockenzeit darstellen

Klimadiagramme werden so gezeichnet, dass einer Monatsmitteltemperatur von 10 °C ein monatlicher Niederschlag von 20 mm entspricht. Verläuft die Niederschlagssäule über der Temperaturkurve, wird dieser Zeitraum als feucht (humid) bezeichnet.
Verläuft die Niederschlagssäule unter der Temperaturkurve, wird dieser Zeitraum als trocken (arid) bezeichnet.

1. Schritt: Die Klimastation verorten

Lies den Namen und die Höhenlage der Klimastation ab. Schau im Atlas nach und beschreibe die Lage des Ortes.

2. Schritt: Die Jahreswerte bestimmen

Lies die mittlere Jahrestemperatur und den Jahresniederschlag ab. Benenne den kältesten und den wärmsten Monat.

3. Schritt: Den Kurvenverlauf beschreiben

Beschreibe jetzt den Verlauf der Temperatur und des Niederschlags.

4. Schritt: Den Niederschlagstyp erkennen

Stelle fest, wie viele Monate die Regenzeit und die Trockenzeit jeweils dauern. Bestimme dann ggf. den dominierenden Niederschlagstyp (humid/arid). Erläutere die Auswirkungen des Klimas auf das Pflanzenwachstum.

Ein Lapbook gestalten

(Band 7, S. 44/45)

1. Schritt: Thema klären

Grenze das Thema ein: Worum geht es genau? Was soll dargestellt werden?

2. Schritt: Informationen beschaffen

Lies die entsprechenden Seiten im Schülerbuch durch und nutze weitere Informationsquellen, z. B. das Internet oder Lexika. Notiere Stichwörter und Quellen, die du für die Bearbeitung deines Themas benötigst.

3. Schritt: Lapbook vorbereiten

Falte die beiden kurzen Außenseiten des Fotokartons wie Fensterläden zur Mitte.

4. Schritt: Lapbook planen

Das ist der wichtigste Schritt. Plane das Lapbook, indem du auf einem Notizzettel die Anordnung, Formen und Elemente aufzeichnest. Überlege, wo welche Informationen stehen.

5. Schritt: Lapbook gestalten

Gestalte die Innenseite deines Lapbooks mit unterschiedlichen Vorlagen zu deinem Thema (z. B. Fächer, Drehscheiben, Pop-up-Karten) und klebe sie ein. Verschönere dein Lapbook zusätzlich mit Farben, ausgedruckten Bildern, Karten, Diagrammen usw.
Klappe zum Schluss das Lapbook zu und gestalte die Außenseite thematisch passend. Wähle einen geeigneten Titel.

6. Schritt: Lapbook präsentieren

Stelle dein Ergebnis in der Klasse vor.

Methoden im Überblick

Ein Wirkungsschema erstellen
(Band 7, S. 66/67)

1. Schritt: Thema formulieren
Lege das Thema deines Wirkungsschemas fest, z. B. „Desertifikation – Ursachen und Folgen".

2. Schritt: Material auswerten und Begriffe sammeln
Werte das vorliegende Material zum Thema aus und schreibe alle Stichwörter auf, die dir zu den Ursachen und Folgen einfallen. Notiere diese Begriffe auf Kärtchen.

3. Schritt: Begriffe nach Themenbereichen ordnen
Ordne die Kärtchen nach Themenbereichen und finde jeweils eine Überschrift.

4. Schritt: Sich Wirkungszusammenhänge klarmachen und Begriffe anordnen
Das ist der wichtigste Schritt. Ordne die Begriffskarten nun so an, dass Zusammenhänge zwischen den Begriffen deutlich werden. Stelle dir dazu folgende Fragen: Ist etwas die Ursache von etwas anderem? Ist ein Aspekt die Folge eines anderen? Lässt sich ein Aspekt in weitere Unterbegriffe gliedern?

5. Schritt: Wirkungszusammenhänge grafisch darstellen
Verbinde nun die angeordneten Begriffe mit Pfeilen. So werden Zusammenhänge sichtbar. Du kannst hierfür verschiedene Strichstärken oder Farben verwenden.

6. Schritt: Wirkungsschema erklären
Erkläre dein Wirkungsschema mit eigenen Worten. Erläutere dabei vor allem die Zusammenhänge, die du dargestellt hast.

Ein WebQuest durchführen
(Band 7, S. 92/93)

1. Schritt: Die Aufgabenstellung verstehen
WebQuest bedeutet frei übersetzt „Spurensuche im Internet". Die vorgegebene Aufgabenstellung gliedert das Thema in mehrere Teilaspekte, die du mit ausgewählten Internetseiten bearbeiten sollst.

2. Schritt: Im Internet recherchieren
Damit du eine gezielte und zeitlich überschaubare Recherche zur Bearbeitung der Aufgabe vornehmen kannst, schlägt ein WebQuest besonders geeignete, ausgewählte Online-Links vor. Das erleichtert die Suche, denn bei freier Recherche stehen nicht immer die besten Websites oben, sondern häufig angeklickte Seiten und Anzeigen.

3. Schritt: Informationen auswerten und darstellen
Um die Aufgaben zu bearbeiten, ist es wichtig, dass du die Informationen der Internetseiten auf zentrale Aspekte reduzierst, übersichtlich gliederst und die Antworten mit eigenen Worten formulierst.

4. Schritt: Ergebnis präsentieren
Diesen Schritt könnt ihr auch in der Gruppe erledigen. Wichtig ist, dass die Präsentation eine überschaubare Menge an Informationen enthält und ihr diese mit eigenen Worten vortragt. Zusätzlich zu euren Texten könnt ihr ausgewählte Bilder oder Diagramme zur Veranschaulichung verwenden. Beantwortet nach der Präsentation die Fragen der Zuhörer/innen und bittet sie um Rückmeldungen.

Einen Raum mit einer Leitfrage erschließen
(Band 7, S. 144/145)

1. Schritt: Leitfrage formulieren
Gut geeignet ist eine Frage, die einen bestimmten Aspekt in den Mittelpunkt stellt. Die Leitfrage regt dazu an, diesen Aspekt von mehreren Seiten zu beleuchten.

2. Schritt: Sich einen Überblick verschaffen
Ordne den Untersuchungsraum geographisch ein. Beschreibe seine Lage im größeren Raum (Kontinent, Klimazone, Nachbarstaaten ...).

3. Schritt: Material sammeln und sichten
Suche im Internet und anderen Medien nach Informationen zu dem Raum. Verschaffe dir einen groben Überblick: Helfen sie dir, die Leitfrage zu beantworten? Schau dir deine ausgewählten Quellen genauer an und notiere Informationen. Gib jeweils auch die Quelle an (Webadresse; bei Büchern den Verfasser, Buchtitel und die Seite). Stelle das Material nach bestimmten Gesichtspunkten zusammen, z. B. positive Auswirkungen, negative Folgen, Wechselwirkungen ... Bilder, Tabellen, Grafiken und Karten sagen dabei oft mehr aus als Texte.

4. Schritt: Leitfrage beantworten
Beantworte die Leitfrage mithilfe der ausgewählten Materialien und erarbeite eine übersichtliche Darstellung deiner Ergebnisse.

5. Schritt: Ergebnisse präsentieren
Stelle deine Ergebnisse anderen in einer selbst gewählten Form vor, z. B. als Computerpräsentation, als Vortrag, als Lernplakat ...

Wichtige Begriffe

A

Aborigines/Aboriginal People: indigene Bevölkerung Australiens. Sie haben Australien bereits vor der Eroberung durch die Europäer besiedelt.

Antarktis: Erdregion um den Südpol

Apartheid: (von afrikaans/niederl. apart = getrennt) Bezeichnung für das System einer „Rassentrennung" zwischen schwarzer und weißer Bevölkerung in Südafrika. Nach langem politischen Kampf wurde das Apartheidsystem 1994 beseitigt.

Aquakultur: Bewirtschaftung des Meeres, z. B. durch Fischfarmen oder Muschelbecken; also die Zucht von Meerestieren zur Ernährung, für Tierfutter oder zur industriellen Weiterverarbeitung

arid: (von lat. aridus = trocken) Klima, bei dem die Verdunstung größer ist als die Niederschlagsmenge; Unterschied: → humid

Arktis: Erdregion um den Nordpol

Armut: In der Wirtschaft unterscheidet man absolute Armut und relative Armut: Bei absoluter (oder extremer) Armut stehen einem Menschen weniger als 1,90 US-Dollar am Tag zur Verfügung. Sein Überleben ist unmittelbar gefährdet. Von relativer Armut spricht man (meist in reicheren Ländern), wenn jemand weniger als die Hälfte des durchschnittlichen Einkommens zur Verfügung hat.

Artenvielfalt: natürliche Vielfalt und Variabilität sowie hohe Anzahl an Arten in einem Lebensraum. Die Artenvielfalt eines Gebietes entwickelt sich proportional zu seinen ökologischen Bedingungen.

artesischer Brunnen: natürlicher Brunnen, bei dem Grundwasser durch Überdruck an die Oberfläche gelangt. Zur Wasserförderung sind daher keine Pumpen erforderlich.

Atoll: → Korallenriff

B

Becken: größere Hohlform, die gegenüber der Umgebung durch randliche Erhebungen abgeschlossen wird. Diese Bereiche der Erdoberfläche waren im Verlauf der Erdgeschichte häufig ein Raum für die Ablagerung mehrerer Gesteinsschichten.

Beleuchtungszonen: Bereich der Erdoberfläche, der im Verlauf eines Jahres von der Sonne unterschiedlich beleuchtet wird. Ursachen sind die Drehung der Erde um die Sonne und die Neigung der Erdachse um 23,5 Grad. Man unterscheidet die → Polarzonen, → Gemäßigte Zonen und die → Tropenzone. Die Polarkreise und Wendekreise bilden die Grenzen.

Bewässerungsfeldbau: Form der landwirtschaftlichen Bodennutzung in Gebieten, die für den Anbau von Nutzpflanzen zu wenig Niederschlag erhalten. Das im → ariden Klima fehlende Wasser wird den Feldern aus Flüssen, Kanälen oder Brunnen zugeleitet.

Binnenmeer: Meeresteil, der nur durch schmale Zugänge mit dem offenen Weltmeer verbunden ist, z. B. die Ostsee

Bodenversalzung: verstärkte Anreicherung von Salzen im Boden, vor allem bei großflächiger künstlicher Bewässerung in → ariden Gebieten

Brandrodungsfeldbau: Bezeichnung für das Abbrennen von Wald- oder Buschflächen im → Tropischen Regenwald und in → Savannen, um Ackerflächen zu gewinnen. Diese werden danach entweder im → Wanderfeldbau oder im Dauerfeldbau genutzt und mit Mais, Hirse oder Maniok (Knollenpflanze) bestellt.

Bruttoinlandsprodukt: Abgekürzt: BIP. Ausdruck für die Wirtschaftsleistung eines Landes. Es beschreibt den Gesamtwert aller Waren und Dienstleistungen, die in diesem Land innerhalb eines Jahres produziert werden. Auch von Ausländern erbrachte Leistungen werden eingeschlossen.

C

Cash Crops: Agrarprodukte, die ausschließlich zum Verkauf angebaut werden und überwiegend dem Export dienen, z. B. Kaffee; Gegensatz: → Food Crops

D

Desertifikation: die Zerstörung bzw. Aufgabe der traditionellen, angepassten landwirtschaftlichen Nutzung durch den Menschen und die dadurch verursachte Ausbreitung wüstenähnlicher Verhältnisse

Wichtige Begriffe

E

Erosion: bei Gestein und Boden die Abtragung und damit auch Zerstörung durch exogene Kräfte wie fließendes Wasser, Wind und Gletscher

extensive Weidewirtschaft: Viehwirtschaft auf in der Regel großen Flächen ohne größeren Aufwand, z. B. für Düngung

F

fairer Handel: Bestrebungen für einen gerechten und nicht ausschließlich gewinnorientierten Austausch in der Welt. Durch garantierte Mindestpreise sowie die Gründung von Genossenschaften soll der kapitalgesteuerten Ausbeutung der Entwicklungsländer entgegengewirkt werden. Garantierte Mindestpreise reduzieren die Abhängigkeit von den starken Schwankungen der Weltmarktpreise.

Fairtrade: → fairer Handel

Felswüste: → Wüstenform, die hauptsächlich groben, eckigen Felsschutt in Faust- bis Kopfgröße aufweist; arabisch: Hamada

Flussdelta: der dreieckförmige Mündungsbereich von Flüssen mit einem Netz von Flussarmen; Beispiele: Nildelta, Nigerdelta

Food Crops: → Anbaufrucht, die zum Verzehr durch die eigene Bevölkerung angebaut wird, im Gegensatz zu → Cash Crops

G

Gemäßigte Zone: → Beleuchtungszone zwischen der → Polarzone und der → Tropenzone bzw. zwischen den Wendekreisen und Polarkreisen. Aufgrund der Neigung der Erdachse beim Umlauf der Erde um die Sonne treten hier deutlich ausgeprägte → Jahreszeiten auf.

H

Hochdruckgebiet: Gebiet mit hohem Luftdruck im Vergleich zu benachbarten Gebieten. Die Luftströmung in einem Hochdruckgebiet ist nach unten gerichtet, sodass die Luft dort nach außen abfließt. Unterschied: → Tiefdruckgebiet

humid: feuchtes Klima, in dem mehr Niederschlag fällt, als durch die Verdunstung aufgebraucht wird; Gegenteil: → arid

Hunger: Erhält ein Mensch zu wenig Energie in Form von Nahrungsmitteln, so führt dies zu schweren gesundheitlichen Schäden oder sogar zum Tod. Akuter Hunger tritt für eine kurze Zeit auf, vor allem in Kriegen oder nach Naturkatastrophen. Chronischer Hunger liegt vor, wenn der Körper dauerhaft weniger Nahrung aufnimmt, als er braucht.

I

Inlandeis: große Eismassen, die weite Teile des Festlandes fast vollständig überdecken. Die maximale Eisdicke kann bis zu 4 000 m betragen.

Innertropische Konvergenzzone (ITC): Bereich der äquatorialen Tiefdruckrinne, in dem die → Passate der Nord- und Südhalbkugel der Erde zusammenkommen (lat. convergere). Die ITC verlagert sich mit dem → Zenitstand der Sonne.

J

Jahreszeiten: Als astronomische Jahreszeiten werden die vier Zeitabschnitte zwischen den Sonnenwenden (21. Juni und 21. Dezember) und den Tagundnachtgleichen (21. März und 23. September) bezeichnet. Die durch unterschiedliche Temperaturverhältnisse geprägten Hauptabschnitte des Jahres in den außertropischen Gebieten werden als klimatische oder thermische Jahreszeiten bezeichnet. Sie entstehen infolge der im Jahresverlauf wechselnden Sonneneinstrahlung. Jahreszeiten, die aufgrund der Niederschlagsverhältnisse entstehen, nennt man hygrische Jahreszeiten (→ Regenzeit und → Trockenzeit).

Jahreszeitenklima: Klima, bei dem der Jahresgang der Temperatur größer ist als der Tagesgang und sich demnach warme und kalte Jahreszeiten deutlich voneinander unterscheiden; Unterschied: → Tageszeitenklima

K

Kieswüste: → Wüstenform, die vor allem gerundetes, kleineres Gesteinsmaterial aufweist, also Geröll und Kies, und sich vorwiegend auf geneigten Flächen befindet

Klimawandel: Veränderung wichtiger Klimaelemente, besonders der Lufttemperatur auf der Erde, unabhängig davon, ob die Ursachen auf natürlichen oder menschlichen Einflüssen beruhen. Ein Beispiel ist die Erwärmung nach der letzten Eiszeit vor etwa 10 000 Jahren. Ein weiteres Beispiel ist die gegenwärtige, vor allem durch Menschen verursachte globale Erwärmung.
Klimazone: Gebiet der Erde mit gleichartigem Klima, das sich infolge unterschiedlicher Sonneneinstrahlung gürtelartig um die Erde ausdehnt. Die unterschiedliche Land-Meer-Verteilung und große Gebirgszüge bewirken Abweichungen. Vom Äquator zu den Polen unterscheidet man vier große Klimazonen: Tropische Zone, Subtropische Zone, Gemäßigte Zone und Kalte Zone.
Kolonialismus: Zeitspanne zwischen dem 16. und 20. Jahrhundert, in der vor allem europäische Länder die Macht über Gebiete auf anderen Kontinenten für sich beanspruchten. Sie eroberten diese Gebiete, errichteten dort koloniale Herrschaften und beuteten die → Kolonien aus. Die Folgen sind bis heute spürbar: Viele ehemalige Kolonien sind heute Entwicklungs- und Schwellenländer.
Kolonialmacht: ein Land, das → Kolonien besaß
Kolonie: unselbstständiges Gebiet, in dem eine fremde → Kolonialmacht die Gebietshoheit besitzt und über die einheimische Bevölkerung herrscht
Kondensation: Wasser geht von einem gasförmigen Zustand (Wasserdampf) in einen festen Zustand (Wasser) über. Da warme Luft mehr Feuchtigkeit aufnehmen kann als kalte, kann Kondensation z. B. stattfinden, wenn sich die Luft abkühlt.
Korallenriff: Kalkablagerungen aus Korallenskeletten, die sich nur in warmen Meeresgebieten bilden können, deren Oberflächentemperatur nicht unter 20 °C absinkt. Ringförmige Korallenriffe, die von einer Lagune umschlossen werden, bezeichnet man als Atoll. Sie entstehen durch langsames Absinken von Vulkaninseln. Nach der Form unterscheidet man außerdem Saumriffe und Barriereriffe.
Kultur: (von lat. cultura = Pflege, Ackerbau) im Gegensatz zu Natur alles, was der Mensch hervorbringt, wie Kunst, Religion, Wertvorstellungen oder gemeinsame Lebensgewohnheiten und deren Bedeutung (z. B. Sprache, Kleidungsstil, Musikstil, Essgewohnheiten)

M

Meeresspiegelanstieg: Anstieg des mittleren Wasserspiegels der Ozeane. Ursachen sind das Abschmelzen grönländischer und antarktischer Eismassen, die Wärmeausdehnung des Wassers (das bei höheren Temperaturen ein größeres Volumen besitzt) sowie weiträumige Hebungen, die durch erdinnere Kräfte verursacht werden. Das Abschmelzen des arktischen Meereises aufgrund des → Klimawandels hat hingegen keine Auswirkungen auf die Höhe des Meeresspiegels. Der UN-Klimarat prognostiziert einen Anstieg von bis zu 82 cm. Besonders Inselstaaten sind demnach durch den Klimawandel direkt in ihrer Existenz bedroht.
Meeresströmung: beständige, horizontale und vertikale Transportbewegungen von Wassermassen in den Meeren. Dabei treten Strömungsgeschwindigkeiten von 35 – 60 km pro Tag auf. Meeresströmungen werden unter anderem verursacht durch Wind, Temperaturunterschiede oder unterschiedlichen Salzgehalt der Wassermassen. Durch die Fähigkeit der Ozeane, Wärme zu speichern, zu transportieren und in Wärmeaustausch mit der Atmosphäre zu treten, haben Meeresströmungen einen erheblichen Einfluss auf das Klima. Sie tragen zum Wärmeaustausch bei und mildern oder verstärken Klimaextreme.
Mischkultur: in der Landwirtschaft der gleichzeitige Anbau mehrerer Pflanzenarten mit unterschiedlicher Reifezeit auf derselben Ackerfläche
multikulturell: Die Gesellschaft setzt sich aus verschiedenen Bevölkerungsgruppen zusammen.

N

nachhaltige Fischerei: Nutzung der Meeres- und Flusstiere, ohne diese in ihrer Existenz zu gefährden. Das heißt, Fisch wird in einem Gebiet nur so viel gefangen, dass dessen Bestand regenerieren kann und erhalten bleibt. Eine → Überfischung findet nicht statt.

Wichtige Begriffe

nachhaltiger Tourismus: eine Form des Tourismus, bei der die Touristen nicht stören sollen – weder die Natur noch die einheimischen Menschen. Sie sollen sich so verhalten, dass die Natur sowie die Kultur der Menschen erhalten bleiben.
Nährstoffkreislauf: Abgestorbene Pflanzenteile zersetzen sich und geben Nährstoffe frei, die im Boden gespeichert und schließlich wieder durch die Wurzeln aufgenommen werden. Im → Tropischen Regenwald läuft dieser Kreislauf sehr rasch ab. Die Zersetzung geschieht schnell, da es sehr warm und feucht ist. Die üppige Pflanzenwelt nimmt die Nährstoffe umgehend wieder auf.
Nomaden: Wanderhirten, die mit ihren Herden verschiedene Weideplätze und Brunnen nacheinander und jahreszeitlich abhängig aufsuchen. Tuareg sind die Nomaden der Sahara.

O

Oase: Gebiet in Trockenräumen, das sich durch reicheren Pflanzenwuchs gegenüber der wüstenhaften Umgebung auszeichnet. Ursachen dafür sind entsprechende Wasservorkommen. Je nach Art des zur Verfügung stehenden Wassers unterscheidet man Grundwasseroasen, Flussoasen und Quelloasen.
Ökosystem: Wirkungsgefüge dreier Umweltfaktoren: belebte Natur (Lebewesen), unbelebte Natur (z. B. Klima, Wasser) und technische Faktoren (z. B. Gebäude, Verkehrssysteme)
Ozeanien: Inselwelt des Pazifischen Ozeans nördlich und östlich von Australien. Sie wird meist dem Kontinent Australien zugerechnet. Ozeanien wird untergliedert in Polynesien, Mikronesien und Melanesien. Zu Polynesien wird auch Neuseeland gezählt.
In Ozeanien gibt es neben Neuseeland 14 weitere eigenständige Staaten. Zwölf Gebiete gehören zu einem anderen Land wie den USA oder Frankreich. Diese 27 Staatsgebiete verteilen sich auf ungefähr 7500 Inseln, davon sind etwa 2100 bewohnt. 16,5 Millionen Menschen leben dort. Zusammen mit Australien bildet Ozeanien die Großregion „Australien und Ozeanien“.

P

Passat: ganzjährige, richtungsbeständige Luftströmungen zwischen den subtropischen → Hochdruckgebieten und der äquatorialen Tiefdruckrinne. Die Erdrotation bewirkt auf der Nordhalbkugel eine Ablenkung als Nordostpassat, auf der Südhalbkugel als Südostpassat. Passatluft ist eine heiße und trockene Luftmasse, die im Bereich der Wendekreise durch absinkende Luft entsteht.
Passatkreislauf: Luftmassenbewegungen der Tropischen Zone, die nördlich und südlich des Äquators bis hin zu den Wendekreisen gürtelartig um den Erdball auftreten. Der Passatkreislauf beginnt dort, wo die Sonne nahezu senkrecht auf die Erde scheint, also zumeist in Äquatornähe: Die Sonne erwärmt den Boden und die unteren Luftschichten. Die bodennahen Luftmassen steigen auf und kühlen langsam ab. In Bodennähe bilden sich → Tiefdruckgebiete (→ ITC). Da ständig neue Luft nach oben nachströmt, werden die Luftmassen in etwa 10 – 15 km Höhe nach Norden und Süden abgedrängt. An den Wendekreisen sinkt die Luft ab und erwärmt sich. Von diesen subtropischen → Hochdruckgebieten wehen die → Passate zurück zu den Tiefdruckgebieten am Äquator.
periodische Wasserführung: Manche Flüsse führen nur in einigen Monaten im Jahr Wasser, in anderen Monaten sind sie trocken.
Plantage: Großbetrieb der Pflanzenproduktion in den Tropen und Subtropen mit überwiegendem Anbau von Bananen, Kaffee, Zuckerrohr, Tee oder Ölpalmen. Zur Plantage gehören auch technische Anlagen zur Aufbereitung und Verarbeitung der Agrarprodukte.
Polarnacht/Polartag: In der Zeit der Polarnacht steigt die Sonne in den Polargebieten nicht über den Horizont. In der Zeit des Polartags sinkt die Sonne nicht unter den Horizont. Die Dauer von Polarnacht und Polartag ist je nach Breitenlage unterschiedlich, zwischen einem Tag an den Polarkreisen und einem halben Jahr an den Polen. Die Erscheinung kommt durch die Schrägstellung der Erdachse gegenüber der Erdbahnebene zustande.
Polarzone: → Beleuchtungszone zwischen den Polen und den Polarkreisen, in der ganzjährig niedrige Temperaturen und extreme Schwankungen der Tageslänge (→ Polartag/Polarnacht) auftreten

Profilskizze: vereinfachte Darstellung eines Querschnittes durch Landschaften oder einzelne Oberflächenformen

R

Regenzeit: Periode mit regelmäßigen Niederschlägen. In dieser Zeit ist der Niederschlag größer als die Verdunstung, es herrscht → humides Klima. Unterschied: → Trockenzeit

S

Sandwüste: → Wüstenform, in der vom Wind das leichte Material zusammengetragen und zu Dünen geformt wird. Die Sandwüste (auch Erg) nimmt in der Sahara nur etwa ein Fünftel der Gesamtfläche ein.
Sahelzone: Übergangszone zwischen → Wüste und Dornsavanne mit einer äußerst spärlichen → Vegetation. Die Sahelzone erstreckt sich entlang des Südrandes der Sahara. Die Breite dieser Übergangszone (ca. 100 - 200 km) ist stark von lokalen Gegebenheiten abhängig.
Savanne: → Vegetationszone der wechselfeuchten Tropen und Subtropen. Nach der Dauer der → Regenzeit und → Trockenzeit verändern sich die Anteile von Gras- und Holzgewächsen. Savannentypen:

- Feuchtsavanne: Dauer der Regenzeit 7 - 9 Monate, mit hohem Elefantengras und größeren Baumgruppen
- Trockensavanne: Dauer der Regenzeit 4 - 7 Monate, nur noch etwa 1 m hohe Gräser und vereinzelte geschlossene Baumgruppen
- Dornsavanne: Dauer der Regenzeit 2 - 4 Monate, überwiegend dornige Busch- und Baumarten. Eine geschlossene Grasdecke bildet sich hier nicht mehr aus.

Schelf: flacher, küstennaher Meeresboden, der bis zu 200 m unter dem Meeresspiegel liegt
Schelfeis: auf dem Meer schwimmende Eismassen aus Süßwasser, die vom → Inlandeis ins Meer hinausgeschoben wurden, v.a. in der → Antarktis
Schwellen: flach gewölbe und meist lang gestreckte Vollform der Erdoberfläche
shifting cultivation: → Wanderfeldbau
Stockwerkbau: Abfolge/Schichtung der natürlichen → Vegetation oder der Nutzpflanzen nach Wuchshöhe, z. B. im Tropischen Regenwald oder in einer Oase. Der Kampf um das kostbare Licht bestimmt das Leben der Pflanzen.
Stromschnellen: Teile eines Flusses, an denen das Gefälle plötzlich größer wird und die Fließgeschwindigkeit zunimmt

T

Tageszeitenklima: Klima, bei dem der Tagesgang der Temperatur größer ist als der Jahresgang; Unterschied: → Jahreszeitenklima
Tiefdruckgebiet: ein Gebiet niedrigen Luftdrucks, in das die Luft aus den umliegenden Gebieten mit höherem Luftdruck einströmt. In einem Tiefdruckgebiet steigen die Luftmassen auf, es kommt zur Wolkenbildung und häufig zu Niederschlägen. Unterschied: → Hochdruckgebiet
Tiefland: Gebiete, die nicht mehr als 200 m Höhe erreichen
Tiefsee: Meeresbereiche, die tiefer als 800 m unter dem Meeresspiegel liegen und bis zu 10 000 m tief hinabreichen
Tiefseegraben: lang gestreckte, rinnenförmige Einsenkung des Meeresbodens, wobei Tiefen bis über 11 000 m erreicht werden können (größte Tiefe: Marianengraben mit 11 034 m). Sie entstehen dann, wenn es beim Aufeinandertreffen von tektonischen Platten zum Abtauchen einer Platte unter die andere kommt.
Trockenzeit: Im Unterschied zur → Regenzeit Periode mit geringem oder keinem Niederschlag. In dieser Zeit ist die Verdunstung größer als die gefallene Niederschlagsmenge. Es herrscht → arides Klima.
Tropenzone: → Beleuchtungszone zwischen den Wendekreisen, in der aufgrund des hohen Einstrahlungswinkels der Sonnenstrahlen ganzjährig hohe Temperaturen herrschen. Die Tage und Nächte sind dort das ganze Jahr fast gleich lang. Innerhalb dieser Zone steht die Sonne im Jahresverlauf zweimal, an den Wendekreisen einmal im → Zenit.
Tropischer Regenwald: → Vegetationszone mit einem artenreichen, immergrünen Wald, der bei gleichmäßig hohen Temperaturen (im Mittel 25 - 28 °C), hohen Niederschlägen (über 1 500 mm im Jahr) und zehn bis zwölf Monaten mit → humidem Klima gedeiht

Wichtige Begriffe

U

Überfischung: Ein Meer ist überfischt, wenn in einem Zeitabschnitt mehr Fische gefangen werden, als durch natürliche Vermehrung heranwachsen. Gegenmaßnahmen sind: die Beschränkung von Fangmengen bzw. Fangverbot sowie die Einrichtung von Schutzzonen vor den Küsten.
Übernutzung: eine durch überhöhten Viehbesatz zu starke Nutzung von Weideflächen durch den Menschen. Dadurch können sich die Weideflächen nicht mehr ausreichend regenerieren. Eine Folge ist die → Desertifikation.
Überweidung: in semihumiden bis → ariden → Ökosystemen (v.a. um Wasserstellen) eine zu hohe Anzahl an Weidetieren mit zu langer Beweidungsdauer; Folgen: → Erosion, → Desertifikation

V

Vegetation: Pflanzenwelt; Gesamtheit der Pflanzen, die in einem bestimmten Gebiet wachsen
Vegetationszeit: Zeit im Jahr, in der pflanzliches Wachstum (Keimen, Reifen und Fruchten) möglich ist. Dazu muss die Tagesmitteltemperatur mindestens 5 °C betragen.
Vegetationszone: Verbreitungsgebiet bestimmter Pflanzengesellschaften auf der Erdoberfläche, durch das Klima bedingt
Vereinte Nationen: (englisch: United Nations/UN) Organisation von 193 Staaten. Hauptziele der Zusammenarbeit sind die Wahrung des Weltfriedens und der Schutz der Menschenrechte.
Völkermord: Bezeichnung für staatlich organisierte Gewaltverbrechen mit dem Ziel, eine Menschengruppe aufgrund ihrer ethnischen oder religiösen Herkunft zu ermorden und ihre → Kultur zu vernichten. Beispiel für einen Völkermord: Zwischen 1904 und 1907 tötete die deutsche Kolonialmacht in Südwestafrika (heutiges Namibia) etwa 80 Prozent der Herero und 50 Prozent der Nama.

W

Wanderfeldbau: ackerbauliche Nutzung in der → Tropischen Zone, wobei ein Wechsel der Anbauflächen erfolgt. Die Erschließung erfolgt durch → Brandrodung. Der Wechsel der Anbauflächen war früher mit einer Verlegung der Siedlung verbunden.
Wasserkreislauf: der ständige Transport von Wasser zwischen Meeren, Landflächen und der Atmosphäre. Der Wasserkreislauf wird angetrieben durch die Sonnenenergie und die Wirkung der Schwerkraft. Die wichtigsten Teilphasen sind Verdunstung, Niederschlag und Abfluss.
Weltmeer: die große zusammenhängende Wassermasse der Erde
Wind: Ausgleichsströmung der Luft zwischen Gebieten unterschiedlichen Luftdrucks. Dabei strömt die Luft immer vom hohen zum niedrigen Luftdruck. Als Richtung wird stets die Richtung angegeben, aus der der Wind weht. Südwind weht also von Süden nach Norden. Ein zweites wichtiges Merkmal von Wind ist die Geschwindigkeit, auch als Windstärke bezeichnet.
Wüste: → Vegetationszone, in der aufgrund großer Trockenheit (Trockenwüste) oder geringer Temperaturen (Kälte- oder Eiswüste) von Natur aus nur spärliches Pflanzenwachstum möglich ist. Die meisten Trockenwüsten liegen in den Subtropen, z.B. die Sahara im Norden von Afrika oder auch die Atacama-Wüste in Südamerika (Chile).

Z

Zenit: gedachter Himmelspunkt, der sich senkrecht über dem Beobachtungspunkt auf der Erdoberfläche befindet
Zenitalregen: tropische Niederschläge, meist in Form heftiger Gewitter, die kurz nach dem Zenitalstand der Sonne einsetzen. Dort, wo die Sonne senkrecht einstrahlt, erwärmt sich die Luft besonders stark. Die in große Höhe aufsteigenden Luftmassen kühlen sich ab, der mitgeführte Wasserdampf kondensiert und es kommt zu starker Wolkenbildung und heftigem Gewitterregen.
Ziele für nachhaltige Entwicklung: Im Anschluss an die Millenniumsziele verabschiedeten die 193 Mitgliedstaaten der → Vereinten Nationen 2015 einstimmig eine neue Entwicklungsagenda mit 17 Nachhaltigkeitszielen. Sie sollen bis 2030 Hunger, Armut und soziale Ungleichheit beseitigen und die Menschenrechte verbessern. Die neue Agenda berücksichtigt auch den weltweiten Umweltschutz.

Sachwortverzeichnis

Alle **fett** gedruckten Begriffe sind als „Wichtige Begriffe“ im Anhang erläutert.

Lösungshilfen

1 Afrika im Überblick

S. 6/7

1 a) Wer ist dargestellt? Was ist im Hintergrund/Vordergrund?
b) Beginne so: „Medien zeigen von Afrika vor allem ..."
c) Welche Seiten von Afrika siehst du auf den Bildern nicht?

2 a) Überraschen dich die Bilder M3 und M5? Beschreibe, warum.
b) Beginne so: „Wenn nur eine Seite von Afrika gezeigt wird, ..."

3 Was zeigen die Fotos? Übersetze den Schriftzug. Was sagt das Meme über einseitige Vorstellungen von Afrika aus?

4 a) –
b) Beginne so: „Die Hashtags haben mein Afrikabild bestätigt/erweitert, weil ..."

5 Wähle ein Thema aus M7, das dich überrascht hat. Suche nach einem Gegenbild. Frage dich dafür: „Welche Vorstellung von Afrika hatte ich vorher?" Suche im Internet nach zwei Bildern, die diese Vorstellung bestätigen und widerlegen. Überlege dir einen passenden Schriftzug.

S. 8/9

1 a) Nutze die Karte „Afrika Physische Übersicht" im Atlas.
b) In welchen Teilen von Afrika hast du die Bilder verortet?

2 a) –
b) Die Buchstaben für die Ozeane und Meere findest du im Uhrzeigersinn um Afrika herum.
c) a–d = Flüsse, e–g = Seen. Die Seen sind im Südosten Afrikas.
d) –

3 a–d) Nutze die Karte „Afrika Staaten" im Atlas.

S. 10/11

1 Beschreibe, wie sich die Höhenschichten zwischen Algier (= A) und Johannesburg (= C) ändern.

2 a) Die Profilskizze in M1 endet bei B. Zeichne sie weiter bis C.
b) Miss die Strecke mit einem Lineal aus. Wie oft passt die Maßstabsleiste aus der Legende in deine gemessene Strecke?

3 In der Profilskizze findest du die Fachbegriffe für niedrig und hoch gelegene Gebiete.

4 Suche Lagos und Kairo auf Karte M2 und wende die Schritte an.

S. 12/13

1 Asandeschwelle, ...

2 Nach den fetten Begriffen in T1 folgen die Erklärungen.

3 a) Lege einen Faden an Fluss b. Ermittle die Strecke mit einem Lineal. Wie oft passt die Maßstabsleiste in diese Strecke?
b) „Der Nil ist etwa ...-mal so lang wie die Elbe."

4 Beschreibe M5, lies dann T3.

5 Nutze die Karte „Afrika (Nordteil)" und die Legende. Ein Staudamm wäre ein Hindernis.

6 Nutze die Karte „Afrika (Nordteil)" und die Legende.

S. 14/15

1 a) –
b) Beginne so: „Kolonialismus bezeichnet die Zeit, in der ..."

2 Es gab vier deutsche Kolonien in Afrika.

3 –

4 Beginne so: „Nur ca. fünf Prozent ... Ihnen gehören aber ..."

5 „Völkermord ist bis heute zu spüren, weil ..." (T3). „Landraub merkt man noch an ..." (T3, M4).

6 Lies die Randspalte (rechts). Suche dann Mali auf einer Karte im Atlas. Bestimme mithilfe von M5, wessen Kolonie Mali war.

7 Der Nachtigalplatz wurde z. B. nach Gustav Nachtigal benannt, die Lüderitzstraße nach ...

S. 16/17

1 Nutze auch die Pilotkarte M1.

2 Lies T1 und betrachte die Bilder. „Mit Kultur meinen wir ..."

3 –

4 Begründe am Beispiel der Jugendlichen aus Mali oder des Südafrikaners am Ende von T2.

5 a–b) –
c) Beginne so: „Kente- und Basotho-Kleidung drücken nicht nur Traditionen aus, sondern ..."

6 –

S. 18/19

1 a) Beginne so: „Die meisten unterernährten Menschen ..."
b) Lies den unteren Teil von T1.
c) Geht es in T1 um dauerhaften Hunger oder um Hunger nach Krieg oder Naturkatastrophen?

2 a) –
b) Beginne so: „Ziel 2 besagt, dass bis zum Jahr 2030 ..."

3 Wie sollen Ernteausfälle vermieden und die Ernährung ausgewogener werden?

4 Beginne so: „Hunger in afrikanischen Ländern hängt auch mit ... zusammen." Überlege, ob Afrika diese Ursachen für Hunger selbst verändern kann.

5 Beginne so: „Ziel ... lautet ... und will erreichen, dass ... "

S. 20/21

–

S. 22/23

1 Denke an den Leistungsdruck, aber auch an Thokozanes persönliche Lage: Familie, Wohnen, Schule. Was könnte sich durch Fußball in einem großen Verein verändern?
2 Lies den zweiten Absatz genau.
3 Beispiel für Zeile 1–12: „Vorfreude auf das Fußballturnier der U14 in Johannesburg"
4 Beispiele für den Fortgang der Geschichte: Ein Scout spricht Thokozane nach dem Turnier an. Oder: Ein paar Wochen später erhält Thokozane eine E-Mail, der Absender: RB Leipzig!
5 Welchen Sinn könnte die Arbeit in einer solchen Organisation haben? Wem nützt die Arbeit?
6 –

2 Klima und Vegetation Afrikas

S. 26/27

1 a) Betrachte die Stellung der Erde zur Sonne. Welche Regionen werden beschienen? Welche sind zur Sonne geneigt? Beginne so: „Am 21.12. wird die Südhalbkugel stärker beschienen als … Am Nordpol ist Polarnacht, am Südpol … Die Tage auf der Nordhalbkugel sind kürzer …"
b) Beachte in M1 die Datumsangaben. Ordne ihnen den Beginn der Jahreszeiten zu. Nimm deine Lösung aus Aufgabe 1a zu Hilfe.
2 a) Revolution = Bahn der Erde um die Sonne (in 365 Tagen)
b) –
3 a) Verfolgt den Verlauf der Sonne auf den unterschiedlichen Bahnen. Vergleicht sie.
b) Auch innerhalb der Gemäßigten Zone variieren Tageslängen.
4 Gegenfragen: Was entsteht …
a) …, weil die Erdachse schräg steht (T2, M2)?
b) … durch die Erdrotation (T1)?
c) … durch die Drehung der Erde um die Sonne (T2)?

S. 28/29

1 Siehst du Unterschiede bei den bestrahlten Flächen in M1? Wie hängen die bestrahlte Fläche und die Temperatur zusammen?
2 a) T2: Lies den ersten Absatz.
b) Betrachte noch mal M4–M6 auf Seite 27: In welcher Abbildung steht die Sonne im Zenit?
3 a) Welche Unterschiede siehst du zwischen den roten Linien?
b) Betrachte noch mal M4–M6 auf Seite 27. Lies T3 auf Seite 29.
c) Beginne so: „Die Temperaturen eines Tages schwanken mehr als …"
4 Beginne so: „Am 21. März steht die Sonne über dem Äquator im Zenit. Die Erde bewegt sich weiter um die Sonne. Durch die Schrägstellung der Erdachse „wandert" der Zenitstand und erreicht am 21. Juni den nördlichen Wendekreis. Von dort …"
5 Lies in T2 nach.

S. 30/31

1 Das entscheidende Wort in T1 ist „Luftdruckunterschied".
2 Nimm die Nummerierung der Abbildung M3 zu Hilfe.
3 Lies besonders T4 genau. Achte auf die Nummern 6 und 4 in M3.
4 Gib die Begriffe „Passatkreislauf + Name" in eine Suchmaschine im Internet ein.
5 „Das Experiment zeigt, wie ein Tiefdruckgebiet entsteht. …"

S. 32/33

1 –
2 Könnte der Sonnenstand etwas mit dem Begriff zu tun haben?
3 Erstelle die Tabelle so:

Luftmassen	Entstehungsort	Merkmale
Äquatorialluft	Äquator	feuchtwarm und …
…	…	…

4 a) Beginne so: „Die Luftmassen über Afrika verlagern sich mit dem Sonnenstand. Steht die Sonne über dem nördlichen Wendekreis, so bewegen sich auch die Luftmassen … Wandert die Sonne Richtung Äquator, bewegt sich auch …"
b) Zu M3 B gehört M2 B. Da, wo die Sonne im September im Zenit steht, befindet sich die Äquatorluft. …
c) Für den Beleg: Was geschieht in der ITC (T1)?
5 Schlage mithilfe des Atlasregisters eine geeignete Karte auf. Wenn du weißt, wo das Okavangodelta liegt, kannst du mithilfe von M3 die Monate bestimmen.

S. 34/35

1 a) –
b) Lies noch einmal T3 auf Seite 32 und T1 auf Seite 34.
2 –
3 Beginne so: „Bamako liegt in Mali in Westafrika …"
4 Denke an die scheinbare Wanderung der Sonne und Luftmassen. Überlege, wann es an einem Ort besonders warm ist. Eventuell helfen dir auch die Koordinaten.

Lösungshilfen

S. 36/37

1 –

2 a) Erstelle die Tabelle so:

Klimazone	Staaten
Subtropische Klimazone	Marokko, …
…	…

b) –

3 Nehmt den Atlas zu Hilfe.

4 a–b) Betrachte die Klimadiagramme. Stimmst du den Aussagen zu oder nicht? Begründe.

S. 38/39

1 a) Beachte die Zahl der Bäume/Sträucher und deren Höhe.
b) Orientiere dich an Karte M 4.
c) Lies die Legende. Denke an deine Kenntnisse zum Klima.

2 –

3 Du kannst auch die Karten auf Seite 37 und 39 vergleichen.

S. 40/41

1 a) Nutze die Karte „Afrika, Staaten". Finde elf Länder.
b) Suche im Atlas die Weltkarte zur Vegetation oder verwende Karten zu den Kontinenten.

2 a) Betrachte die Gesteinsformen und deren Größe.
b) Du findest die Infos im Text. Betrachte auch die Fotos.
c) Denke an: Ursachen, Folgen.

3 a) Wurzeln …, Blätter …
b) Beginne so: „Allein zu sein in der Wüste ist gefährlich, weil …"

4 Wiederhole den Passatkreislauf.

5 Die Hitze, der Untergrund …

S. 42/43

1 a) „Savannen sind … mit … in Abhängigkeit von …"
b) –

2 a–b) Bearbeite nur einen Savannentyp. Ergänzt dann gemeinsam die Tabelle.

3 –

S. 44/45

–

S. 46/47

1 a) Suche entlang des Äquators auf der Weltkarte zur Vegetation.
b) Finde neun Länder.

2 a) Gib die drei Merkmale jeweils als ein Wort an.
b) Nutze den Sprachtipp.

3 a) Nutze den Sprachtipp.
b) Wo werden die Nährstoffe gespeichert?

4 Kläre den Begriff „Ökosystem" (T 4). Was passiert, wenn der Mensch dieses System stört?

5 –

S. 48/49

1 a) Denke an die Höhe, die Temperaturen und mögliche gesundheitliche Probleme.
b) Schau dir in M 3 an, wo die Niederschläge fallen.

2 a) Beginne so: „Je höher man kommt, desto … die Temperatur und desto … ist die Vegetationszeit." Beschreibe dann die oberen Höhenstufen in M 3/M 4.
b) –

3 a–b) –

S. 50/51

–

S. 52/53

1 a–b) –

2 Der Steckbrief kann enthalten: Größe, Gewicht, Aussehen, Anpassungsmerkmale …

3 a) Suche im Atlasregister nach Namibia.
b) Nutze zusätzlich eine Karte zur Vegetation.

4 Gehe auf Besonderheiten des Nationalparks ein. Zeige Gegensätze zum Massentourismus auf.

S. 54/55

1 Betrachte auch Abbildung M 2.

2 Beschreibe die Lage (Land, Teil von Afrika, Vegetationszone …).

3 a) Nutze ein Lexikon.
b) Achte auf wichtige Aussagen je Abschnitt. Formuliere das Thema als Teilüberschrift.

4 Wie waren das Klima und die Vegetation zu dieser Zeit? Welche Hinweise gibt es dafür?

5 –

3 Leben und Wirtschaften in Afrika

S. 58/59

1 Suche den Nil im Atlasregister.

2 Was erfährst du in T 1 und T 2 über den Nil und die Bedeutung des Wassers für die Menschen? Beschreibe auch das Satellitenfoto M 2 und die Entwicklung der Einwohnerzahl und Ackerfläche in Ägypten (M 4).

3 Beschreibe drei Schichten.

4 Die Pflanzenteile werden vielfältig genutzt. …

5 a) Woher kommt das Wasser?
b) Wie wird das Wasser jeweils gewonnen (T 2, T 4)?

6 –

S. 60/61

1 Achte auf die Bildunterschriften.

2 Suche „Sahara; Landschaft" im Atlasregister.

3 Erstelle die Tabelle so:

	früher	heute
Leben	...	...
Versorgung	Transport mit Kamelen	...
Arbeit	...	neue ...

4 a) Beginne so: „Einerseits wird es durch Bewässerung möglich, Lebensmittel in der Wüste ..."
b) Betrachte neue Arbeitsmöglichkeiten, aber auch Probleme, die der Wandel mit sich bringt.

5 a) –
b) Denke bei der Nachhaltigkeit an die drei Bereiche Ökologie, Wirtschaft und Soziales. Beim Reisen kann man schöne Eindrücke sammeln, ohne die Lebensgrundlagen künftiger Generationen zu gefährden.

S. 62/63

1 Nutze eine Staatenkarte zu Afrika. Finde sieben Staaten.

2 Denke an die Niederschläge, Temperatur, Vegetation und die Nutzung durch den Menschen.

3 Beginne mit dem Vergleich der Bilder in M4. Nutze auch die Sprachtipps.

4 In T1 findet ihr Hinweise.

5 Achte auf die fetten Begriffe.

6 Überlegt, was man gegen die Ursachen der Desertifikation (Übernutzung, Überweidung, Rodung) tun kann. Schaut auf Seite 64/65.

7 –

S. 64/65

1 Beginne mit einfachen Mitteln der traditionellen Landwirtschaft.

2 **a–b)** Beschreibe zunächst, wie die Methode funktioniert.

3 a) Abholzung hat zur Folge ...
b) Lies in M3 ab Zeile 29.

4 Überlege, wie die Menschen vor Ort einbezogen werden können. Warum ist das so wichtig?

5 –

S. 66/67

–

S. 68/69

1 a) Verwende folgende Begriffe: „roden", „Asche", „säen".
b) Beachte: Im Tropischen Regenwald sind die meisten Nährstoffe in den Pflanzen gespeichert und nicht im Boden.
c) Vergleiche die Höhe der Säulen, z. B.: „Der Ertrag von ... hat sich stark verringert / halbiert / ist auf ein Drittel gesunken."

2 a) Zeichne drei „Stockwerke".
b) Lies in T2 den zweiten Absatz.

3 Verwende folgende Begriffe: „Humusschicht", „roden", „Nährstoffe", „Sekundärwald", „shifting cultivation".

4 Sammle Argumente zu den Aspekten Flächenbedarf, Wohnsitz der Kleinbauern, Versorgung mit Lebensmitteln, Erderwärmung.

S. 70/71

1 Achte auf die optimale Lage (Höhe), die Temperaturen sowie die Niederschläge.

2 Nutze die Stichworte: „Kleinbauern", „Mischkulturen", „Export", „Rohkaffee", „Weltmarkt".

3 Beginne so: „Der Weltmarktpreis für Kaffee schwankt stark. Besonders in den Jahren ..."

4 a) Ist Fairtrade-Kaffee teurer?
b) Beginne mit der blauen Linie in M5: Sie liegt über der orangenen. Wem nützt das? Was können wir Verbraucher beitragen?

5 **a–b)** Nutze die Arbeitsblätter aus dem TERRA-Code.
c) Beginne so: „Während die Kaffee produzierenden Länder vor allem in ... liegen, befinden sich die Top-Ten-Verbraucher ..."

S. 72/73

1 a) Gold ist ein sehr wertvolles Metall. Übertragen auf Erdöl heißt das ...
b) Wo liegt das Nigerdelta?

2 a) Wem nützt die Förderung von Erdöl und wem schadet sie?
b) Ordne nach den Folgen für: die Menschen, die Tiere, die Vegetation (Pflanzenwelt) und das Aussehen bzw. die Beschaffenheit der Landschaft.

3 Beginne so: „Die USA, Saudi-Arabien und ... gehören sowohl zu den ... als auch zu den ..."

4 Überlege, wem das Erdöl nützt (Segen) und wem es schadet (Fluch). Beginne so: „Während Erdöl für viele Menschen in Nigeria ..., schadet die Förderung besonders ... Nigeria ist aber auf das Erdöl angewiesen, weil..."

5 –

S. 74/75

1 Beispiel Marokko:
Stahlveredler: Kobalt, Mangan;
Buntmetalle: Blei, Kupfer, Zinn;
Edelmetalle: Gold, Silber

2 Tipps zur Kartenskizze findest du auf Seite 166. Kennzeichne nur Gebiete, in denen du in Karte M3 viele Symbole eines Rohstoffes sehen kannst, z. B. Algerien und Libyen: Erdöl und Erdgas.

3 Welche Rohstoffe werden für dein Handy benötigt? Wo werden sie abgebaut?

Lösungshilfen

4 Untersuche z. B.: Wer arbeitet in den Minen? Wie schützen die Minenbesitzer ihre Arbeiter? Wie leben die Menschen in der Nähe der Minen?

S. 76/77

1 Im primären Sektor werden Rohstoffe gewonnen. Im zweiten Sektor werden Rohstoffe verarbeitet und Produkte hergestellt. Im dritten Sektor erbringen Menschen eine Dienstleistung.

2 **a)** Welche Rohstoff-Symbole kommen am häufigsten in der Karte vor?
b) Rohstoffe mit hohem Anteil am Gesamtexport (M 4) haben große Bedeutung. In Südafrika werden Rohstoffe nicht nur abgebaut, sondern auch ...

3 Denke über die Zukunftschancen junger Leute mit oder ohne gute Bildung/Ausbildung nach.

4 Lies noch einmal T 2.

5 Gib im Internet z. B. die Suchbegriffe „Wirtschaftsleistung + Länder + Afrika" ein.

S. 78/79

1 **a)** Trage auf der x-Achse die Jahreszahlen ab. Wähle einen geeigneten Maßstab für die y-Achse, z. B. 1 cm für 1 Mio.
b) Beginne so: „Tourismus hat zunehmende Bedeutung für Südafrika. Das erkennt man an ..."

2 **a)** Suche z. B. nach: Kapstadt, Safari, Reisezeit, Nationalparks.
b) Lies Tipps zur Kartenskizze auf Seite 166. Nutze den Atlas.

3 Achte in T 2 auf Nachteile für die Natur und die Tierwelt.

4 **a)** Englisch „offseason" = außerhalb der Saison
b) Landwirte auf der Nordhalbkugel können im Winter die Nachfrage nach Obst nicht bedienen. Trotzdem wollen wir in den kalten Monaten Weintrauben und Bananen essen. ...

5 Versetze dich in die Rolle des Landwirtes/der Landwirtin: Muss es ein Nachteil sein, wenn man sich die Gewinne teilt? Auch die finanziellen Verluste infolge einer schlechten Ernte werden auf viele Köpfe verteilt. ...

S. 80/81

1 Hilfreiche Stichworte: weiße Vorherrschaft, Trennung von Bevölkerungsgruppen

2 Beginne so: „Im Kreisdiagramm M 4 wird deutlich, dass ... mit ... Prozent die weitaus größte Bevölkerungsgruppe in Südafrika sind. Aber während der Apartheid wurde diese Mehrheit unterdrückt, und zwar durch ..."

3 Welche Folgen der Apartheid wirken noch heute? Welche Lösungsansätze gibt es?

4 Liste die Ziele des Projekts auf. Formuliere deine Meinung zu den Zielen. Wie sähe die Zukunft der Jugendlichen ohne KYP aus?

5 –

6 –

S. 82/83

–

S. 84/85

1 Was hat sie 1977 gegründet?

2 Lies nur den ersten Absatz.

3 **a)** Beginne so: „Waldrodung hat zur Folge, dass Regenwasser oberirdisch ... und nicht mehr in den Boden ..."
b) „Fruchtbarer Boden wird ..."

4 **a–b)** –

5 Beginne so: „Ja, die Maßnahmen erfüllen das Ziel. ..." Wie genau?

S. 86/87

1 Hilfreiche Stichworte: weite Entfernungen, fehlendes Bankkonto

2 Beginne so: „Zum Geld überweisen benötigt man nur das ..."

3 Betrachte den Nutzen für die Menschen, die Wirtschaft und die Umwelt.

4 **a)** Der Begriff „Silicon Savannah" ist abgeleitet von der bekannten Industrieregion in Kalifornien. Der zweite Teil des Begriffs spielt auf die typischen Graslandschaften Afrikas an.
b) –

5 **a)** Beginne so: „Die meisten Menschen haben ein Handy ..."
b) „Kenia nutzt die Vorteile der Digitalisierung. Deshalb ..."

4 Australien und Ozeanien

S. 90/91

1 **a–f)** Nutze die Atlaskarte „Australien Physische Übersicht".

2 Einige Text- und Bildinhalte gibt es so nur in Australien.

3 **a–e)** Nutze die Atlaskarte „Australien Physisch".

4 Arbeite mit einer physischen Karte zu Australien und Ozeanien. Bei der Abgrenzung der drei Inselgruppen hilft auch Karte M 1 B auf Seite 88.

5 **a)** –
b) Nutze die Maßstabsleiste.
c) Arbeite mit der Legende von M 5 und einer Atlaskarte „Australien Landschaften".

S. 92/93

1 a) Lies M 3 genau und unterscheide zwischen dem englischen und dem deutschen Gebrauch der Begriffe.
b) Beantworte dazu weitere W-Fragen: Wer? Woher?
c) Denke an die Ernährung, Unterkünfte, das Gruppenleben ...
d) Was änderte sich für sie?
e) Beachte die Kartenlegende.
f) Kunst: Malereien, Skulpturen, Stoffmuster ...; Musik: Instrumente, Gesang, Tanz ...
g) Religion: Woran glaubten die Aborigines? Rituale: Welche Handlungen nahmen sie in ihrer Tradition immer wieder vor?
h) Beispiel: Wie wollen die Aboriginal ihre Forderungen an den australischen Staat durchsetzen?
i) Welche Bedeutung hat ihr Olympia-Sieg für die Aboriginal?
2 –

S. 94/95

1 Achte auf die Anzahl der Herkunftsstaaten.
2 a) Achte besonders auf die Signaturen für Bevölkerungsdichte.
b – c) –
d) Es gibt bei der Lage eine Gemeinsamkeit.
e) Die Überschrift von T 2 hilft.
3 Achte vor allem auf Entfernungsangaben und wichtige Versorgungseinrichtungen.
4 Nutze die Ergebnisse zu Aufgabe 2 und eine Atlaskarte „Deutschland Bevölkerungsdichte".

S. 96/97

1 a) Du kannst auch weitere Tier- und Pflanzenarten ergänzen.
b) Lies den ersten Absatz (T1).
c) Lies den zweiten Absatz (T1).
2 Du kannst vier Klimazonen in Australien finden.
3 Nutze für die Auswertung die Schritte auf Seite 34/35.
4 a) In T 2 wirst du fündig.
b) Nutze die Legende von M 5.
c) Übertrage die Vorgänge des Experiments auf M 6.
5 Der Klimawandel greift in Australien in alle Lebensbereiche ein.

S. 98/99

1 Die Überschriften passen zu den Tabellenspalten.
2 Die Export- bzw. Importgüter sind zwei Wirtschaftsbereichen zuzuordnen.
3 Den wichtigsten Kritikpunkt findest du im letzten Absatz von T 2.
4 –
5 Es gibt mehrere negative Auswirkungen.

S. 100/101

1 Das wichtigste Wort ist „Kalk".
2 Beachte die Entwicklung, die der Pfeil unten in M 2 anzeigt.
3 Koralleninseln sind Flachinseln.
4 a) Lies die ersten Sätze von T 2.
b) –
5 Was braucht ein Mensch unbedingt zum Leben und was liefert die Kokospalme?
6 Nachhaltig bedeutet, so zu leben, dass künftige Generationen ...
7 a) Die Namen der Früchte sind die Suchbegriffe.
b) Schreibe fünf bis sechs Sätze.

S. 102/103

1 a) Wofür gebraucht man gern den Begriff „Paradies"?
b) Bedenke, woher die meisten Menschen solche Fotos kennen.
2 Formuliere das Wichtigste in verkürzter Form.
3 a) Betrachte die Lage im Pazifischen Ozean, die Größe und Zahl der Inseln ...
b) –
c) Der erste Teil von M 5 gibt Auskunft. Wichtig ist die Unterscheidung zwischen Samoa und Amerikanisch-Samoa.
d) Vergleiche M 3 auch mit Zahlen anderer Länder (Seite 160).
4 –

S. 104/105

–

S. 106/107

1 Der entscheidende Begriff ist „Feuersturm".
2 a) Beachte auch die Daten zur meteorologischen Lage 2019 in der linken Randspalte.
b) M 1 gibt einen Überblick über die Zahl der Brandherde.
c) Lege eine Stichwort- und Zahlenliste an.
3 a) Lies in M 4 den ersten Absatz.
b) Lies M 4, den zweiten Absatz.
c) Handelt die Regierung nach den Forderungen der Wissenschaft? Wie findest du das?

5 In den Polargebieten

S. 110/111

1 a – b) –
c) Denke an die Lage von Arktis und Antarktis.

S. 112/113

1 –
2 a) –
b) Subtrahiere von der Zahl aus dem Jahr 1980 die Zahl von 2020.

Lösungshilfen

3 a) Verwende eine politische Weltkarte. Der nördliche Polarkreis bildet die Grenze der Arktis.
b) Was wird möglich, wenn die Arktis nicht mehr eisbedeckt ist?
4 Glas A symbolisiert die Arktis, Glas B steht für die Antarktis.
5 a) Beginne so: „Eisbären jagen auf den arktischen Eisflächen nach Robben. Wenn die Eisbedeckung zurückgeht, haben …“
b) Welches Verhalten der Menschen trägt zum Klimawandel bei? Recherchiere unter: „Klimawandel für Kinder erklärt“.
6 –

S. 114/115

1 –
2 –
3 –
4 –
5 Gib „Ergebnisse + Expedition + MOSAiC“ in eine Suchmaschine im Internet ein. Notiere Stichpunkte.
6 Gib „Fridtjof Nansen“ in eine Suchmaschine im Internet ein.

S. 116/117

1 –
2 a–b) Notiere beim Lesen einige Stichpunkte. Formuliere daraus Sätze für deine Erläuterung.
3 Lies zuerst M 6. Betrachte parallel M 5. Erläutere dann die Anpassungsmerkmale in Sätzen.
4 a–b) Lies M 6 und erstelle eine Tabelle:

Forschungsbedingungen	Forschungsaufgaben
…	…

6 Das Weltmeer und seine Nutzung

S. 120/121

1 Betrachte die Tiefe, Arten, Temperatur und den Druck.
2 Suche Aussagen über den Körper, die Nahrung, die Tarnung und sonstige Besonderheiten.
3 Nutze folgende Fragen: Was sind Korallen? Wie ernähren sie sich? Warum sind sie bunt? Was brauchen sie? Wie entsteht ein Riff?
4 Beachte die sich verändernden Temperaturen.
5 –

S. 122/123

1 –
2 –
3 a) Beginne links mit dem Schelf. Berücksichtige auch die Tiefenangaben.
b) Nutze Transparentpapier.
4 Betrachte jeweils: Ausdehnung (Seemeilen), Nutzungsrechte, Schifffahrt.
5 –

S. 124/125

1 Beginne so: „Im Diagramm ist die Entwicklung des … von … bis … in … Tonnen abgebildet. Von 1950 bis … Zwischen 1970 und 1980 … Ab …“
2 Gehe auch auf die Technik ein.
3 Kläre erst, was Fangquoten sind, z. B. mit einem Online-Lexikon.
4 Schreibe aus jedem Absatz zwei bis vier Schlüsselwörter heraus. Erläutere dann die Kriterien mithilfe deiner Schlüsselwörter.
5 –
6 –

S. 126/127

1 Erkläre so: „Von Aquakultur spricht man, wenn …“
2 Lege eine Tabelle mit den Spalten „Pro“ und „Kontra“ an. Suche in T1 die Pro-Argumente.
3 Ergänze die Kontra-Argumente in deiner Tabelle aus Aufgabe 2.
4 a–b) Nutze auch deine Lösung zu Aufgabe 1 von Seite 124.
5 Berücksichtige die Wasserqualität, Bewegung, Ernährung und Sauberkeit.
6 Schau dir die Lösungen der Aufgaben 2, 3 und 4 noch einmal an.

S. 128/129

1 In T1 sind zwei Gründe genannt.
2 a) Stelle Lagebeziehungen her (Kontinente, Ozeane): Vor der Westküste Südamerikas …, mitten im Indischen Ozean …, entlang der Küste … usw.
b) –
3 Es sind drei Nachteile genannt.
4 Welche Interessen hat die Biologin, welche der Unternehmer? Suche passende Argumente.
5 –

S. 130/131

1 Was wird zum Ölteppich gesagt?
2 Beginne so: „Die Auswirkungen von Öl-Unfällen sind katastrophal. Die Meerestiere … Für die Menschen …“
3 Beachte die grauen Bereiche. Nutze die Maßstabsleiste. Wie wirken die Meeresströmungen?
4 Beschreibe die Doppelhülle, gehe dann auf die Vorteile ein.
5 Schreibe zunächst pro Material und Text ein bis zwei Sätze. Verfasse dann deine Bewertung mit eigener Meinung.

6 –

S. 132/133

1 Achte besonders auf die Zahlen im Text. Überlege, warum über das Meer viel mehr Waren transportiert werden als über Land.
2 a–b) Verwende die Namen der Kontinente und der Meere.
3 Lohnen sich die Kanäle (für die Schiffseigner und für die Länder, denen die Kanäle gehören)?
4 a) –
b) Überlege, warum so viele große Häfen in Asien und Europa liegen. Beachte auch die braune Einleitung auf Seite 132 oben.
5 –
6 –

S. 134/135

1 Formuliere in kurzen Sätzen: „Das Wasser verdunstet über den Meeren. Der Wasserdampf steigt auf. …" Nutze auch T1.
2 Achte auf Signalwörter wie Wolken, Niederschlag, Wind.
3 Es werden genau zwei Ursachen genannt: 1. für oberflächennahe Strömungen, 2. für Strömungen in der Tiefe.
4 a–b) Lege eine Tabelle an:

	Meeresströmung	Lage
kalt	…	Südwestküste Afrikas
warm	…	…

5 Suche die Namib im Atlas und betrachte Karte M2.
6 Achte auf die Kartenlegende.

S. 136/137

–

S. 138/139

1 a–b) Ein Szenario ist ein möglicher Entwurf der Zukunft.
2 Du kannst Ursachen und Folgen zunächst in einer Tabelle listen.
3 Beginne so: „Durch die Erderwärmung heizen sich Meere …"
4 Finde Argumente, warum die Aussagen falsch sind.
5 Du kannst folgende Themen recherchieren: Geschichte, Maße und Technik, Verkehrswege und aktuelle Maßnahmen infolge des Meeresspiegelanstiegs.

S. 140/141

1 –
2 Es gibt zwei Hauptverursacher.
3 In T1 werden zwei Gründe genannt. Was wird am Beispiel der Plastikenten in M4 deutlich?
4 a–b) „Mikroplastik bezeichnet …, die kleiner sind als … Man findet sie in … Gefährlich ist, dass Mikroplastik nicht … Auch für Fische …"
5 a) Beginne so: „Es gibt fünf Verursacher für Pestizide und Müll im Meer: …" Führe dann jeweils mindestens ein Beispiel auf.
b) Überlege an drei Beispielen, wie man dafür sorgen kann, dass der Müll erst gar nicht im Meer landet.
6 Wäge Vorteile und Nachteile ab und formuliere eine eigene Meinung zum Ocean Cleanup.
7 –

7 Räume unter die Lupe nehmen

S. 144/145

1 Beachte die Methodenschritte und Auswertungsbeispiele.

S. 146/147

1 Verliere bei deiner Raumanalyse nie die Leitfrage aus den Augen.

S. 148/149

1 Achte auf das Wort „Nomaden".
2 Warum wurden die Tuareg sesshaft?
3 Die Tuareg haben sich z.B. in Timbuktu niedergelassen. …
4 Der zweite Absatz von M4 gibt bereits Hinweise.
5 a) Gehe z.B. auf den Namen der Band, ihre Mitglieder und den Musikstil ein.
b) Was wollen die Musiker mit ihrer Musik aussagen?
c) Der Song stammt vom Album „Chatma", deutsch: „Schwester".

S. 150/151

1 Bedenke: HIV führt erst zu Aids.
2 Formuliere ein Fazit: „… sind stärker betroffen als …"
3 Beide Linien zeigen nach unten.
4 –
5 Es werden im Text mindestens vier Gründe genannt.

S. 152/153

1 a) ART = Antiretrovirale Therapie
b) –
2 Beginne so: „In Botsuana bekommen Betroffene ART kostenlos. Dadurch …"
3 Lies den zweiten Absatz in M2.
4 Stichwort „Aufklärung" …
5 Beginne so: „Die Aussage stimmt. Zum einen helfen staatliche …, aber auch …"
6 Gib den Begriff in eine Suchmaschine im Internet ein.

Nachweise

Cover Corbis (cultura), Berlin; **2.1** Getty Images (Moment/Ayzenstayn), München; **2.2** stock.adobe.com (Michael), Dublin; **2.3** Getty Images (Andrew Aitchison), München; **2.4** ShutterStock.com RF (Ingus Kruklitis), New York, NY; **3.5** ullstein bild (Prisma / Thomas Haltner), Berlin; **3.6** Getty Images Plus (E+/graphixel), München; **3.7** Getty Images Plus (Lapof), München; **3.8** Avenue Images GmbH (Image Source), Hamburg; **3.9** Klett-Archiv, Stuttgart; **4.1A** Picture-Alliance (STR / Reuters), Frankfurt/M.; **4.1B** Getty Images (Moment/Ayzenstayn), München; **5.1C** ddp media GmbH (Steve Bloom), Hamburg; **5.1D** Getty Images Plus (Yannick Tylle), München; **6.1** juniors@wildlife (Harvey, M.), Hamburg; **6.2** Getty Images Plus (E+/himarkley), München; **7.3** Alamy stock photo (Johnny Greig), Abingdon; **7.4** Grafik: Jäckel, Diana, Erfurt; Bild oben: alamy stock photo (Jacek Sopotnicki), Abingdon; Bild unten: alamy stock photo (Stuart Price / Make It Kenya via Planetpix), Abingdon; **7.5** Getty Images Plus (peeterv), München; **7.6** Chimamanda N. Adichie: Die Gefahr der einen einzigen Geschichte. Rede bei der TEDGlobal, Juli 2009, übersetzt von Katja Tongucer, zitiert ab 12:54, leicht verändert, unter: https://www.ted.com/talks/chimamanda_adichie_the_danger_of_a_single_story/transcript?language=de#t-780012 (Zugriff: 05.11.2020); **8.1** ShutterStock.com RF (Muzhik), New York, NY; **8.2** stock.adobe.com (Werner Schwehm), Dublin; **8.3** stock.adobe.com (Mieszko9), Dublin; **8.4** VISUM Foto GmbH (Ralf Niemzig), München; **9.5** Klett-Archiv, Stuttgart; **10.1** Jäckel, Diana, Erfurt; **11.2** Klett-Archiv, Stuttgart; **12.1** Getty Images Plus (E+/Mlenny), München; **12.2** ddp media GmbH (Franck Charton/hemis.fr), Hamburg; **12.3** Getty Images Plus (iStock/guenterguni), München; **13.4** Getty Images Plus (iStock/vlad_karavaev), München; **13.5** Butz, Steffen, Karlsruhe; **13.6** Getty Images Plus (iStock/espiegle), München; **14.1** Schaar, Wolfgang, Grafing; **14.2** Interfoto (PHOTOAISA / Fabrizio Finetti), München; **14.3** https://creativecommons.org/licenses/by-sa/4.0/deed.de (Pemba.mpimaji), siehe *3; **15.4** Jäckel, Diana, Erfurt, nach Namibia Statistics Agency (2018); **15.5** Klett-Archiv, Stuttgart; **16.1** Schaar, Wolfgang, Grafing; **16.2** Picture-Alliance (Marvel / Walt Disney Studios Motion Pictures / Courtesy Everett Collection), Frankfurt/M.; **16.3** CC-BY-SA-4.0 Lizenzbestimmungen: http://creativecommons.org/licenses/by-sa/4.0/legalcode (Vermondo) (Vermondo), siehe *3; **17.4** Alamy stock photo (Christine Thao Tyler), Abingdon; **17.5** Getty Images Plus (Noble Isaac), München; **17.6 links** Alamy stock photo (Rimma Bondarenko), Abingdon; **17.6 re. oben** stock.adobe.com (marmoset), Dublin; **17.6 re. unten** stock.adobe.com (Wirestock), Dublin; **18.1** Schaar, Wolfgang, Grafing; **18.2** Okapia (Ulrich Döring), Frankfurt; **18.3** Alamy stock photo (Joerg Boethling), Abingdon; **19** creanovo - motion & media design GmbH, Hannover; **19.4** (c) United Nations / globalgoals.org; **20.1** Klett-Archiv, Stuttgart; **21.3** Getty Images Plus (Ridofranz), München; **22.1** Schaar, Wolfgang, Grafing; **22.2** ddp media GmbH (Peter Nicholls), Hamburg; **23.3** Getty Images Plus (ManoAfrica), München; **24.1A** Alamy stock photo (Roberto Binetti), Abingdon; **24.1B** Getty Images Plus (Yannick Tylle), München; **25.1C** stock.adobe.com (Michael), Dublin; **26./27** Schaar, Wolfgang, Grafing; **28.1** Schaar, Wolfgang, Grafing; **28.2** Schaar, Wolfgang, Grafing; **28.3** Alamy stock photo (alexihobbs), Abingdon; **29.5** Schaar, Wolfgang, Grafing; **29.6** Jäckel, Diana, Erfurt; **30.1** ShutterStock.com RF (vinz89), New York, NY; **30.2** Schaar, Wolfgang, Grafing; **31.3** Schaar, Wolfgang, Grafing; **31.4** Jähde, Steffen, Sundhagen; **32.1A** Alamy stock photo (Dietmar Rauscher), Abingdon; **32.1B** ShutterStock.com RF (Vadim Petrakov), New York, NY; **33.2** Schaar, Wolfgang, Grafing; **33.3** Klett-Archiv, Stuttgart; **34.1** Picture-Alliance (David Oberholzer), Frankfurt/M.; **34.2** Picture-Alliance (blickwinkel), Frankfurt/M.; **35.3** Jäckel, Diana, Erfurt; **36** Jäckel, Diana, Erfurt; **37.5** Klett-Archiv, Stuttgart; **38.1** Alamy stock photo (Kayar Kayhan), Abingdon; **38.2** ShutterStock.com RF (PHOTOCREO Michal Bednarek), New York, NY; **38.3** ShutterStock.com RF (Luca Nichetti), New York, NY; **39.4** Klett-Archiv, Stuttgart; **40.1** ShutterStock.com RF (hermitis), New York, NY; **40.2** Schaar, Wolfgang, Grafing; **40.3** stock.adobe.com (Mieszko9), Dublin; **41.4** Alamy stock photo (frans lemmens), Abingdon; **41.5** ddp media GmbH (Andrew Michael), Hamburg; **42.1** Schaar, Wolfgang, Grafing; **42.2** Brodengeier, Egbert, Lichtenberg; **43.3a** iStockphoto (TT), Calgary, Alberta; **43.3b** Schaar, Wolfgang, Grafing; **43.3c** Jäckel, Diana, Erfurt, nach Bernhard Mühr: www.klimadiagramme.de; **43.4a** stock.adobe.com (jarek106), Dublin; **43.4b** Schaar, Wolfgang, Grafing; **43.4c** Jäckel, Diana, Erfurt, nach Bernhard Mühr: www.klimadiagramme.de; **43.5a** Okapia (M.&C. Denis-Huot/BIOS), Frankfurt; **43.5b** Schaar, Wolfgang, Grafing; **43.5c** Jäckel, Diana, Erfurt, nach Bernhard Mühr: www.klimadiagramme.de; **44.1** Steinert, Lorenz, Leipzig; **45.2** Steinert, Lorenz, Leipzig; **46.1** Alamy stock photo (Nature Picture Library / Nick Garbutt), Abingdon; **46.2** ShutterStock.com RF (Berendje Photography), New York, NY; **46.3** Okapia (imagebroker / Erhard Nerger), Frankfurt; **47.4** creanovo - motion & media design GmbH, Hannover; **48.1** Schaar, Wolfgang, Grafing; **48.2** Getty Images Plus (1001slide), München; **49.3** Schaar, Wolfgang, Grafing; **49.4** ShutterStock.com RF (K_Boonnitrod), New York, NY; **50.1** Klett-Archiv, Stuttgart; **50.2** Getty Images Plus (Martin Harvey), München; **50.3** Getty Images Plus (brytta), München; **51.3** Jähde, Steffen, Sundhagen; **51.4** iStockphoto (Jan Rihak), Calgary, Alberta; **51.5** Schaar, Wolfgang, Grafing; **51.6** Jäckel, Diana, Erfurt; **51.7** Jäckel, Diana, Erfurt; **52.1 oben** Fotosearch Stock Photography (Digital Vision), Waukesha, WI; **52.1 unten** iStockphoto (Delbars), Calgary, Alberta; **53.2 oben li.** Getty Images Plus (HandmadePictures), München; **53.2 unten li.** Getty Images Plus (okyela), München; **53.2 unten re.** Alamy stock photo (jspix), Abingdon; **53.oben re.** Action Press GmbH (imagebroker.com), Hamburg; **53.unten Mitte** ShutterStock.com RF (errni), New York, NY; **54.1** Schaar, Wolfgang, Grafing; **54.2 li.** Picture-Alliance (dpa/J.H. Matternes), Frankfurt/M.; **54.2 re.** Picture-Alliance (dpa/J.H. Matternes), Frankfurt/M.; **55.3** Mauritius Images (AGE), Mittenwald; **56.1A** Getty Images (Andrew Aitchison), München; **56.1B** Alamy stock photo (Greenshoots Communications), Abingdon; **56.1C** stock.adobe.com (eunikas), Dublin; **58.1** Schaar, Wolfgang, Grafing; **58.2** NASA (Jacques Descloitres, MODIS Land Science Team), Washington , D.C.; **58.3** Hungreder, Rudolf, Leinfelden-Echterdingen; **58.4** Statista: Ägypten: Gesamtbevölkerung von 1980 bis 2018 und Prognosen bis 2024 (in Millionen Einwohner); GBI-Genios Deutsche Wirtschaftsdatenbank GmbH: Tilasto.com, unter: https://de.statista.com/statistik/daten/studie/261548/umfrage/gesamtbevoelkerung-von-aegypten/; https://www.tilasto.com/thema/geographie-und-landwirtschaft/landwirtschaftliche-nutzflaeche/ackerflaeche/ackerflaeche-pro-person/aegypten; **59.5** Schaar, Wolfgang, Grafing; **60.1** Schaar, Wolfgang, Grafing; **60.2** F1online digitale Bildagentur (Prisma), Frankfurt; **61.3** Alamy stock photo (Hermes Images), Abingdon; **61.4** iStockphoto (ewg3D), Calgary, Alberta; **61.5** Rother, Lothar, Schwäbisch Gmünd; **62.1** Schaar, Wolfgang, Grafing; **62.2** Jäckel, Diana, Erfurt; **62.3** laif (Michael Riehle), Köln; **63.4** Schaar, Wolfgang, Grafing; **63.5** Bevölkerung 2019 in Mio. für Burkina Faso, Mali, Mauretanien, Niger; Schafe und Ziegen 2018 in Mio. für dieselben Länder, unter: https://www.dsw.org/landerdatenbank/; http://www.fao.org/faostat/en/#data/QA; **64.1** Schaar, Wolfgang, Grafing; **65.2** Picture-Alliance (imageBROKER/Florian Kopp), Frankfurt/M.; **65.3** Renate Of, Brot für die Welt: Global Lernen, 2007-2, S. 10, unter: http://www.brot-fuer-die-welt.de/fileadmin/mediapool/2_Downloads/Jugend_und_Schule/Global_lernen/global-lernen_2007-2.pdf; **65.3** Brot für die Welt (Christof Krackhardt), Berlin; **66** Butz, Steffen, Karlsruhe; **67.3** Jäckel, Diana, Erfurt; **68.1** Schaar, Wolfgang, Grafing; **68.2** F1online digitale Bildagentur, Frankfurt; **68.3** Alamy stock photo (Dirk Renckhoff), Abingdon; **69.4** Jäckel, Diana, Erfurt; **69.5** Jäckel, Diana, Erfurt; **70.1** Schaar, Wolfgang, Grafing; **70.2** Getty Images Plus (Bartosz Hadyniak), München; **70.3** Getty Images (Eric Lafforgue / Art in All of Us), München; **71.4** ShutterStock.com RF (defotoberg), New York, NY; **71.5** Jäckel, Diana, Erfurt, nach International Coffee Organization; **71.6** TransFair e.V. (Fairtrade Deutschland), Köln; **72.1** Schaar, Wolfgang, Grafing; **72.3** Getty Images (Bloomberg), München; **73.4** Picture-Alliance (Peter_Cunliffe-Jones), Frankfurt/M.; **73.5** Klett-Archiv, Stuttgart; **73.6** BGR Energiestudie 2019, S. 112/114, unter: https://www.bgr.bund.de/DE/Themen/Energie/Downloads/energiestudie_2019.pdf?__blob=publicationFile&v=6 (Zugriff: 10.09-2020); **73.7** BGR Energiestudie 2019, S. 112/114, unter: https://www.bgr.bund.de/DE/Themen/Energie/Download/energiestudie_2019.pdf?__blob=publicationFile&v=6 (Zugriff: 10.09.2020); **74.1** Getty Images Plus (hocus-focus), München; **74.2** laif (Alfredo Falvo / Contrasto), Köln; **75.3** Klett-Archiv, Stuttgart; **76.1** Schaar, Wolfgang, Grafing; **76.2** Jäckel, Diana, Erfurt; **76.3** Picture-Alliance (Friso Gentsch / Volkswagen), Frankfurt/M.; **76.4** Christopher Wagner: Made in South Africa - die meist exportierten Güter Südafrikas, 03.10.2020; Auswärtiges Amt: Südafrika: Wirtschaft, 08.08.2019, unter: https://www.weltexporte.de/exportprodukte-suedafrika/; https://www.auswaertiges-amt.de/de/aussenpolitik/laender/suedafrika-node/wirtschaft/208402 (Zugriff: 05.11.2020); **77.5** Klett-Archiv, Stuttgart; **77.6** Picture-Alliance (Xinhua / Chen Cheng), Frankfurt/M.; **78.1** ShutterStock.com RF (Abdelrahman Hassanein), New York, NY;

78.2 Eigene Zusammenstellung nach: https://www.laenderdaten.info/Afrika/Suedafrika/tourismus.php; **79.3** Jäckel, Diana, Erfurt; **79.4** juniors@wildlife (Harpe, R.), Hamburg; **80.1** imago images, Berlin; **80.2** imago images (Greatstock), Berlin; **81.3** Getty Images Plus (monkeybusinessimages), München; **81.4** Jäckel, Diana, Erfurt, nach www.brandsouthafrica.com/people-culture/people/south-africas-population; **82.1** Klett-Archiv, Stuttgart; **83.2** Schaar, Wolfgang, Grafing; **83.4** Jäckel, Diana, Erfurt; **83.5** Picture-Alliance (dpa/EF/Afrimages/Maxppp), Frankfurt/M.; **84.1** Eigene Zusammenstellung aus mehreren Quellen; **84.1** laif (Toby Selander / Polaris), Köln; **84.3** United Nations Publications, New York; **85.4** Jäckel, Diana, Erfurt, nach www.invent-tourismus.de; **85.5** laif (Sven Torfinn), Köln; **85.6** Schaar, Wolfgang, Grafing; **85.8** Schaar, Wolfgang, Grafing; **86.1** Schaar, Wolfgang, Grafing; **86.2** ddp media GmbH (Benedicte Desrus), Hamburg; **87.4** Picture-Alliance (Thomas Mukoya / Reuters), Frankfurt/M.; **87.5** Getty Images (Bloomberg), München; **88.1A** stock.adobe.com (cherylvb), Dublin; **88.1B** Klett-Archiv, Stuttgart; **88.1C** ShutterStock.com RF (Ingus Kruklitis), New York, NY; **88.1D** Getty Images Plus (Matthew Micah Wright), München; **90.1** Getty Images Plus (Steven Tritton), München; **90.2** Picture-Alliance (World Pictures/Photoshot), Frankfurt/M.; **90.3** Alamy stock photo (Genevieve Vallee), Abingdon; **90.4** iStockphoto (robertcicchetti), Calgary, Alberta; **91.5** Klett-Archiv, Stuttgart; **92.1** Butz, Steffen, Karlsruhe; **93.2** Klett-Archiv, Stuttgart; **93.4** ShutterStock.com RF (panda_o), New York, NY; **94.1** Getty Images Plus (DigitalVision / Walter Bibikow), München; **94.2** stock.adobe.com (Sina Ettmer), Dublin; **94.3** Eigene Zusammenstellung nach: https://www.schullv.de/englisch/basiswissen/commonwealth/australia/immigration; **94.4** Klett-Archiv, Stuttgart; **95.5** ShutterStock.com RF (Marcos Mesa Sam Wordley), New York, NY; **95.6** Eigene Zusammenstellung nach: https://de.statista.com/statistik/daten/studie/200639/umfrage/groesste-staedte-in-australien/; **96.1A** iStockphoto (VMJones), Calgary, Alberta; **96.1B** Okapia (Paulo de Oliveira), Frankfurt; **96.1C** stock.adobe.com (wrobel27), Dublin; **96.1D** Getty Images (Viktor Posnov), München; **96.2** Jäckel, Diana, Erfurt; **96.3** Jäckel, Diana, Erfurt; **97.4** Jähde, Steffen, Sundhagen; **97.5** Klett-Archiv, Stuttgart; **97.6** Schaar, Wolfgang, Grafing, nach Informationen zur politischen Bildung Nr. 264/1999, München; **98.1** stock.adobe.com (amophoto.net), Dublin; **98.2** Getty Images Plus (Cassandra Hannagan), München; **99.3** laif (VU), Köln; **99.4** Observatory of Economic Complexity (OEC): Australia 2018, unter: https://oec.world/en/profile/country/aus/ (Zugriff: 05.11.2020); **99.5** Alamy stock photo (Russotwins), Abingdon; **100.1** Getty Images Plus (CampPhoto), München; **100.2** Schaar, Wolfgang, Grafing; **100.3** Getty Images Plus (Darryl Leniuk), München; **101.4** Schaar, Wolfgang, Grafing; **101.5** Getty Images Plus (mvaligursky), München; **101.6** Klett-Archiv, Stuttgart; **101.7** Schaar, Wolfgang, Grafing; **102.1** Schaar, Wolfgang, Grafing; **102.2** Getty Images Plus (Bob Krist), München; **102.3** Klett-Archiv, Stuttgart; **103.4** laif (Stephane Compoint / Le Figaro Magazine), Köln; **103.6** Alamy stock photo (Travel Pix), Abingdon; **103.7** Jäckel, Diana, Erfurt, nach https://wko.at/statistik/laenderprofile/lp-samoa.pdf, S. 6; **104.1** Klett-Archiv, Stuttgart; **105.2A** Alamy stock photo, Abingdon; **105.2B** ShutterStock.com RF (panda_o), New York, NY; **105.2C links** stock.adobe.com (Vankad), Dublin; **105.2C rechts** Alamy stock photo (RF/music Alan King), Abingdon; **105.2D** Alamy stock photo (Hilke Maunder), Abingdon; **105.3** Alamy stock photo (Norbert Probst), Abingdon; **105.4** Alamy stock photo (Manfred Gottschalk), Abingdon; **105.5** Jäckel, Diana, Erfurt; **106.1** Schaar, Wolfgang, Grafing, nach Landgate Fire Watch; **106.2** Getty Images Plus (mikulas1), München; **107.3** laif (Dean Sewell/Oculi/Agence VU), Köln; **107.5** Action Press GmbH (Rex Features), Hamburg; **108.1A** Picture-Alliance (Mario Hoppmann/Alfred-Wegener-Institut), Frankfurt/M.; **109.1B** ullstein bild (Prisma / Thomas Haltner), Berlin; **110.1** Schaar, Wolfgang, Grafing; **110.2** Klett-Archiv, Stuttgart; **110.3** Jäckel, Diana, Erfurt; **111.4** Schaar, Wolfgang, Grafing; **111.5** Jäckel, Diana, Erfurt; **111.6** Klett-Archiv, Stuttgart; **112.1** Image by the NASA Scientific Visualization Studio based on data from the Special Sensor Microwave Imager/Sounder (SSMIS) of the Defense Meteorological Satellite Program (DMSP); **112.2** Eigene Zusammenstellung nach: https://data.meereisportal.de/download/monthmean/tab_extent_mittel_08_n.txt; **112.3** Interfoto (Danita Delimont / Paul Souders), München; **113.4** Schaar, Wolfgang, Grafing; **113.5** Jähde, Steffen, Sundhagen; **113.6** Getty Images Plus (Photodynamic), München; **114.1** Schaar, Wolfgang, Grafing; **114.2** Picture-Alliance (Esther Horvath/AWI via ZUMA), Frankfurt/M.; **115.3** CC-BY-4.0 Creative Commons Namensnennung, Mountain View; CC-BY-4.0 Lizenzbestimmungen: http://creativecommons.org/licenses/by/4.0/legalcode; Grafik: AWI, siehe *1; **116.1** Eigene Zusammenstellung nach: https://de.statista.com/statistik/daten/studie/184890/umfrage/entwicklung-der-anzahl-der-besucher-in-der-antarktis/; **116.2** Picture-Alliance, Frankfurt/M.; **116.4** stock.adobe.com (Hans Hansen), Dublin; **117.5** Picture-Alliance, Frankfurt/M.; **117.6 oben** Picture-Alliance (DLR), Frankfurt/M.; **117.6 unten** CC-BY-4.0 Lizenzbestimmungen: http://creativecommons.org/licenses/by/4.0/legalcode (DLR) (DLR), siehe *1; **118.1A** Getty Images Plus (E+/graphixel), München; **119.1B** plainpicture GmbH & Co. KG (NaturePL/Jordi Chias), Hamburg; **120.1** ddp media GmbH (Picture Press / Norbert Wu), Hamburg; **120.2** imago images (Nature Picture Library), Berlin; **121.3** ShutterStock.com RF (Vlad61), New York, NY; **121.4** Picture-Alliance (epd / Dan Peled), Frankfurt/M.; **122.1** Jäckel, Diana, Erfurt; **122.2** Klett-Archiv, Stuttgart; **123** Schaar, Wolfgang, Grafing; **124.1** laif (Pierre GLEIZES/REA), Köln; **124.2** Jäckel, Diana, Erfurt, nach FAO 2018, The State of World Fisheries and Aquaculture, S.3; **125.3** Schaar, Wolfgang, Grafing; **125.4** WWF: Nachhaltige Fischerei, v. 17.09.2018, unter: https://www.wwf.de/themen-projekte/meere-kuesten/fischerei/nachhaltige-fischerei (Zugriff: 05.11.2020); **125.5** Picture-Alliance (dpa Themendienst / Andrea Warnecke), Frankfurt/M.; **126.1** Alamy stock photo (Mikel Bilbao Gorostiaga Travels), Abingdon; **127.2** Jäckel, Diana, Erfurt; **127.3** Jäckel, Diana, Erfurt; **127.4** Klett-Archiv, Stuttgart; **128.1** Schaar, Wolfgang, Grafing, nach www.misereor.de/fileadmin/publikationen/positionspapier-tiefseebergbau.pdf, S. 4/5; **129.2** Klett-Archiv, Stuttgart; **129.3** ShutterStock.com RF (Sementer), New York, NY; **129.4** Alamy stock photo (OAR / National Undersea Research Program (NURP)), Abingdon; **130.1** Picture-Alliance (Tom Atkeson / U.S. Coast Guard), Frankfurt/M.; **131.2** Picture-Alliance (dpa/Paul Buck), Frankfurt/M.; **131.3** Jähde, Steffen, Sundhagen; **131.4** Klett-Archiv, Stuttgart, nach: Offizieller Bericht für den US-Präsidenten, National Commission on the BP Deepwater Horizon Oil Spill and Offshore Drilling; **131.5** Klett-Archiv, Stuttgart, maribus; **132.1** Picture-Alliance (J. de Cuveland), Frankfurt/M.; **133.2** Klett-Archiv, Stuttgart; **133.3** Getty Images Plus (iStock/andrej67), München; **133.4** Port of Hamburg: Top Welt Containerhäfen 2019, unter: https://www.hafen-hamburg.de/de/statistiken/top-20-containerhaefen (Zugriff: 05.11.2020); **134.1** creanovo – motion & media design GmbH, Hannover; **135.2** Klett-Archiv, Stuttgart; **136.1** creanovo – motion & media design GmbH, Hannover; **137.2** Klett-Archiv, Stuttgart; **137.3** toonpool.com (Peter Welleman), Berlin; **137.8** Jähde, Steffen, Sundhagen; **138.1** ShutterStock.com RF (Victor Moussa), New York, NY; **139.3** imago images (Xinhua), Berlin; **139.4** Jäckel, Diana, Erfurt; **139.5** Klett-Archiv, Stuttgart; **140.1** Schaar, Wolfgang, Grafing; **140.2** Picture-Alliance (AP Photo), Frankfurt/M.; **140.3** Alamy stock photo (sebastien bonaime), Abingdon; **141.5** Jäckel, Diana, Erfurt; **141.6** Picture-Alliance (Alexander Stein/JOKER), Frankfurt/M.; **142.1A** Getty Images Plus (Lapof), München; **142.1B** Alamy stock photo (Alan Gignoux), Abingdon; **143.1C** Alamy stock photo (Design Pics Inc), Abingdon; **144.1** Picture-Alliance (World Pictures/Photoshot), Frankfurt/M.; **144.2** Getty Images Plus (E+/hadynyah), München; **145.3** Klett-Archiv, Stuttgart; **145.4** ShutterStock.com RF (warunee singlee), New York, NY; **146.1 rechts** Getty Images Plus (E+/WLDavies), München; **146.1 links** Schaar, Wolfgang, Grafing; **146.2** Jäckel, Diana, Erfurt, nach WTO; **147.3** Alamy stock photo (Sergi Reboredo), Abingdon; **147.4** ShutterStock.com RF (GranTotufo), New York, NY; **148.1** Klett-Archiv, Stuttgart; **148.2** Alamy stock photo (agefotostock / Herbert Hopfensperger), Abingdon; **149.3** Alamy stock photo (Ian Nellist), Abingdon; **149.5** Picture-Alliance (AP Images/Ludek Perina), Frankfurt/M.; **150.1** Klett-Archiv, Stuttgart; **151.2** Jäckel, Diana, Erfurt, nach UNAIDS epidemiological estimates, 2020; **151.3** Jäckel, Diana, Erfurt, nach UNAIDS epidemiological estimates, 2020; **152.1** Picture-Alliance (Henry Wasswa), Frankfurt/M.; **153.2** Picture-Alliance (Juda Ngwenya / Reuters), Frankfurt/M.; **153.4** imago images (Richard Wareham), Berlin; **153.5** Schaar, Wolfgang, Grafing; **154** Avenue Images GmbH (Image Source), Hamburg; **158** Klett-Archiv, Stuttgart; **188** Getty Images Plus (iStock/demaerre), München; **189 bis 197** Klett-Archiv, Stuttgart; **II/III** Oser, Liliane, Hamburg;

*1 Lizenzbestimmungen zu CC-BY-4.0 siehe: http://creativecommons.org/licenses/by/4.0/legalcode

*3 Lizenzbestimmungen zu CC-BY-SA-4.0 siehe: http://creativecommons.org/licenses/by-sa/4.0/legalcode

9

Haack-Kartenteil

Die folgenden Karten bieten dir eine schnelle Orientierung. Sie zeigen einen Überblick über die Räume, die im Unterricht behandelt werden. Mit dem Register kannst du geographische Objekte suchen, ganz so, wie du es von der Arbeit mit dem Atlas gewohnt bist.

Für alle physischen Karten gilt die Kartenlegende auf dieser Seite.
Interessierst du dich für Einzelheiten oder Karten mit bestimmten thematischen Inhalten, so schlage in deinem Haack Weltatlas nach.

Kontinent- und Weltkarten

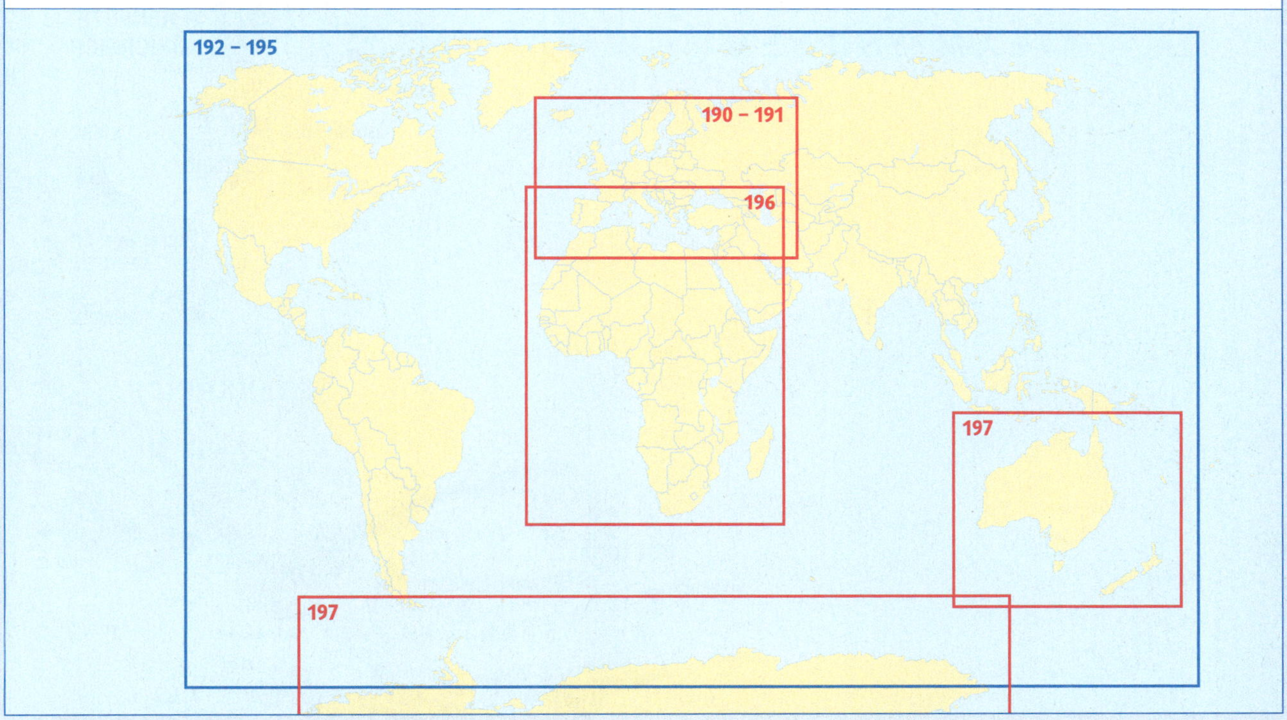

Kartenlegende

Orte		Grenzen		Flüsse, Seen	
◼	über 5 000 000 Einwohner	——	Staatsgrenze	~	Fluss
■	1 000 000 – 5 000 000	——	Grenze eines Bundeslandes oder Verwaltungsgebietes		zeitweise Wasser führender Fluss
◉	500 000 – 1 000 000	-----	umstrittene Grenze, Waffenstillstandslinie		zeitweise gefüllter See
●	100 000 – 500 000	**TOGO**	Staat		See
○	unter 100 000	Lomé	Hauptstadt eines Staates		Schifffahrtskanal
		Färöer	abhängiges Gebiet mit Selbstverwaltung		Stausee mit Staudamm
		Bayern	Bundesland oder Verwaltungsgebiet		
		München	Hauptstadt eines Bundeslandes oder Verwaltungsgebietes		

Landhöhen
über 5000 m
2000 – 5000 m
1000 – 2000 m
500 – 1000 m
200 – 500 m
100 – 200 m
0 – 100 m
unter 0 m
Gletscher
4807 Höhe über dem Meeresspiegel (in m)
ABKÜRZUNGEN:
BOS. U. BOSNIEN UND
HERZ. HERZEGOWINA
KOS. KOSOVO
LIE. LIECHTENSTEIN
LUX. LUXEMBURG
NORDM. NORDMAZEDONIEN
SLOW. SLOWENIEN
SLOWAK. SLOWAKISCHE
REP. REPUBLIK
S.M. SAN MARINO
1:20 000 000
0 100 200 500 km
Europäisches Nordme
nördlicher Polarkreis
Reykjavík
ISLAND
Hvannadalshnúkur 2119
Färöer (dän.)
NORWEG
Shetlandinseln
Galdhøpiggen 2469
Osl
Hebriden
Orkney-Inseln
1343
Glasgow
Nordsee
Göteb
Belfast
IRLAND
VEREINIGTES KÖNIGREICH
DÄNEMAR
ATLANTISCHER
Dublin
Manchester
Kopenhag
Birmingham
NIEDER-LANDE
Hambu
Bristol
London
Amsterdam
Rotterdam
Elbe
Be
Kanal-inseln (brit.)
Der Kanal
Brüssel
Köln
BELGIEN
DEUTSCHL
Paris
LUX.
Luxemburg
Frankfurt
OZEAN
Loire
Seine
Rhein
Donau
Münche
Golf von Biscaya
FRANKREICH
Bern
Azoren (port.)
Kap Finisterre
Lyon
SCHWEIZ
LIE.
Bordeaux
Zentral-massiv
4810 Mont Blanc
Alpen
Bilbao
Mailand
Ljub
Porto
Duero
Pyrenäen
Turin
3404
Marseille
Po
PORTUGAL
ANDORRA
Genua
Ebro
MONACO
Lissabon
Madrid
Apennin
Tejo
S.M.
SPANIEN
Barcelona
Korsika
VATIKAN-STADT
Rom
Valencia
Balearen
Neape
Sevilla
Alicante
Mallorca
Sardinien
ITAL
3478
Straße von Gibraltar
Gibraltar (brit.)
Ceuta (span.)
Madeira (port.)
Melilla (span.)
Oran
Algier
Mittelmeer
Pale
Casablanca
Rabat
Fès
Sizilien
Marrakech
MAROKKO
Maghreb
Tunis
Kanarische Inseln (span.)
3718
Agadir
4165
2328
TUNESIEN
Valletta
MAL
Atlasgebirge
Kleine Syrte
El Aaiún
Tripolis
nördlicher Wendekreis
ALGERIEN
SAHARA (marokkanische Verwaltung)
Sahara
MAURETANIEN

© Klett
Nordkap
Barentssee
Murmansk
Halbinsel Kola
Lappland
2123
Weißes Meer
Archangelsk
Petschora
Nördliche Dwina
Narodnaja 1894
Uralgebirge
Surgut
Ob
Sibirien
Irtysch
Tobolsk
Omsk
Serow
Tjumen
Jekaterinburg
Tscheljabinsk
Perm
Nur-Sultan
Rudny
FINNLAND
Bottnischer Meerbusen
WEDEN
Onegasee
Ladogasee
Helsinki
Åland (finn.)
St. Petersburg
RUSSLAND
Kasan
Kama
Ufa
1640
Magnitogorsk
Stockholm
Tallinn
ESTLAND
Peipussee
Jaroslawl
Nischni Nowgorod
Wolga
323
LETTLAND
Riga
Gotland
Moskau
Samara
Ostsee
LITAUEN
Düna
Tula
Ural
Königsberg (russisch)
Wilna
Minsk
Saratow
Aral
Syr-Darja
KASACHSTAN
WEIßRUSSLAND
Gomel
Woronesch
Warschau
Weichsel
POLEN
Kaspische Senke
Aralsee
Wolgograd
Don
Charkiw
Kiew
-28
USBEKISTAN
Moynoq
Amu-Darja
Krakau
2655
UKRAINE
Dnipropetrowsk
Donezk
Astrachan
SLOWAK. REP.
Pressburg
Karpaten
Chişinău
Rostow
Dașoguz
Budapest
UNGARN
MOLDAU
Odessa
Dnipro
Krasnodar
Kaspisches Meer
RUMÄNIEN
2543
Halbinsel Krim
1545
Kaukasus
Elbrus 5642
TURKMENISTAN
Aschgabat
BOS. U. HERZ.
Belgrad
Bukarest
Sotschi
GEORGIEN
Tiflis
Baku
Sarajewo
SERBIEN
Donau
Schwarzes Meer
ARMENIEN
ASERBAIDSCHAN
MONTENEGRO
Priština
KOS.
BULGARIEN
Balkan
Sofia
Bosporus
Eriwan
Ararat 5165
4821
Podgorica
Skopje
NORDM.
İstanbul
Pontisches Gebirge
Täbris
Elburs
5604
Tirana
ALBANIEN
2911
Bursa
Ankara
Anatolien
Vansee
Urumiehsee
Teheran
TÜRKEI
Diyarbakır
Qom
GRIECHENLAND
İzmir
3585
Taurus
Adana
Tigris
Kirkuk
IRAN
Athen
Aleppo
Isfahan
Peloponnes
Antalya
Zagrosgebirge
SYRIEN
Bagdad
4548
ZYPERN
Nikosia
Hims
Euphrat
Mesopotamien
Kreta
LIBANON
IRAK
Beirut
Damaskus
Shiraz
ISRAEL
Al Basrah
Tel Aviv-Jaffa
Amman
Kuwait
KUWAIT
Jerusalem
-422
Persischer Golf
Große Syrte
Alexandria
JORDANIEN
Nil
Kairo
Halbinsel Sinai 2637
Manama
BAHRAIN
KATAR
Doha
SAUDI-ARABIEN
IBYEN
-133
ÄGYPTEN
V.A.E.
Mittelmeer

Nordpolarmeer
Beaufortsee
Kanadischer Archipel
Victoria-Insel
Ellesmereland
2926
Grönland
3231
3700
3360
Baffin Bay
Baffininsel
Davisstraße
Nuuk (Godthåb)
Dänemarkstraße
Island
2119
Reykjavík
Jan Mayen
Europäisches Nordmeer
Färöer
Shetland-inseln
Brookskette
2749
Alaskakette
6168
Denali
Anchorage
Yukon
nördl. Polarkreis
Mackenzie
Kodiak
Alexander-archipel
Golf v. Alaska
Küstengebirge
4042
Vancouver-I.
Vancouver
Seattle
Edmonton
Rocky Mountains
Great Plains
NORDAMERIKA
Winnipeg
Hudson Bay
Hudson-Str.
Ungava-Halbinsel
Labradorsee
Neufundland
St. John's
Halifax
Große Seen
Missouri
Montreal
Toronto
Detroit
Chicago
Boston
New York
Philadelphia
Washington
Cincinnati
St. Louis
Ohio
Appalachen
Mississippi
2037
Atlanta
Dallas
Houston
New Orleans
4392
Großes Becken
Denver
4399
Sierra Nevada
Küstenkette
4418
San Francisco
-85
Los Angeles
3658
3078
Hochland v. Mexiko
Monterrey
Golf von Mexiko
Miami
Havanna
nördl. Wendekreis
Große Antillen
Hispaniola
Jamaika
Kleine Antillen
Karibisches Meer
Guadalajara
Mexiko
4265
5700
4217
Guatemala
Managua
Panama
3820
Caracas
5007
5493
Medellín
Bogotá
5750
Orinoco
2810
Georgetown
Bergland von Guayana
3014
Äquator
Quito
6272
Galápagos-inseln
Iquitos
Rio Negro
Manaus
Amazonas
Belém
Amazonastiefland
Tocantins
Fortaleza
Anden
SÜDAMERIKA
Recife
6768
Lima
Madeira
Brasilianisches Bergland
893
Brasília
São Francisco
Salvador
6613
6421
La Paz
Arequipa
6520
Santa Cruz
2890
Belo Horizonte
São Paulo
Rio de Janeiro
Paraná
Gran Chaco
Atacama
Asunción
Curitiba
Uruguay
Porto Alegre
6880
Aconcagua
6959
Córdoba
Santiago de Chile
Buenos Aires
Montevideo
Pampa
4708
3776
Patagonien
4058
Punta Arenas
Feuerland
Kap Hoorn
Falklandinseln
Südgeorgien
Südsandwich-inseln
Drakestraße
Südshetland-inseln
Südorkney-Inseln
Palmer-archipel
Antarktische Halbinsel
Alexander-insel
4190
Weddellmeer
südl. Polarkreis
AN
4300
PAZIFISCHER OZEAN
Oster-I.
südl. Wendekreis
ATLANTISCHER OZEAN
Azoren
Bermuda-Inseln
Sargassosee
Madeira
Kanarische Inseln
Kapverdische Inseln
Ascension
St. Helena
Tristan da Cunha
Britische Inseln
Glasgow
Nordsee
Oslo
2469
Kopenhagen
Hamburg
Amster-dam
London
Brüssel
Paris
Prag
Mont Blanc
4810
Alpen
Mailand
3404
Madrid
Rom
Lissabon
3478
Algier
Oran
Tunis
2328
Casablanca
4165
Atlasgebirge
Sahara
Ahaggar
2918
Dakar
Niger
Niamey
AFR
Conakry
Monrovia
Abidjan
Accra
Lagos
Oberguinea
1781
4070
Hochland v. Adamaoua
Jaunde
Niederguinea
Luanda
Kapstadt
Landhöhen
über 5000 m
2000 – 5000 m
1000 – 2000 m
500 – 1000 m
200 – 500 m
0 – 200 m
unter 0 m
Gletscher
8846 Höhe über dem Meeresspiegel (in m)

Maßstab 1 : 75 000 000
Nordpolarmeer
Arktisches Kap
Sewernaja Semlja
Kap Tscheljuskin
Franz-Josef-Land
Nowaja Semlja
Karasee
Laptewsee
Neusibirische Inseln
Ostsibirische See
Wrangel-insel
Bering-Str.
Anadyrgebirge
St.-Lorenz-I.
nördl. Polarkreis
Werchojansker Gebirge
Norilsk
Jakutsk
Magadan
Kamtschatka
Beringmeer
Alëuten
Sibirien
Westsibirisches Tiefland
Murmansk
Halbinsel Kola
St. Petersburg
N. Nowgorod
Moskau
Perm
Uralgebirge
Omsk
Nowosibirsk
Samara
Tscheljabinsk
Orsk
Kasachensteppe
Irkutsk
Baikalsee
Jablonowy-Geb.
Stanowoi-Geb.
Ochotskisches Meer
Sachalin
Kurilen
Chabarowsk
Sichote-Alin
Großer Hinggan
Mandschurei
Harbin
Hokkaido
Sapporo
Japan. Meer (Ostmeer)
Wladiwostok
Ulan-Bator
Gobi
Altai
Sajan
ASIEN
Kaspische Senke
Aralsee
Balchaschsee
Tiefland v. Turan
Almaty
Taschkent
Tian Shan
Ürümqi
Tarimbecken
Shenyang
Peking
Pjöngjang
Seoul
Korea
Honshu
Fudschijama
Tokyo
Osaka
Odessa
Charkiw
Schwarzes Meer
Kaukasus
Elbrus
Tiflis
Istanbul
Ankara
Ararat
Baku
Kasp. Meer
Elburs
Teheran
Zypern
Euphrat
Tigris
Bagdad
Damaskus
Zagrosgebirge
Hindukusch
Kabul
Pamir
Karakorum
Kunlun Shan
Nan Shan
Lanzhou
Xi'an
Qin Ling
Huang He
Große Ebene
Jinan
Tsingtau
Gelbes Meer
Nanjing
Shanghai
Wuhan
Jangtsekiang
Ostchines. Meer
Tibet
Transhimalaya
Himalaya
Mt. Everest
Punjab
Indus
Delhi
Hindustan
Ganges
Dhaka
Kalkutta
Yunnan-plateau
Südchinesisches Bergland
Kanton
Hongkong
Hanoi
Taipeh
Taiwan
Hainan
Bonin-inseln
Vulkaninseln
nördl. Wendekreis
PAZIFISCHER OZEAN
Marianen
Kuwait
Riad
Persischer G.
G. v. Oman
Karachi
Arabien
Mekka
Rotes Meer
Nil
Aden
Golf von Aden
Hochland von Äthiopien
Addis Abeba
Somalihalbinsel
Mogadischu
Bombay
Dekkan
Westghats
Ostghats
Arabisches Meer
Golf v. Bengalen
Madras
Andamanen
Rangun
Mekong
Bangkok
Südchines. Meer
Luzon
Manila
Mindoro
Philippinen
Ho Chi Minh
Palawan
Cebu
Mindanao
Sulu-Inseln
Lakshadweep-In.
Ceylon
Colombo
Nikobaren
Halbinsel Malakka
Kuala Lumpur
Singapur
Pontianak
Borneo
Sumatra
Sulawesi
Molukken
Karolinen
Chuuk-In.
Pohnpei
Äquator
Malediven
Seychellen
Nairobi
Victoriasee
Kilimandscharo
Tanganjikasee
Daressalam
Diego Garcia
Jakarta
Java
Surabaya
Makassar
Neuguinea
Bismarck-Archipel
Port Moresby
Salomon-inseln
Komoren
Malawisee
Straße v. Mosambik
Antananarivo
Madagaskar
Réunion
Sambesi
Harare
Maputo
Durban
Elizabeth
INDISCHER OZEAN
Timorsee
Arafurasee
Carpentariagolf
Arnhemland
Kap-York-H.-I.
Korallensee
Kimberley-plateau
Große Sandwüste
Macdonnellkette
Great Dividing Range
Neukaledonien
südl. Wendekreis
AUSTRALIEN
Große Victoriawüste
Brisbane
Perth
Nullarborebene
Große Australische Bucht
Adelaide
Darling
Murray
Sydney
Melbourne
Tasmansee
Tasmanien
Hobart
Nordinsel
Auckland
Neuseeland
Wellington
Christchurch
Südinsel
Amsterdam-insel
St.-Paul-Insel
Crozetinseln
Prinz-Eduard-Inseln
Kerguelen
Kap Batterbee
Mt. Menzies
Balleny-Inseln
südl. Polarkreis
ANTARKTIS
© Klett

Nordpolarmeer
Alaska
(USA)
nördl. Polarkreis
Kalaallit Nunaat
(dän.)
ISLAND
Reykjavík
Färöer
(dän.)
NORWEGEN
Oslo
K A N A D A
Ottawa
St-Pierre u. Miquelon (franz.)
VEREINIGTE STAATEN
(USA)
Washington
Bermuda
(brit.)
VEREIN. KÖNIGREICH
IRLAND
Dublin
London
DÄN.
Kopenhagen
NL.
Amst.
Berlin
B.
Br.
Lux.
DEUTSCHLAND
Paris
FRANKREICH
Be.
S.
LI.
Ö.
Ljub.
SM.
KR.
AND.
MON.
VAT.
Rom
ITALIEN
Madrid
PORTUGAL
SPANIEN
Lissabon
Azoren
(port.)
Madeira
(port.)
Algier
Tunis
TUNESIEN
Tripolis
Rabat
MAROKKO
Kanarische Inseln
(span.)
El Aaiún
SAHARA
(marokkan. Verwaltung)
ALGERIEN
LIB
MEXIKO
Mexiko
nördl. Wendekreis
Nassau
BAHAMAS
Havanna
KUBA
ATLANTISCHER
DOMINIK. REP.
Puerto Rico
(USA)
HAITI
Kingston
JAMAIKA
Port-au-Prince
Sto. Domingo
BELIZE
Belmopan
GUATEMALA
Guatemala
HONDURAS
Tegucigalpa
San Salvador
EL SALVADOR
NICARAGUA
Managua
COSTA RICA
San José
Panama
PANAMA
ST. K.
ANTIGUA U. BARBUDA
Guadeloupe (franz.)
DOMINICA
ST. LUCIA
Martinique (franz.)
BARBADOS
GRENADA
ST. VINCENT U. D. GRENADINEN
TRINIDAD U. TOBAGO
Port-of-Spain
Caracas
VENEZUELA
Georgetown
GUYANA
Paramaribo
SURINAME
Franz.-Guayana
Bogotá
KOLUMBIEN
Quito
ECUADOR
Äquator
Galápagos-inseln (ecuad.)
KAP VERDE
Praia
Dakar
SENEGAL
MAURETANIEN
Nouakchott
MALI
NIGER
GAMBIA
Banjul
GUINEA-BISSAU
Bissau
GUINEA
Conakry
Freetown
SIERRA LEONE
Monrovia
LIBERIA
Bamako
BURKINA FASO
Ouagadougou
Niamey
Yamoussoukro
CÔTE D'IVOIRE (ELFENBEINKÜSTE)
GHANA
TOGO
BENIN
Accra
Lomé
Porto Novo
NIGERIA
Abuja
KAMERUN
Malabo
ÄQUAT. GUINEA
Jaunde
SÃO TOMÉ U. PRÍNCIPE
São Tomé
Libreville
GABUN
Brazzaville
KONGO
Luanda
ANG
B R A S I L I E N
Brasília
PERU
Lima
PAZIFISCHER
BOLIVIEN
Sucre
PARAGUAY
Asunción
St. Helena
(brit.)
NAM
Windhuk
südl. Wendekreis
Pitcairn
(brit.)
OZEAN
CHILE
ARGENTINIEN
Santiago de Chile
URUGUAY
Montevideo
Buenos Aires
OZEAN
südl. Polarkreis
AL. ALBANIEN
AND. ANDORRA
AR. ARMENIEN
E. Eriwan
AS. ASERBAIDSCHAN
B. BELGIEN
Br. Brüssel
BO. BOSNIEN UND HERZEGOWINA
Sa. Sarajewo
BUL. BULGARIEN
DÄN. DÄNEMARK
EST. ESTLAND
GEO. GEORGIEN
GR. GRIECHEN
ISR. ISRAEL
JORD. JORDANIE
K. KOSOVO
KR. KROATIEN
Z. Zagreb
L. LUXEMBU
Lux. Luxemburg
LET. LETTLAND
LI. LIECHTEN

Maßstab 1 : 75 000 000
Nordpolarmeer
nördl. Polarkreis
RUSSLAND
Moskau
KASACHSTAN
Nur-Sultan
MONGOLEI
Ulan-Bator
USBEKISTAN
Taschkent
Bischkek
KIRGISISTAN
Duschanbe
TADSCHIKISTAN
TURKMENISTAN
Aschgabat
GEO.
Tiflis
AR.
AS.
E.
Baku
Ankara
TÜRKEI
Nik.
ZYPERN
SYRIEN
Bei.
Dam.
LIB.
Je.
Amman
ISR.
JORD.
Bagdad
IRAK
Teheran
IRAN
Kabul
AFGHANISTAN
Islamabad
PAKISTAN
KUWAIT
Kuwait
SAUDI-ARABIEN
BAHRAIN
Manama
KATAR
Riad
Doha
Abu Dhabi
V.A.E.
Maskat
OMAN
JEMEN
Sanaa
ERITREA
Asmara
DSCHIBUTI
Dschibuti
Addis Abeba
ÄTHIOPIEN
SOMALIA
Mogadischu
Juba
UGANDA
Kampala
KENIA
Nairobi
Kigali
Bujumbura
BURUNDI
Dodoma
TANSANIA
MALAWI
Lilongwe
MOSAMBIK
Harare
Pretoria
Maputo
ESWATINI
Maseru
LESOTHO
SEYCHELLEN
Victoria
KOMOREN
Moroni
Antananarivo
MADAGASKAR
MAURITIUS
Port Louis
CHINA
Peking
NORDKOREA
Pjöngjang
Seoul
SÜDKOREA
JAPAN
Tokyo
New Delhi
INDIEN
NEPAL
Kathmandu
Thimphu
BHUTAN
Dhaka
BANGLADESCH
MYANMAR
Naypyidaw
Hanoi
LAOS
Vientiane
THAILAND
Bangkok
VIETNAM
KAMBODSCHA
Phnom Penh
Taipeh
Taiwan
PHILIPPINEN
Manila
Andamanen (ind.)
Colombo
SRI LANKA
MALEDIVEN
Male
BRUNEI
Bandar Seri Begawan
Kuala Lumpur
MALAYSIA
SINGAPUR
INDONESIEN
Jakarta
Dili
TIMOR-LESTE
PAPUA-NEUGUINEA
Port Moresby
SALOMONEN
Honiara
PAZIFISCHER OZEAN
nördl. Wendekreis
Nördliche Marianen (USA)
Guam (USA)
MARSHALL-INSELN
Melekeok
PALAU
Palikir
MIKRONESIEN
Äquator
INDISCHER OZEAN
VANUATU
Neu-kaledonien (franz.)
südl. Wendekreis
AUSTRALIEN
Canberra
NEUSEELAND
Wellington
südl. Polarkreis
LIBANON
Beirut
LITAUEN
MONTENEGRO
MOLDAU
MONACO
NIEDERLANDE
NORDMAZEDONIEN
Amsterdam
ÖSTERREICH
Wien
RUMÄNIEN
S. SCHWEIZ
Be. Bern
SER. SERBIEN
Bel. Belgrad
SK. R. SLOWAKISCHE REPUBLIK
Pb. Pressburg
SL. SLOWENIEN
Ljub. Ljubljana
SM. SAN MARINO
ST. K. ST. KITTS UND NEVIS
TS. R. TSCHECHISCHE REPUBLIK
Pg. Prag
U. UNGARN
Bud. Budapest
V.A.E. VEREINIGTE ARABISCHE EMIRATE
VAT. VATIKAN
Dam. Damaskus
Je. Jerusalem
Nik. Nikosia
© Klett

FRANK-REICH
Paris
München
DEU.
SCHWEIZ
ÖST.
Wien
SK. R.
Budapest
UNG.
MOL.
UKRAINE
Donezk
Rostow
RUSSLAND
Astrachan
Aralsee
KASACHS-TAN
USBEKIS-TAN
Lyon
4810 Mont Blanc
Mailand
KR.
Belgrad
RUMÄNIEN
Odessa
Bukarest
Schwarzes Meer
Kaukasus
5642
GEORGIEN
Tiflis
Kaspisches Meer
Wolga
Don
Madrid
SPANIEN
Barcelona
Marseille
Korsika
Rom
BO.
SER.
KO.
MO
NM.
Sofia
BUL.
İstanbul
Ankara
ARM.
AS.
Baku
TURKMENIS-TAN
Lissabon
PORTUGAL
Sardinien
Neapel
ITALIEN
AL.
GRIECHEN-LAND
Bursa
İzmir
TÜRKEI
5165
Täbris
Balearen
3478
Gibraltar (brit.)
Ceuta (span.)
Melilla (span.)
Oran
Algier
Tunis
3340
Sizilien
Athen
3585
Elburs
5604
Teheran
Mittelmeer
Madeira (port.)
Casablanca
Rabat
MAROKKO
2328
TUNESIEN
MALTA
Kreta
ZYPERN
Aleppo
LIB.
SYRIEN
Euphrat
Tigris
IRAN
Marrakech
4165
Atlasgebirge
Tripolis
Banghazi
Beirut
Damaskus
Bagdad
4548
Isfahan
Zagrosgebirge
Kanarische In. (span.)
Tel Aviv-Jaffa
Jerusalem
Amman
IRAK
Alexandria
ISRAEL
JORDANIEN
Kuwait
KUWAIT
Gise
Kairo
2637
133
Persischer Golf
El Aaiún
ALGERIEN
LIBYEN
Libysche Wüste
SAUDI-ARABIEN
BAHRAIN
Riad
KATAR
SAHARA (marokkanische Verwaltung)
Sahara
ÄGYPTEN
V.A.E.
nördlicher Wendekreis
Ahaggar
2918
Assuan
Arabien
Jiddah
Mekka
Tamanrasset
3265
Tibesti
3415
1934
Rotes Meer
MAURETANIEN
Nouakchott
2310
Aïr
NIGER
Nil
Agadez
MALI
TSCHAD
Senegal
Dakar
SENEGAL
GAMBIA
Banjul
Bamako
Niamey
Khartoum
ERITREA
Asmara
JEMEN
Sanaa
3760
Aden
Golf von Aden
GUINEA-BISSAU
BURKINA FASO
Ouagadougou
Tschad
N'Djamena
3024
SUDAN
Weißer Nil
Blauer Nil
4620
DSCHI-BUTI
Dschibuti
Conakry
GUINEA
Kano
Hochland von Äthiopien
Freetown
NIGERIA
1781
Chari
Addis Abeba
2406
SIERRA LEONE
1752
CÔTE D'IVOIRE
GHANA
TOGO
BENIN
Niger
Abuja
Sudd
Somali-Halbinsel
Monrovia
LIBERIA
Oberguinea
Yamoussoukro
Abidjan
Accra
Lomé
Cotonou
Ibadan
Lagos
Porto Novo
Hochland von Adamaoua
4070
ZENTRALAFRIKA
SÜDSUDAN
ÄTHIOPIEN
4307
Douala
Jaunde
KAMERUN
Bangui
Juba
SOMALIA
Golf von Guinea
Bioko
ÄQUAT.-GUINEA
Turkanasee
UGANDA
KENIA
Mogadischu
SÃO TOMÉ U. PRÍNCIPE
São Tomé
Libreville
Annobón
Äquator
Kongo
Oubangui
Kongobecken
Kisangani
5109
Kampala
5199 Mt. Kenia
Nairobi
GABUN
KONGO
RUANDA
Kigali
Victoriasee
Brazzaville
Kinshasa
Kasai
D. R. KONGO
BURUNDI
Bujumbura
5895 Kilimandscharo
Mombasa
Niederguinea
Tanganjikasee
Dodoma
Mbuji-Mayi
TANSANIA
Daressalam
Ascension (brit.)
Luanda
2895
ATLANTISCHER OZEAN
Kolwezi
Lubumbashi
SEYCHELLEN
2610
ANGOLA
MALAWI
Malawisee
Moroni
KOMOREN
Lilongwe
Lusaka
Sambesi
3000
SAMBIA
MOSAMBIK
2876
St. Helena (brit.)
Kap Frio
Okavango
Harare
SIMBABWE
Antananarivo
Straße von Mosambik
Namib
NAMIBIA
BOTSUANA
MADAGASKAR
Windhuk
Kalahari
südlicher Wendekreis
Gaborone
Pretoria
Maputo
Mbabane
Johannesburg
ESWATINI
Maseru
Drakensberge
Oranje
SÜD-AFRIKA
3482
Durban
LESOTHO
INDISCHER OZEAN
Kapstadt
Kap der Guten Hoffnung
Port Elizabeth
Landhöhen
über 5000 m
2000 – 5000 m
1000 – 2000 m
500 – 1000 m
200 – 500 m
0 – 200 m
unter 0 m
5895 Höhe über dem Meeresspiegel (in m)
ABKÜRZUNGEN:
AL. ALBANIEN
ARM. ARMENIEN
AS. ASERBAIDSCHAN
BO. BOSNIEN UND HERZEGOWINA
BUL. BULGARIEN
DEU. DEUTSCHLAND
KO. KOSOVO
KR. KROATIEN
LIB. LIBANON
MO. MONTENEGRO
MOL. MOLDAU
NM. NORDMAZEDONIEN
ÖST. ÖSTERREICH
SER. SERBIEN
SK.R. SLOWAKISCHE REPUBLIK
UNG. UNGARN
V.A.E. VEREINIGTE ARABISCHE EMIRATE
1 : 40 000 000
0 500 1000 km
30° östl. Länge v. Greenwich
© Klett

Australien und Ozeanien, Antarktis

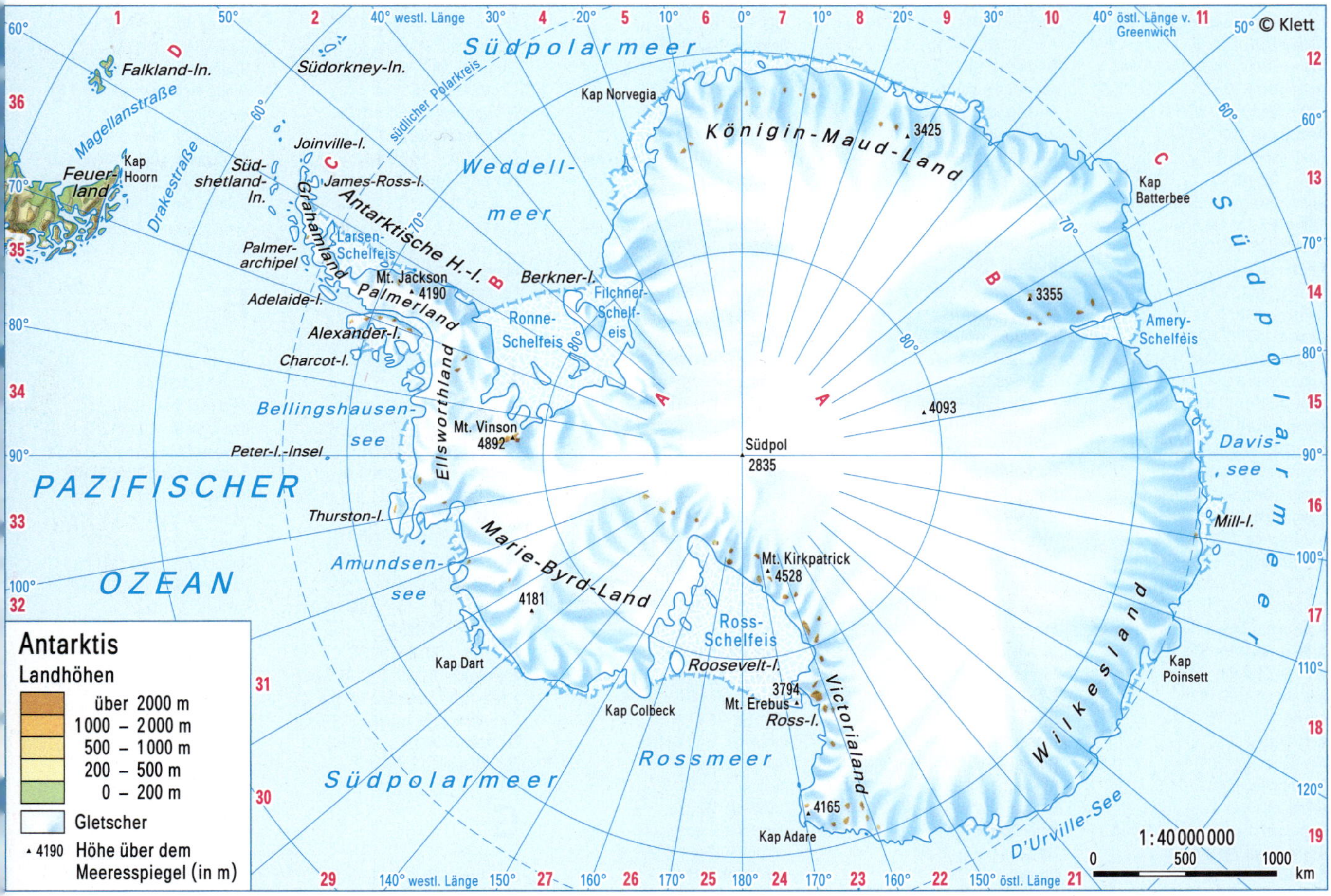

A

B

C

D

E

F

G

H

Mit Operatoren arbeiten

Operatoren sind Verben, die dir signalisieren, wie du eine Aufgabe bearbeiten sollst.
Achte auf inhaltliche und sprachliche Anforderungen.
Die Operatoren sind in drei Anforderungsbereiche gegliedert.

Anforderungsbereich I: Informationen erfassen, Inhalte wiedergeben (Wissen und Reproduktion)

Operatoren	Arbeitsschritte	SP Sprachtipp
Informationen erfassen und richtig benennen		
zähle auf, liste auf, nenne, benenne	• Entnimm aus dem Material (z. B. Bild, Karte, Tabelle) die gesuchten Begriffe oder Informationen. • Führe sie nacheinander auf. • Verwende, wenn möglich, Fachbegriffe.	*· Folgende Punkte kann ich nennen: …* *· … heißt …* *· … wird … genannt.*
definiere	• Formuliere kurz und genau (ohne Beispiele), was der Begriff bedeutet.	*· Mit … bezeichnet man …* *· … bedeutet: …*
Prozesse, Ereignisse und Sachverhalte widerspiegeln		
beschreibe	• Gib wieder, was du auf dem Bild oder im Text wahrnimmst. • Achte auf wesentliche Merkmale (d. h., erfasse den Kern einer Sache). • Verwende, wenn möglich, Fachbegriffe. • Beachte bei Vorgängen die zeitliche Reihenfolge.	*· Ich sehe/erkenne …* *· Das Material/Bild zeigt…* *· Im Vordergrund befindet sich …* *· Dahinter/davor/neben …* *· Zuerst …, dann …, danach …*
verorte/ lokalisiere	• Sage/schreibe auf, wo der Ort liegt. • Nutze dazu eine Karte. • Verwende Bezugspunkte wie Himmelsrichtungen, die Lage im Gradnetz der Erde, Großlandschaften, Staaten, Flüsse oder Gebirge.	*· … befindet sich in/bei …* *· … liegt in der Nähe von …* *· … im Norden/Westen/östlich/südlich von …* *· … grenzt an …* *· … liegt im Gradnetz auf… Grad … Breite und … Grad … Länge.*

Anforderungsbereich II: Wissen verarbeiten und anwenden (Reorganisation und Transfer)

Prozesse, Ereignisse oder Strukturen erklären und erläutern		
erkläre	• Setze dich vertieft mit den Einzelheiten einer Sache auseinander. • Formuliere Ursachen bzw. Gründe, Folgen und Gesetzmäßigkeiten. • Stelle die Sache so dar, dass ein anderer sie versteht.	*· Dies kann man erklären mit …* *· Es bedeutet, dass …/Das heißt, …* *· Da/weil/aufgrund …* *· Infolgedessen …*
begründe	• Gib den Grund / die Ursache für etwas an. • Stütze eigene oder fremde Aussagen durch Argumente (das sind stichhaltige und plausible Belege).	*· Da … / weil … / denn …* *· Deshalb … / dadurch …* *· Aufgrund … / Aus diesem Grund …*
erläutere	• Stelle Prozesse oder Ereignisse ausführlich dar. • Wie beim Erklären sollst du Ursachen, Folgen und Gesetzmäßigkeiten deutlich machen. • Gib zusätzliche Informationen, Belege und Beispiele an.	*· Aufgrund von …* *· Das ist darauf zurückzuführen, dass …* *· Infolge von …, sodass …* *· Deshalb/dadurch …* *· Zum Beispiel …*
analysiere/ untersuche	• Werte ein Material (z. B. eine Abbildung oder einen Text) gezielt aus. • Stelle (in Gedanken) Fragen an das Material nach festgelegten oder eigenen Kriterien. • Suche nach wichtigen Merkmalen bzw. Antworten. • Stelle diese Merkmale strukturiert bzw. übersichtlich dar.	*· Betrachtet man …, dann …* *· Folgende Merkmale kann ich ablesen: …* *· Daraus geht hervor, dass …* *· Besonders wichtig ist …*